# 上海新城地下空间低碳集约化开发和提质增效研究

蒋应红　姜　弘　沈雷洪　等　编著

同濟大學出版社
TONGJI UNIVERSITY PRESS
·上海·

**图书在版编目(CIP)数据**

上海新城地下空间低碳集约化开发和提质增效研究 / 蒋应红，姜弘，沈雷洪编著. --上海: 同济大学出版社，2025.2. -- ISBN 978-7-5765-1394-3

Ⅰ. TU984.11

中国国家版本馆 CIP 数据核字第 2024AU3555 号

**上海新城地下空间低碳集约化开发和提质增效研究**

SHANGHAI XINCHENG DIXIA KONGJIAN DITAN JIYUEHUA KAIFA HE TIZHI ZENGXIAO YANJIU

蒋应红　姜　弘　沈雷洪　等 编著

出 版 人　金英伟

责任编辑　晁　艳

助理编辑　沈沛杉

责任校对　徐逢乔

封面设计　张　微　唐　凯

出版发行　同济大学出版社　www. tongjipress. com. cn

(地址:上海市四平路 1239 号　邮编:200092　电话:021-65985622)

经　　销　全国各地新华书店

印　　刷　上海安枫印务有限公司

开　　本　787mm×1092mm　1/16

印　　张　12.75

字　　数　343 000

版　　次　2025 年 2 月第 1 版

印　　次　2025 年 2 月第 1 次印刷

书　　号　ISBN 978-7-5765-1394-3

定　　价　88.00 元

**主　编**

蒋应红

**副主编**

姜　弘

**编　委**

沈雷洪　唐　凯　李劭雄　刘利锋　邵一希
朱琳珺　刘　宙　姚晶晶　田　堃　仇琦玮
汤　翔　管逸超　林　涛　毕金峰　沈佳奇
荆　毅　包鹤立

**技术指导**

张中杰　王　挥　王家华

**主要编委单位**

上海市城市建设设计研究总院(集团)有限公司

PREFACE

# 序

地下空间是重要的国土空间资源。近年来,随着城市地下空间快速发展,我国已成为地下空间开发利用的大国。随着城市高质量发展战略推进,如何为城市高质量发展提供服务成为地下空间领域新的课题和任务。蒋应红院长团队长期致力于地下空间规划、设计、运维、管理的科学研究与工程实践,在地下空间综合开发利用领域开展了系统性研究,积累了丰富的经验。

本书依托上海地下空间领域的多项科研及工程实践,以地下空间高效开发利用为目标,以城市地下空间开发利用的问题为导向,以低碳集约为突破,进行了深入的探索和思考,结合上海五大新城实际情况和未来发展需求,对地下空间多场景集约化模式、地下复杂系统整合以及地下空间政策机制完善等方面,提出了系统性和非常有针对性的见解。书中提出了单点、多点、线网、分系统和整体综合开发五大集约化模式,并结合新城交通枢纽、CBD、旧城更新区等区域的需求分析,提出了更为直观和丰富的多场景模式,有效解决了地下交通、地下市政、地铁等多个地下复杂系统"各自为政"的问题,提高了使用效率和空间品质,进行了地下空间综合利用、地上地下一体化开发等方面的有益探索。

本书顺应城市低碳、绿色、智慧发展的必然趋势,从低碳规划—设计—材料—工艺—运维等全生命周期进行了较为全面的总结和分析,探索了可再生能源和新技术引领下的地下空间实现低碳智慧的途径。本书不仅特别关注了前期对地下空间规划设计机制的完善,也注重对落地实施方面的探讨,提出了新城未来在规划、建设、运维全过程一体化的创新模式及相应的法规政策管理机制的完善路径,为我国地下空间在规划建设、土地政策、标准规范、投资运营等方面的创新提供了实操性较强的成果。

本书运用大量案例,提出了许多城市地下空间开发利用的解决方案,全面、生动地展示了团队的研究和实践成果,可读性强,是一本在城市地下空间开发利用领域较为系统、全面的力作,丰富了地下空间开发利用的理论和方法,对地下空间规划、设计、建设、管理从业者具有重要的参考价值。

全国工程勘察设计大师

中国人民解放军陆军工程大学(原中国人民解放军理工大学)教授

2024 年 12 月

# 前言

当前，城市建设已逐步从增量转向存量、从粗放式转向精细化建设的新型城镇化发展阶段，城市更新、高品质发展成为城市建设的主旋律之一，而城市土地资源匮乏、经济和气候环境变化等多重因素，迫使城市发展需要走低碳集约化和品质提升发展之路。地下空间作为城市宝贵而稀缺的土地资源，实现其在下一轮城市开发和更新中的充分集约化利用，也许是走出现有发展矛盾和困境的路径之一。

上海五个新城是上海推动大都市圈、形成网络型城市群结构的重要战略空间，虽说是新城，但其中有历史悠久的老城区，也有待开发的新片区。不同的地质条件、区域定位、建成环境、交通条件等对地下空间的建设需求各不相同，研究新城地下空间发展的不同特点有利于梳理出共同点和特色，也为国内外城市更新建设打开思路。本书结合对不同层面、不同类型国内外案例的研究总结，提炼地下空间集约化开发建设的多场景、多模式、地下系统整合和立体管控模式，特别是结合近年来上海、深圳等在建设模式、管理机制、法规政策等方面的创新性探索，以及新的全生命周期低碳技术梳理，为地下空间从规划—建设—管理—运维全过程实现低碳集约、提质增效提供多元化解决路径。

本书内容凝练了上海市人民政府决策咨询研究新城规划建设专项课题“上海新城地下空间低碳集约化开发和提质增效建设的路径研究”的部分成果，以及笔者近年来的相关实践与研究心得。在此过程中得到了多方的支持帮助，为此深表谢意！

特别鸣谢上海新城地下空间课题委托资助方和对课题予以关心支持的专家领导。衷心感谢上海市规划和自然资源局的刘利锋先生和邵一希先生深入参与研究和悉心指导，感谢盛子沣先生、郑豪先生给予的大力支持。衷心感谢钱少华先生、卢济威先生、熊鲁霞女士、陈小鸿女士、蔡逸峰先生、赵晶心先生等资深专家，他们为新城地下空间课题提供了热心指导和专业建议。特别鸣谢深圳前海建投集团郭军先生、前海管理局规划管理处叶伟华先生和田常均先生，他们分享了深圳前海地下空间规划建设和管理的先进经验，为研究提供了宝贵参考。同时，向嘉定新城、松江新城、奉贤新城、青浦新城、临港新城的新城办、规资局、交通委、人防办、绿容局等规划建设管理部门及专家致以深深谢意，他们提供了有关新城的丰富资料和宝贵意见。感谢为研究提供了技术支持的蒋益平专家。也衷心感谢本书的编辑团队。本书的完成离不开每一位支持和参与者的付出与奉献。再次向关心和支持课题及参与本书编纂工作的所有朋友们表示最诚挚的谢意！

地下空间的开发利用和建设管理水平在不断发展，鉴于时间和编者水平有限，书中难免有疏漏、不当之处，恳请广大读者不吝指正。

上海市城市建设设计研究总院（集团）有限公司董事长、
教授级高级工程师
蒋应红
2024 年 12 月

CONTENTS

# 目录

# 01 绪论

# 1.1 概述

当前，城市建设进入从增量转向存量、推进土地集约化利用的新型城镇化发展阶段，城市进一步发展与土地资源紧缺之间的矛盾凸显，土地资源的稀缺性要求城市更加集约高效地开发利用地下空间。地下空间是未来城市开发建设宝贵而珍稀的资源，特别是在土地资源紧缺的大都市，充分高效地开发利用地下空间，是提高城市品质的必要手段。相比地面工程，地下工程系统更加复杂，建设难度更高，地下工程的不可逆性也要求城市建设与更新过程更加审慎地对待地下空间规划审批与建设运营。地上地下一体化规划建设，将显著提高土地利用效率与空间品质。反之，地下空间开发利用不当，则会造成土地资源的严重浪费。

过去几十年来，国内外在地下空间开发利用方面已经积累了相当多的经验。从国内外发达城市的规划、建设、管理经验来看，有序、合理、综合、高效地开发利用城市地下空间资源，是保护城市文脉与环境、增强城市活力与韧性、走低碳可持续道路的重要途径。地下空间在解决土地紧张、提供防灾空间、缓解城市交通拥堵、提高交通效率与环境质量、提供更宜人的公共空间等方面发挥着举足轻重的作用。目前，国内外地下空间研究已从单一功能、单一工程技术逐渐向多功能复合型、地上地下一体化的复杂综合体与系统集成技术发展，涉及的专业领域也越来越广泛。通过一系列具有广泛影响力的综合性项目，国内外已成功积累起诸多优质的技术经验，而城市政策机制等顶层设计层面的发展则相对滞后，经验积累不足，影响了规划管理的决策效率，也导致各地地下空间总体开发建设水平参差不齐。

近年来，随着开发建设经验的积累和政策机制的完善，上海、深圳等城市部分地区的地下空间集约开发利用和既有地下空间改扩建的水平显著提升。虽然，上海地下空间的开发利用水平已走在全国的前列，但仍有大量项目在规划、建设、运维等阶段无法充分利用或整合地下空间资源，无法高效高质地实现土地价值、交通与生态环境最优化，存在地下工程建设缺乏规划管控手段，以及方法或规划滞后于建设开发的问题，很多重大工程的推进都处于“一事一议”的状态，面对不同开发主体、管理部门等的多样化诉求，需要进行大量的协调工作，这大大降低了地下工程建设的决策与实施效率。

上海市地下空间规划建设在全国起步较早，对地下空间的较大规模开发利用始于20世纪60年代。自20世纪90年代以来，随着地铁建设的推进，逐步形成了完整、有规划的轨道交通体系，大大带动了周边区域地下空间的开发建设。21世纪以来，随着商品房建设与小汽车的普及，开发地下车库成为房地产的标配，地下空间呈现既沿轨道交通形成网络化布局，又存在多点开发、广泛分布的态势。2005年，《上海市地下空间概念规划》获批发布；2007年，上海首次完成了全市地下空间现状普查，随后编制完成了《上海市地下空间近期建设规划(2007—2012年)》，该规划确定了将城市重要公共活动中心，以及中央交通枢纽地区、各类商业区域与轨道交通站点相结合的区域、市郊新城近期重点建设地区等作为地下空间开发利用的重点。虹桥商务区等重要地区地下空间开发利用通过城市设计、控规进行规划控制，并提出了“统一编制规划、各地块地上地下统一出让、整体开发”的建设模式，这成为了近期上海城区大规模、整体集约开发利用地下空间的重要标志。

作为“十四五”的开局之举，嘉定、青浦、松江、奉贤和南汇五个新城是上海推动城市组团式发展，形成多中心、多层级、多节点的网络型城市群结构的重要战略空间。随着上海大都市圈的形成，各新城交通枢纽、地铁等公共交通的建设加快，新城重点开发建设区域持续推进，重点区域地上地下一体化、集约规模化开发建设势在必行，而其在开发建设模式、机制与技术创新层面亟需形成可复制可推广的方法策略，来引导新城地下空间更加科学、低碳、集约的开发建设与运营，推动上海新城地下空间开发的可持续发展，也为解决当前上海新城地下空间开发中存在的问题提供理论依据，为其他城市的地下空间开发提供参考和借鉴。上海新城多数脱胎于原有的县城，其内部既有建成环境复杂的老城区，也有待开发的新城区，不同区域对地下空间开发利用的需求不同、主体不同、投入不同、开发现状不同，因此，需要通过针对性的对策研究形成可借鉴的模式，为国内城市开发建设高品质地下空间、解决老城区旧疾提供思路。

针对地下空间开发建设涉及的多系统、多专业、统筹难等问题，打破地下“市政”“防灾”与“民用”工程各自为政的局面，是未来实现节地型、功能复合型地下空间建设的关键。另外，“双碳”目标下，推进城乡建设绿色低碳转型已势在必行。上海市人民政府印发的《上海市碳达峰实施方案》明确提出推进城乡建设绿色低碳转型、加快提升建筑能效水平、加快绿色交通基础设施建设等要求，倡导绿色低碳规划设计理念。地下空间承载了大量的市政、交通、公共服务等城市基础服务及配套设施，在新时期新要求下，如何加快推动新城地下空间低碳集约、提质增效开发建设，需要进一步从规划、建设、管理等多个层面以及开发、建设、管理、运维的全过程进行探索。

为适应上海新城高标准发展需要，提升新城土地利用价值，增强城市活力与韧性，推动新城低碳绿色转型发展，提高新城新建、更新的科学统筹与决策效率，需要充分结合新城区位特征研究成果，借鉴国内外城市地下空间开发建设最新经验，以未来城市建设视角，研究形成地下空间开发建设的创新模式、技术策略以及相应的政策机制。具体而言，应研究形成适应不同场景的、从地下空间规划到实施运维全生命周期的创新型规划建设模式，指导新城集约高效地开发利用地下空间资源，提高土地利用价值，打造新城立体发展新格局，增强城市活力与韧性；同时，应找寻目前地下空间规划建设管理存在的短板，通过借鉴先进经验，推动地下空间规划建设理论方法体系的完善，提高城市地下空间规划设计、管理与建设水平，并促进地下空间开发建设向精细化、系统统筹、全生命周期管理理念转变，推动地下民用工程与市政工程标准的融合，从顶层设计层面探索如何构建与完善新城地下空间集约高效开发、建设、管理的政策机制，推动上海新城完善相关法律法规体系与制度建设，也为各地城市的立体开发建设提供借鉴。

## 1.2 研究范畴

本书通过梳理、借鉴国内外地下空间开发建设的最新经验，结合“双碳”政策导向，以对上海五个新城的发展情况分析为基础，研究聚焦低碳集约化、高品质与高效率的地下空间建设实施路径，从地下空间资源低碳集约化利用—规划设计—土地出让—开发建设—管理运维全过程的技术、政策机制等综合层面进行探索，具体包含：

1）问题与需求。探讨上海新城地下空间开发建设、规划管理和实施运维的既有经验与现存问题，分析未来的新城开发建设、旧城更新等对地下空间开发建设的需求。

2）先进案例借鉴。研究国内外城市地下空间开发利用的优秀案例，针对新城、交通枢纽、CBD、旧城更新区等不同区域，分析归纳不同尺度、建设条件和开发需求下的地下空间开发建设特点，提炼不同案例在开发模式、技术与机制层面的创新，为各类区域的地下空间开发提供参考。

3）多场景、多模式。结合对上海新城地下空间开发建设情况的调研及对相关规划的梳理，分析新城地下空间发展需求，结合案例分析提出五大场景模式，将其与新城交通枢纽、CBD、旧城更新区等典型区域进行适配，并对地下空间立体开发的三维控制进行探讨。

4）地下系统整合。研究新城未来规划中地下空间资源的战略性预留，同时，结合案例研究，总结各类系统立体复合开发建设的技术特点。此外，分析现有政策规范下的系统整合存在的问题，提出新城地下系统界面整合策略，以及创造有活力的新城地下步行网络的建设思路。

5）低碳与新技术。从全生命周期层面，研究地下空间的低碳设计、低碳材料、低碳工艺与低碳运维，分析能源地下结构复合利用的减碳效益，探索可再生能源介入地下空间开发建设过程的优化策略，以及新技术引领下的低碳集约化节地型地下空间发展趋向。

6）政策与机制。梳理国内外相关案例在规划、建设、运维全过程中的创新模式，以及多国不同城市地下空间开发建设的法律法规、管理办法等机制，对我国城市地下空间开发在规划设计、土地政策、标准规范、开发建设、投资、运营管理等领域所需的政策法规、实施机制、开发保障措施进行探讨。

本书注重对城市地下公共空间及相关系统、设施的研究。地下公共空间，指向市民开放、用于公共活动的地下空间设施，包括下沉广场和地下商业、文化娱乐等地下公共设施。地下公共步行通道、公共停车场、地铁站等也是城市公共活动的重要组成部分，亦是体现城市活力、形象的重要场所，是城市地下空间开发利用的重点。

结合规划、建筑、市政、管理等学科的专业知识，本书综合运用了案例研究法、实地研究法、桌面研究法、定性归纳法、定量分析法等多元化的研究方法，确保了研究内容的系统性、针对性和现实可操作性。本书围绕地下空间规划设计、绿色技术理论、低碳地下空间开发设计实例和发展动态等领域开展了文献研究，并将研究成果与现场踏勘典型案例、访谈规划管理相关人员、发放公众问卷等多种调研形式相结合，旨在增强研究的实践价值。

## 1.3 研究现状

地下空间开发利用的历史由来已久。从对天然地下洞穴的初级利用方式，到近现代城市中运用先进工程技术大规模综合开发利用地下空间，建设现代化城市的地下基础设施，地下空间的开发利用逐步趋向于综合化、分层化、深层化与一体化发展。现代城市的地下空间利用始于 1863 年英国伦敦建成的世界上第一条地铁。随着城市化进程的推进，地下空间的研究也与城市的发展有了更加紧密和多元的联系。

城市地下空间的开发利用长期受到国内外学者的关注，其中，新加坡、加拿大、俄罗斯、芬兰、瑞典、日本、英国等国家和中国香港地区在此领域的研究成果较为突出，现有研究成果涉及法学、管理学、经济学、工程学、城市规划学等多个学科。自 2005 年以来，国内外地下空间领域研究热度不断攀升，在地下空间一体化精准勘探、规划引领、设计优化、建造创新、智慧管理、安全减灾、效益评价、治理体系等方面均有成果产出。

虽然我国国土空间规划体系已将地下空间列为专项规划之一，但地下空间规划缺乏与市政管线、交通、防灾、地面规划等的相互交融，各专项仍处于"各自为政"的状态。当前，地下空间建设侧重横向管理，体系之间的融合尚显不足，从资源规划与管理创新的视角出发，亟需建立体制和保障机制，以形成一套完整的地下空间顶层设计体系。

有学者提出，规划实施是城市地下空间规划所面临的最严重的问题。造成地下空间规划不能实施的主要原因，一是城市地下空间规划定位不明确，未能清晰把握专项规划在总体规划中的职能；二是城市地下空间规划编制缺少标准规范和技术手段的支撑，导致规划编制深浅不一，且其中各项指标缺少相关依据；三是地下空间规划具有高度的综合性，涉及土地、交通、市政、人防、公共服务设施等多方面，使得协调、统筹工作难度较大。

研究统计，我国地下空间已开发利用的功能相对简单，且开发方式粗放，系统性不足，深层空间开发技术有待创新发展；重大灾害与事故仍有发生，灾害防控体系有待优化；规划滞后、可操作性不强，规划统筹协同仍需完善；精细化、一体化、人性化设计不足，地上地下融合仍需加强，保障地上地下空间一体化高品质建设的标准规范、体制机制、法律制度等治理体系仍需完善；智能建筑技术仍需进一步研究，相关配套工艺、装备有待研发；运维管理体系有待健全。

对于我国现存的地下空间相关研究，从研究方向来看，主要聚焦于以下内容：第一，参考其他国家的城市地下空间开发建设与规划管理经验，为国内城市地下空间开发利用提供借鉴；第二，面向我国地下空间开发利用中的突出问题，探索针对性的解决方案；第三，从规划、建设、管理的全流程出发，构建地上地下一体化建设的体系化网络系统和构建地下空间开发建设的新模式；第四，紧扣韧性城市、智慧城市、低碳城市的发展理念，探索未来地下空间的建设发展方向。

聚焦国外地下空间开发建设经验的已有研究主要关注加拿大、日本、英国、法国等国家的案例实践。具体而言，既往研究指出，加拿大具有高效的地下开发利用模式，例如，我国学者石晓冬从布局、成因、功能、建设、运作、管理等方面研究了加拿大城市地下空间开发利用模式，特别是政府与私有资本之间的责权划分方式。他指出，政府在地下空间开发中主要通过制定优惠政策发挥促进作用，由地下公共通道相邻业主出资修建、维护并管理地下空间。蒙特利尔地下城作为加拿大城市地下空间开发的代表性案例，其建设过程是上述加拿大地下开发利用模式的典型体现，在这一过程中，以政府与开发商之间的互惠互利为基础，良好的投资与发展模式被构建起来。蒙特利尔地下城将轨道交通作为地下空间开发利用的发展轴，明确了地铁车站站域地区需设置地下空间设计导则，旨在促进资源空间共享，并妥善协调不同开发主体的使用权、产权等权益。

英国、日本在规划管理制度建设上具有参考价值。敖永杰对国外地下空间开发利用管理模式的对比总结指出，英国和日本对城市地下空间的管理均采用了综合管理体制，即依法设立国家或地方地下空间开发利用领导机构，对地下空间开发利用进行统筹协调。从地下空间规划制度的视角对中日地下空间规划体系开展的对比研究显示，日本在地下空间规划编制及管理制度层面建立了完善的法律体系以及详细的法定规划和设计标准，且构建了良好的多方协调机制，对重点区域实现了精细化的网络规划与设计，但我国城市地下空间规划制度尚处于探索阶段，地下空间利用存在地方自治、系统性不强与管理落后的问题，地下空间规划高度依赖对于地下空间资源利用的宏观调控。杨滔、赵星烁分析了英国对于一般性地下空间、重大基础设施和地下交通设施等不同类型地下空间的不同规划管理及程序，提炼出了英国地下空间规划管理制度所具有的几大亮点：强调前期研究和评估、注重公众意见、在政府和各部门间建立了有效的协调机制，等等。这些特点值得我国地下空间规划管理制度参考和借鉴。

法国的地下空间开发实践则在系统整合层面具有借鉴意义。以法国首都巴黎为例，过往研究梳理了巴黎在单一要素建设、地上地下复合开发、时间维度协同 3 个层面的体系化构建方法和策略，总结了近现代巴黎的规划建设、社会效能提升、协同管理经验，基于地面和地下设施统筹、不同竖向层次之间协同建设中存在的难点，分析了巴黎地下空间开发的理念与实践。既有研究以此为参考，针对我国地下空间开发利用中存在的问题提出对策与建议，指出在地下空间规划建设层面应适宜适度、新旧共构，在社会效能层面应以退为进、街区共荣，在管理协同层面应综合统筹、协议开发。

稀缺城市空间的拓展和复杂多元主体关系的协调是我国地下空间开发实践面临的两个实际问题。针对城市旧区空间资源紧张的问题，汤宇卿等提出了向地下要交通空间、设施空间、品质空间的设想，构建了旧区地下空间多点针灸开发、多元复合利用、多廊互相贯通、多层开发协同、多孔海绵渗透的布局模式；亦有研究从区域协同、需求保障、要素支撑入手，多角度探讨了城市绿地地下开发的可能性，追求通过对绿地地下空间的一体化利用，增加城市建设空间，缓解新时期城市存量发展背景下空间拓展不足、人地矛盾紧张的困境。针对城市片区整体开发型项目涉及的利益诉求多元化的开发主体，过往研究致力于从代表性实践探索中总结项目治理经验，例如，上海西岸传媒港构建了良好的多层次工程协调的维度与机制，深圳前海深港现代服务业合作区实行了多元主体众筹式城市设计的街坊整体开发创新模式。

在研究我国地下空间规划、建设、管理如何向系统化、整合化方向发展时，过往研究首先聚焦于规划编制这一关键环节。针对国内规划编制办法和技术手段的缺失，学者沈雷洪梳理出了地下土地使用规划控制、地下建筑建造规划控制、地下交通设施规划控制、地下环境与设施配套规划控制、地下市政设施规划控制和地下防灾设施规划控制6个大项共计26类规划控制指标，将其具体内容与编制方法作为内容之一，提出了地下空间控规编制的方法论指引。李鹏和刘入嘉的研究则从"模块—要素—指标管控手段—表达方式基本选项"的要素库架构出发，提出了"5模块23要素78指标"的"要素库"和"5维度2转换"的"使用指引"，以此指引地下空间控规图则的编制。

对于地下空间整体的发展路径与机制，过往研究重点关注了地下空间的一体化发展路径。曾国华和汤志立从市政规划的角度提出，应以综合管廊方式集约敷设市政设施，推动浅层地下空间有序化发展，并以轨道交通串联地下交通设施、融合综合管廊，催化构建地下空间一体化发展体系，这一以轨道交通串联地下空间的做法也受到了工程建设领域学者程磊与丁志斌的认同。亦有研究基于上海中心城区与新城的片区型地下空间开发实践，对片区型地下空间的开发利用机制提出了方向性探索。李迅、蒋应红等学者的研究则从规划、建设、管理的全过程视角对我国地下空间顶层设计体系作出了构想，提出对于国土空间战略与地下空间应实施资源化管控，并从资源规划与管理创新层面建立包括规划体系、管理机制、行业与专业结合、融合平台建设等保障机制的地下空间顶层设计体系。此外，该研究指出，要真正实现地下空间的综合开发，需要建立更全面完善的规划管理机制与协调平台，招商先行，把运营管理问题放在重要位置，通过规划解决模式问题，通过设计解决操作问题。同时，应明确土地权属和出让方式，明确规划管理体制、部门以及权责分工，并对地下空间开发建立鼓励性政策支持。亦有研究明确了将地下空间规划融入国土空间规划体系的具体措施，指出应优化地下空间双评价方法，构建地下空间数据库，加强功能协同、时序协同、空间协同、景观协同，实现规划内容可传导以及管控方式差异化。

在探索地下空间建设未来发展方向的研究中，紧扣新型城市发展理念，韧性城市是过往学者最广泛关注的话题。邹昕争和孙立的研究明确了韧性城市理念的基础性观点，提出应以现有地下空间规划理论与方法为基础，以"韧性城市"理念为研究视角，进一步完善地下空间规划体系。对于通过地下空间建设实现韧性城市的具体研究和设想，主要围绕综合防灾和单项防灾两个方面。许杰的研究以综合防灾为研究对象，对比了中日地下空间的防灾减灾策略，提出应完善我国地下空间防灾减灾法规体系和技术规范，构建精细化防灾减灾策略。同时，由于地下空间网络可作为避难疏散通道，有研究结合避难行为特点提出了地下空间网络的全局可达性、交通枢纽可达性和地面防灾空间可达性3个指标，以此构建了高密度地区地下空间网络的复合可达性评价框架，并进一步给出了基于图论的地下空间网络建模与计算方法。以单项防灾为对象的研究中，针对疫情场景下的地下空间防灾功能，现存研究构建了综合防灾抗疫韧性评估框架，并将其应用于评估地上地下抗疫实施效果，验证了地下空间在增强城市抗疫韧性上的优势，在此基础上，围绕政府统一调度与城市韧性"存量""增量""变量"之间的关系，建立了城市地下空间综合韧性防灾抗疫建设框架。另有研究总结了2021年河南特大暴雨的灾情特征，从水文地质条件、地形地貌以及城市地下空间排水防涝系统等方面探讨了罕见汛期中城市地下空间的主要致灾因素，从极端天气地下空间致灾风险评估、灾害防控规划及灾后城市恢复规划等方面提出了特大暴雨情况下城市地下空间灾害防控体系构建方略，并针对城市地下空间面临的复杂多样的挑战，从生态型城市地下空间规划、地下空间防控体系科学构建及地下空间灾害应急救援措施完善方面阐述了构建未来城市地下空间的思考。

随着智慧信息技术的发展，地下空间相关研究也开始与智慧城市的理念相结合。王寿生总结了地下空间从“地下一个点”发展到“地下一条线”再至“地下一张网”的总体形态演进历程，并提出地下空间 5.0 应以智慧城市、数字孪生、绿色空间为特征。王梦恕等亦对智慧城市地下空间进行了设想，指出地下综合管廊、智能地下停车库以及地下防涝水道应是其主要组成部分。依据现有研究的观点，城市地下空间智慧规划所需技术分为基础技术和智慧规划技术，基础技术包括辅助规划系统架构、数据管理、建模仿真、资源评价、规模预测、协同规划技术，智慧规划技术包括动态模拟、智能交互、CIM(城市信息模型)平台技术。徐静与谭章禄亦从技术角度探索了智慧地下空间建设，他们指出，网络通信、物联网、可视化、仿真模拟等技术，可以对庞杂的安全信息实现综合动态管理，从而使复杂的城市地下空间透明化，真正实现安全闭合管理和智能决策。亦有研究提出构建基于物联网与 GIS 的城市地下空间内涝监测预警系统，将其应用在内涝防治中。

有关地下空间的现存研究对于低碳城市理念的关注尚显不足，已有研究集中于探讨地下公共空间绿色建筑的设计理论与方法。例如，我国学者洪辰玥在地下空间绿色设计的影响要素分析基础上，从场地设计、资源节约和室内环境设计三个层级提出了地下公共空间的绿色设计方法和评价体系。另有研究以包含地下空间的低碳型高铁枢纽为对象，研究绿色交通理念下低碳型高铁枢纽的关键要素，构建系统化的低碳型高铁枢纽规划设计策略，提出了符合我国国情的低碳型高铁枢纽建设构想。

总体来看，国内外地下空间的相关既有研究跨越了法规体系、规划体系、管理机制、工程技术等多个行业领域，这些研究一定程度上剖析了地下空间一体化综合开发中现存的多层次问题，但各项研究主要聚焦于单一专业领域，且对于如何实现城市地下空间集约化、高效率、高品质建设等综合性问题提出解决策略的研究尚显不足，覆盖地下空间从规划、建设到运维全过程的研究仍然有待补充。结合国内工程实践来看，地下空间的开发实践往往领先于专业技术的融合研究，以及地方政策机制的制定和综合管理水平的提升。部分经济较为发达的地区也存在着先行先试，探索出路径再进行推广应用的做法。此外，在“双碳”政策导向和新技术的引领下，低碳城市理念在地下空间规划、建设、运维全过程的应用方面也有待进一步探索。

# 02 案例研究

# 2.1 新城综合开发

本节以深圳前海地下空间、天津于家堡地下空间作为主要案例，从顶层设计、低碳集约、立体城市三个层面展开阐述。其中，顶层设计集中体现在深圳前海、天津于家堡地下空间规划开发中的政策法规支撑层面，以专项规划和地下空间整体开发导控文件为指引，一张蓝图绘到底；低碳集约体现在前海街坊一体化开发和于家堡地下空间系统整合设计上，区域内各项公共设施实现了统筹、统一、有机结合，形成一个共享的地下公共空间体系；而立体城市概念一方面在于物理意义上于家堡的地下分层车行、步行网络的构建，另一方面则在于深圳前海的地上地下分层确权的实践。

1. 深圳前海地下空间规划

前海合作区位于珠江入海口的咽喉要地，伶仃洋东侧，蛇口半岛西部，总面积 14.92 平方千米。前海位于广州、珠海、澳门、东莞、中山等城市的一小时交通圈内，毗邻宝安中心区与后海中心区，是深圳快速联系香港及珠三角城市群的中转点。2010 年 8 月 26 日，国务院正式批复了《前海深港现代服务业合作区总体发展规划(2010—2020 年)》。

前海约 15 平方千米的区域内，地下空间开发规模约 800 万平方米(不含地下道路及轨道设施)，其中地下商业、文化、娱乐空间等建设规模约 130 万平方米，地下设施(建筑物设备用房等)建设规模约 70 万平方米，其他(静态交通设施、地下通道等)约 600 万平方米。(图 2-1)

前海地下空间规划在政策机制、地下系统建设层面的创新可归结为以下几点：

**图 2-1　前海地下空间规划总体结构图**

1) 土地立体化管理。三维地籍，分层确权。前海土地立体化管理工作的基础可总结为“一则规定、一项规范、一个系统、一批案例”的三维地籍管理经验成果、理论及实践工作。以前海交易广场项目为例，中北区用地主体为深圳市前海建设投资控股集团有限公司(下文简称前海投控)和深圳市前海曼哈顿资产管理有限公司，由前海投控统一建设地下空间，完成后以“土建＋空间”的方式进行出让。而在听海大道地下空间规划中，因涉及多家建设主体，立体空间权属复杂，项目特采用三维地籍技术分层划定建设用地使用权，并运用建筑信息模拟技术，解决不同权属主体立体空间的分层关系。

2）街坊一体化开发。前海 19 单元是前海最早启动建设的地区之一，作为前海创新开发模式的先行先试者，19 单元 03 街坊按照统筹开发、协调推进的整体思路，率先实践了“街坊整体开发”的理念。为落实整体基坑进行统一设计、统一开挖，规定宗地竞得人须与前海投控（政府平台公司）签订《前海合作区 19 单元 03 街坊 02—05 地块基坑工程委托代建协议书》。项目设计推进过程中，由街坊总建筑师进行全过程协调，对街坊内若干地块进行统一规划设计、统一建设实施、统一运营管理，从而构建高度一体化的城市立体空间系统，实现城市立体空间系统的效益最大化。

3）地下集中供冷系统建设。前海规划了全球最大的区域供冷系统群，规划 9 座集中供冷站，90 千米市政供冷管网，覆盖三个片区，总供冷量可达 40 万冷吨，服务建筑面积约 1900 万平方米。供冷系统设置在开发地块的建筑物地下室，或采用与其他公共建筑合建于公共地下空间的附建模式。此方案实现了土地的集约利用，创国内之先，已成为国家级新区多个同类项目借鉴的标杆。

4）地下步行、车行系统建设。深圳前海地下空间整合了交通、城市功能及各类基础设施，并对轨道交通进行站城一体化建设。其中，在步行系统建设上，前海立体慢行系统建设及规划规模位居世界前列：已建及在建地下步道长度为 18.9 千米，已建及在建空中步道长度为 10.5 千米，规划地下步道长度为 32.6 千米，规划空中步道长度为 21.2 千米。在车行系统建设上，前海通过建立地下快速路-地下车行环路-地下车库多级地下车行系统，引导车流有序、高效流动。地下快速路系统引导车流快速抵离、穿行，大大提高区域交通水平；地下车行环路系统服务到发交通，引导车辆准确驶离地下车库，集约利用停车泊位。

2. 天津于家堡地下空间规划

天津于家堡金融区位于天津滨海新区的核心区——于家堡半岛，包括 120 个地块，是全球规模最大的金融商务区之一。此区域占地面积 3.86 平方千米，总建筑面积 950 万平方米，其中地下空间 400 万平方米，分为 3～4 层，特殊地块达到地下 7 层，地下最深近 40 米。（图 2-2）

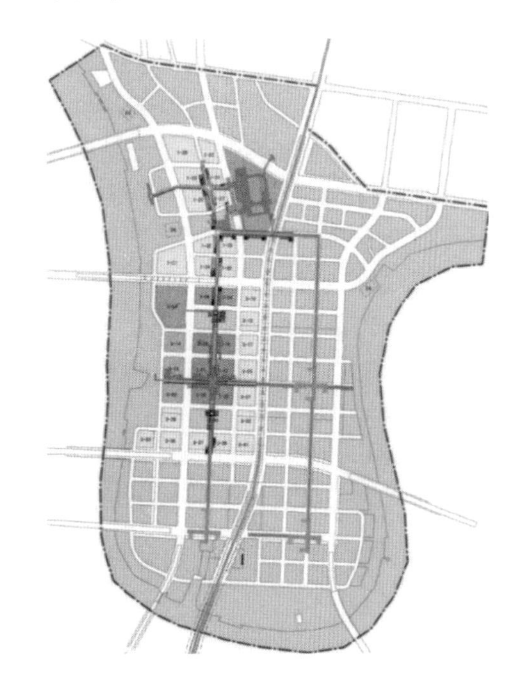

**图 2-2　于家堡地下空间人行系统**

在于家堡地下空间规划中，地铁与地下车行、管廊等分系统、分路由布置，地下工程各自分开建设，避免地下各类系统工程建设相互影响；地铁与地下步行商业等密切相关的系统整合在一起开发建设，工程易于分期或单系统独立开发。项目主要建设人行系统、车行系统、轨道交通、地下综合管廊四个系统。根据立体构架、复合功能的要求，所有地下三层空间实现地铁、地下商业、停车场连通。此规划在系统整合上主要有如下特点：

1）体现网络化概念与节点分级概念，形成内圈地下车行交通、中圈地下人行交通、外圈地下市政设施的圈层网络系统；

2）地下人行、车行、市政系统在水平和竖向上适当分离，以管道化运营的理念组织各系统，减少系统之间的干扰，提高地下空间的运营效率；

3）主要系统水平分离，有利于工程实施，减少系统交叉带来的实施难度。

其中，地下空间人行系统建有地下人行通道 16.9 万平方米。地下人行通道连通主要人流集散点和重点高密度开发地块，以轨道交通站点为依托，形成南北联系高铁与会展中心、东西联系起步区与滨江绿地的地下步行系统。而在远期规划中，根据需要可向南北、东西进一步拓展，形成半岛“日”字形的地下空间步行主干系统。

3. 案例总结

1）顶层设计：法规机制为支撑，专项规划为指引，一张蓝图绘到底

以上案例的开发过程中，在顶层设计层面，有作为支撑的法规机制和地下空间的专项规划；在规划执行层面，有多地块统筹规划管理和一体化设计的先进理念、地下空间整体开发的导控文件；在设计施工层面，注重城市设计的整体蓝图，实现人车交通组织、建筑设计、施工的一体化实施和优化。

2）低碳集约：地下系统，设施共享

在统一顶层设计的指导下，新城各开发地块能够实现有效连接、系统整合，进而统一规划区域内供电、给水排水、供冷、垃圾收集、安全监控系统、消防、人防、停车库等各项设施，使区域内各项公共设施实现统筹、统一、有机结合，形成一个资源共享的地下公共空间体系。

3）立体城市：构建安全便捷的交通网络

基于多地块统筹开发，新城地下空间可成为立体交通组织的有力一环。对地下分层车行、步行网络的构建，将大大缓解新城地面车行、人行交通压力，并三维地实现人车分流，从而构建更为安全、便捷、有序的立体交通网络。

# 2.2 CBD 片区

本节主要列举上海西岸传媒港地下空间、上海世博轴地下空间、上海世博会 B 片区地下空间、日本大阪梅田枢纽地下街作为主要案例，从土地集约、绿色低碳、步行价值三个层面展开阐述。土地集约体现在上海西岸传媒港地下空间的整体开发模式上，它将多个地块整合规划，集中建设地下空间，实现了土地利用的集约化和城市空间的立体化发展；绿色低碳体现在上海世博轴地下空间中，通过利用和发展地下空间释放土地，在地面创造更好的绿色生态环境，同时，地下基础设施建设考虑了地下垃圾处理、综合管廊和地源热泵等系统；日本大阪梅田枢纽地下街以步行动线为核心进行地下商业开发和公共场所建设，从而实现无缝整合，并吸引大量客流，为地下街注入更多活力，带来经济效益。

1. 上海西岸传媒港地下空间

上海西岸传媒港地区规划范围东至龙腾大道，南至黄石路，西至云锦路，北至龙爱路，规划用地面积约 19.88 万平方米。西岸传媒港地区规划旨在以文化传媒和信息通信产业为主导，形成充满活力的文化传媒产业集聚区。同时，为满足不同商务人群的需求，构建一个功能丰富、资源共享、社区氛围浓厚的综合商务区，并通过多样化且完善的商业和文化配套设施，打造一个特色鲜明的滨水公共活动区。整个徐汇滨江将围绕“西岸传媒港”定位，建设世界级的文化滨江区，这里将成为上海的新地标之一，集产业发展、文化集聚和城市生态景观于一体，展现其独特的魅力与活力。

西岸传媒港地下空间开发模式为街区（“九宫格”）整体开发，地下开发层数为三层，地下总建筑面积约 46.5 万平方米，设计停车位 5200 个。地下三层为停车库及设备用房；地下二层为停车库、设备用房及车行环道，见图 2-3；地下一层为商业用房及设备用房。另外，能源中心、雨水收集站、消防控制中心也配套设置在地下空间中。

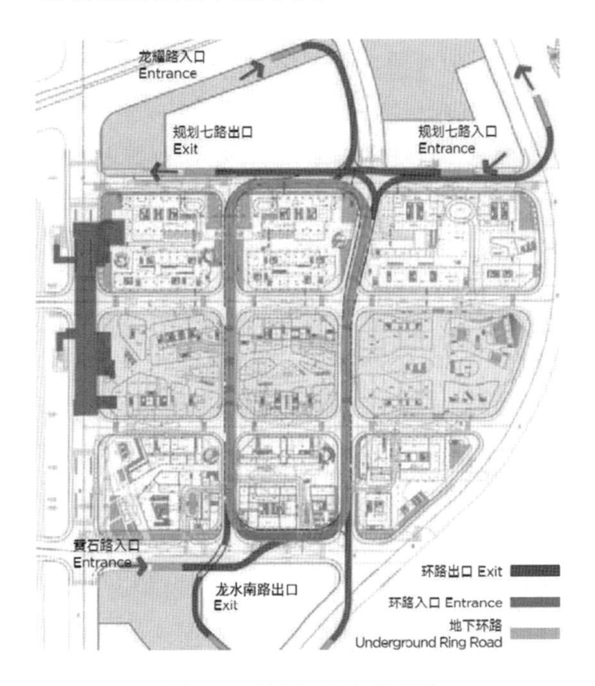


图 2-3　地下二层车行环道

为实现整体开发模式落地，西岸传媒港在土地出让、设计总控、施工协调等各个环节均有所创新与突破，具体体现在以下几个方面：

1）土地出让机制。项目在土地出让机制上采用了创新的地上、地下空间分别出让的方式，力求实现西岸传媒港项目区域组团式开发和地下空间统一建设的目标。除了“梦中心"三个地块以外，区属开发企业上海西岸传媒港开发建设有限公司取得了其余六个地块及区域内道路地下空间的使用权。

2）设计总控机制。面对创新的土地出让模式，西岸传媒港的设计工作有别于常规的地上、地下由一家设计单位完成的方式，由几家单位共同完成。《西岸传媒港整体开发设计导则》先行，为相关设计单位及部门的设计与审批提供重要的参考依据。设计总控机制的落实有助于推进各地块项目的统筹安排。依据设计导则和西岸传媒港总体设计方案，审查和协调地上各开发单位的设计文件，重点解决地上与地下、内部与周边、单体与总体等关系，落实了二层平台、地下连通等重要事项。"统一规划""统一设计"的理念贯穿于设计工作的始终。

3）施工协调机制。为了更加有效地明确相对独立又相辅相成的各地块界面及责任，在推进基坑群施工组织节奏、区域场地布置及交通组织、临边安全施工管理等协调工作中，共形成了三个协调平台，分别为：建设单位协调平台、参建单位协调平台、专项工作协调平台。三个平台作为协调机制的联系纽带，共同确保西岸传媒港项目整体顺利推进。

4）项目组织治理机制。西岸传媒港项目涉及多个开发主体，地上地下关系紧密，大量的协调、沟通以及共同决策过程必不可少。为确保项目顺利进行，需要在传统项目管理的基础上进行创新管理。首先，政府主导机制在市、区政府层面发挥作用，通过多次会议制定目标，讨论决策规划、土地出让等议题。其次，市场合约治理机制通过签订一系列的双边、多边协议，约定建设单位在产权、设计、施工和运营中的分工和费用分摊原则。此外，合作开发框架协议和实施细则统一各地块项目的建设步调，落实地下空间统一建设的理念。最后，"政府-市场"二元互动机制在政府主导与市场化运作之间建立紧密的联系，协调不同利益的诉求，整合资源，推进项目顺利进行。

2. 上海世博轴地下空间

上海世博轴位于世博会浦东园区 B 片区，南起耀华路，跨雪野路、国展路、博成路及世博大道，北至庆典广场，东侧与轨道交通 8 号线中华艺术宫站，南侧与 7、8 号线耀华路站相通。世博轴作为南侧主入口贯穿世博园区，并与两侧的演艺中心、世博中心、主题馆、中国馆共同构建起"一轴四馆"的总体布局。

世博轴的设计独具匠心，它成功打破了地上与地下空间的传统固有界限，为游客带来了丰富多样的步行体验。同时，地下空间在世博会的绿色低碳园区建设中扮演着举足轻重的角色。在践行绿色、节能、环保理念的过程中，世博轴在地下空间的开发中采用了诸多创新技术，为园区的可持续发展贡献了重要力量。

1）地下空间综合利用。上海世博会期间，世博轴作为世博园最主要的出入口，承担了约 23%的入园客流。为了迎接巨大的人流挑战，世博轴采用了立体交通方式，包括地下两层、地面层和高架步道层。地下二层与轨道交通连接，地面层连接世博园区地面交通，地上二层与世博园人行高架步道系统相连，避免人流交叉，确保安检效率。地下一层设有商业和配套服务设施，并提供充足的休息空间。各层功能布局合理，并与竖向交通系统如圆形芯筒、开放楼梯和自动扶梯相互衔接，保证人流高效有序地流动，见图 2-4。

2）阳光谷。世博轴的建筑造型亮点来自六个贯穿地上与地下空间的阳光谷，从地下 6.5 米至地上 35 米逐渐打开。阳光谷采用自由形空间单层表皮精细钢结构，此结构的钢构件尺寸极为纤细，大大降低了材料的用量；阳光谷形状为单轴或双轴对称自由形，其自由形曲面基于非均匀有理 B 样条（Non-

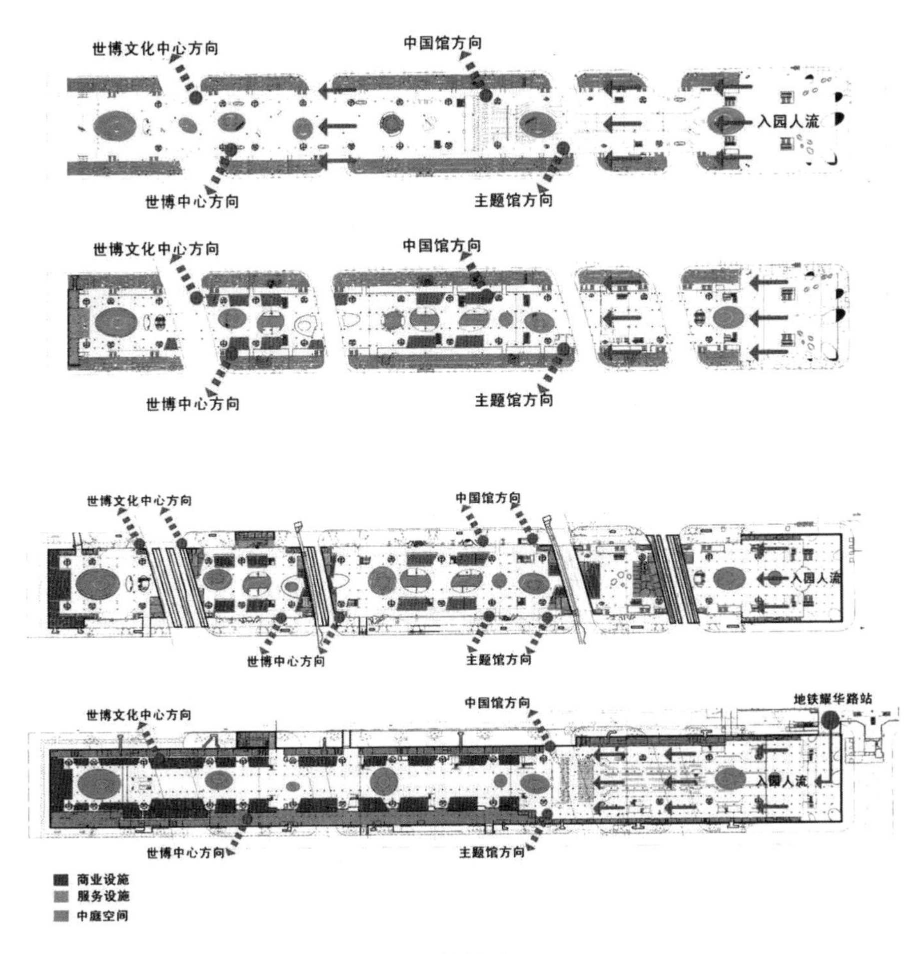


图 2-4 世博轴地下平面图

Uniform Rational B-Splines，缩写为NURBS)，通过拓扑分析将曲面转化成三角形网格系统，多次强化并最终成形，在结构上几乎看不到完全一样的杆件与玻璃。经历了找形、结构计算、深化设计、工厂制作、现场安装等一系列过程，阳光谷从设计到最终的建成克服了多重技术障碍，充分体现了科技的创新。

3）自然采光与通风。自然采光对于身处建筑中的人们获得身心愉悦的体验来说是极为重要的，世博轴的自然采光主要来源于阳光谷与世博轴两侧的斜坡设计。阳光谷上部接近一个足球场的面积可以接收充足的阳光，经过透射、聚拢、反射，投射到地下空间。在室外正常照度情况下，经测算，仅通过阳光谷就可以满足地下一层面积约 19.1%、地下二层面积约 13.5%的采光要求。阳光谷凭借其独特的造型设计，巧妙地利用了自然界的风压、热压、高差、温差等原理，从而实现了自然通风在阳光谷内的竖向流动。这种自然通风不仅有效地带走了室内的热量，为空间带来宜人的温度，同时还显著改善了地下空间的空气质量，为人们营造了更加舒适健康的环境。值得一提的是，通过引入自然通风，阳光谷还极大地节约了空调通风的能耗，为节能减排、绿色生态作出了积极贡献。

4）雨水收集。世博轴膜结构拥有光滑的表面，与阳光谷的流线型形态相得益彰，这种设计巧妙地促进了雨水的汇集。收集到的雨水会流入底部，进而导入世博轴下方的水渠中。经过净化处理，这些雨水被赋予了新的用途，如用于景观绿化的浇洒、道路的冲洗以及公共卫生间的冲厕等，雨水利用率高于15%，实现了水资源的循环利用。

5）*江水源与地源热泵*。世博轴巧妙地利用了其临靠黄浦江的地理优势，在建筑中引入了地源热泵和江水源热泵两种可再生能源，构建了高效的空调冷热源系统。在炎热的夏季，系统通过黄浦江水进行冷却，显著提升了空调的制冷效果，同时避免了传统冷却塔存在的补水问题；而在寒冷的冬季，系统则转为热泵采暖模式，大大提高了采暖的能源效率。根据世博轴空调冷热源综合能耗分析，江水源和地埋管地源热泵系统夏季节能约154.3万千瓦时，节能率约27%；冬季折合节能约408.6万千瓦时，节能率约71%；全年节能约562.9万千瓦时，节能率约49.1%；年减碳量5629吨。

3. 上海世博会B片区地下空间

上海世博会B片区B02、B03地块位于上海世博会地区核心位置，东连A片区、西接C片区，承担了“连通A、C片区，盘活世博园区”的纽带作用。地下空间总建筑面积约45万平方米，共计四层。地下空间布置有连通A、C片区及13号地铁站的东西向公共通道、商业、各产权地块的多功能厅、食堂、停车库等。

上海世博会B片区的规划，旨在构建一个聚集知名企业总部与国际顶尖商务街区的崭新地标。这一规划的核心理念在于土地的集约利用，以打造一个以人为本、舒适宜人的商务环境。它不仅继承了上海世博会的可持续发展精神，更致力于将该片区塑造为上海的新名片，展现跨国公司总部集聚的独特风貌，进而成为上海向全球城市迈进过程中不可或缺的一环。而在这片珍贵而有限的城市核心地带，如何实现这一系列规划目标，地下空间的开发与利用显得尤为关键。通过高效、集约地利用地下空间，城市建设过程中面临的土地、交通、环境等多重压力可以得到有效缓解。

在商务区分地块出让的传统模式下，地下空间经常受到产权、投资、管理等因素的限制，导致建设品质不尽如人意、业态布局存在重复现象、使用效率相对低下等问题出现。此项目通过统一规划、统一设计、统一建设的“三统一”模式，尝试商务区的集约开发模式，有效解决上述困局。

在地下交通组织方面，此项目以轨道交通站点为核心，构建了地下人行通道网络。B03A-02地块与B03C-01地块均与地铁出入口相连，人行动线设置在地下二层，与地铁站厅层无缝对接，进而延伸至博成路的商业空间，直至酒店，形成一套完整的地下人行系统，实现A、C片区的顺畅连通；B片区地下车库通道系统以博成路为界分为南北两部分，北侧地块内地下车库形成环路，在地下一层连通，南侧地下车库各街坊内自成车行环路，四个街坊的地下停车库在地下二层通过短通道连通，实现资源共享。在地下车库出入口设置方面，通过优化地面交通疏导及地下空间交通组织，以街坊为“点”，以区域为“面”，通过点面结合，每个街坊设置两个地下车库出入口，使出入口数量从常规设计的56个减少至14个，节约了建筑空间，提高了车库出入口的使用效率。（图2-5）

4. 日本大阪梅田枢纽地下街

梅田枢纽坐落于大阪市北部的核心商务区——梅田，汇聚了JR大阪站、阪急梅田站、地铁梅田站等七个轨道交通车站，形成了便捷的交通网络。梅田地区以高强度的土地开发而著称，用地功能以交通、商业、办公和酒店为主，展现了多元化的城市面貌。

梅田地下步行系统，主要集中于大阪站

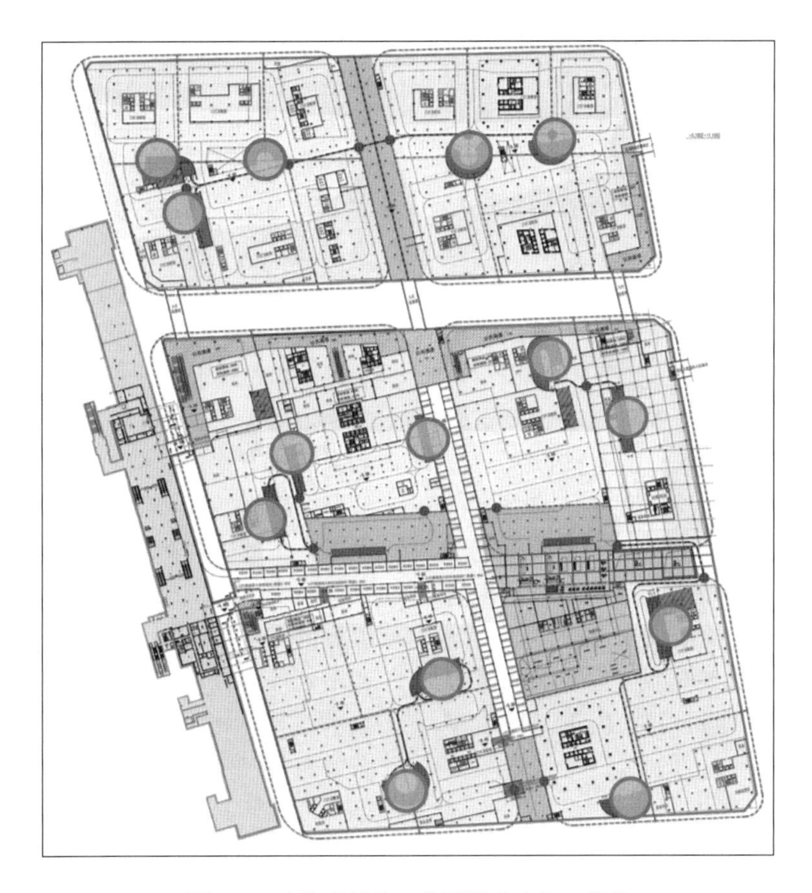

图 2-5 上海世博会 B 片区地库出入口优化

东部和南部这一传统的商业中心区域，这里地铁站点密布，交通便利。该系统自 20 世纪 60 年代起，历经数十年的精心规划与建设，逐渐发展成一个庞大的地下步行网络，其布局紧密贴合城市主要道路架构。如今，它已成功将 JR 大阪站、阪急梅田站、阪神梅田站等七个轨道交通站点紧密串联，构筑起一个连续的步行网络。更值得一提的是，这一地下步行系统与阪急百货、阪神百货、希尔顿广场、GFO 综合体、友都八喜梅田店等大型商业设施的地下空间实现了完美融合，无缝衔接，为市民和游客提供了一个既便捷又舒适的购物与出行环境。(图 2-6)

图 2-6 梅田枢纽站域地下步行网络

在日本的市内轨道交通系统中，多家主体共同参与是常态，而在繁华的梅田车站地区，这种多元化的特点尤为显著。这里，JR 西日本、大阪地下铁、阪急电铁、阪神电铁、南海电铁五家私营铁路公司汇聚一堂，共同构建了九个站点，形成了复杂的交通网络。为了实现溢价回收，这些铁路公司常常在大型站点周边开发地产项目，以此来平衡收支，例如阪急百货、阪急三番街、阪神百货等。因此，梅田站地区的地下街不仅承载着轨道交通的重要功能，同时也展现了轨道开发与商业开发之间的动态平衡，这种平衡始终贯穿于该地区的城市发展中。依据日本《民法典》及《大深度地下空间公共使用特别措置法》的相关规定，土地使用者对于地下一定深度范围（自地面至地下 40 米）的空间享有所有权。因此，城市地下空间的开发利用受到严格限制，仅允许在市政道路下方的空间以及非市政道路下方至地下 40 米以内的空间进行。在这样的法律框架下，城市地下步行系统逐渐形成了以城市道路下方的地下步行通道为主要骨架，同时辅以各地块主体内部的地下街作为连接节点的独特格局。这种布局既确保了地下空间的合理利用，又促进了城市步行系统的连贯性与便捷性。

5. 案例总结

在 CBD 片区案例中，本节列举了上海西岸传媒港地下空间、上海世博轴地下空间、上海世博会 B 片区地下空间、日本大阪梅田枢纽地下街案例，以上案例体现了城市中心区实现低碳与集约化开发的模式。本章节的分析重点着眼于案例的机制创新、技术创新与系统整合，提供五个新城多地块整体开发的多方面启示。

1）土地集约：整体开发，资源共享

随着我国城市化和工业化加速，城市对土地的需求增大，建设用地日益紧张。为缓解这一矛盾，许多城市转向开发地下空间。上海西岸传媒港是一个典型案例，它将多个地块整合规划，集中建设地下空间，实现了土地利用的集约化和城市空间的立体化发展。它通过整体开发和统一管理，提升了区域环境质量、城市活力，优化了空间结构，并促进了功能提升和整体利益共享。

2）绿色低碳：生态技术应用整合，区域生态示范作用带动城市一体化生态建设

地下空间是实践绿色低碳理念的关键。地下空间的开发和地面利用，可以创造更多的绿色生态环境。城市化导致基础设施和建筑物占用大量土地，加剧了城市问题。利用和发展地下空间能够释放土地、改善生态环境，并吸收二氧化碳。同时，地下基础设施建设考虑了地下垃圾处理、综合管廊和地源热泵等系统，有助于推动集约绿色可持续发展。上海世博轴地下空间采用了多项创新技术，如阳光谷结合了自然采光、通风和雨水收集技术，利用江水源与地源热泵，共同推动了生态节能，引领了节能技术方向，是世博园的生态示范建筑。

3）步行网络：距离产生价值

随着交通在人们生活中的重要性日益增加，交通建筑的功能和空间模式也在不断演变。从最初只为人流服务且品质较低的小型商业街，逐渐转变为综合商业中心，地下空间不再仅限于交通通道，而是更为丰富和舒适的公共与商业空间。例如大阪梅田枢纽的地下街与轨道站紧密连接，以步行动线为核心进行地下商业开发和公共场所建设。此外，它通过实现与阪急百货、阪神百货、希尔顿广场、GFO 综合体以及友都八喜梅田店等地下空间的无缝对接，成功吸引庞大的客流，为地下商业街增添了更多生机与经济活力，进一步提升经济效益。

# 2.3 交通枢纽

本节选取了香港西九龙高铁站、东京涩谷·未来之光作为典型项目，旨在为新城枢纽区域地下空间低碳集约化开发提供丰富的应用场景参考。这两个项目通过土地制度的创新，展示了在有限土地资源下实现高效利用和可持续发展的可能性。香港西九龙高铁站通过综合发展区制度（Comprehensive Development Area，简称 CDA），将高铁设施建设与上盖物业发展相结合，实现了土地的混合利用。而东京涩谷·未来之光项目在土地制度上的创新则主要体现在容积率奖励机制上。该项目通过制定合理的容积率奖励政策，鼓励开发商在符合规划要求的前提下，增加建筑物的密度和高度，从而提高土地的利用效率。这些创新性的土地制度不仅提升了城市的经济和社会效益，还为未来新城地下空间的规划和发展提供了有益的启示。

1. 香港西九龙高铁站

西九龙站建成于 2018 年，位于香港维多利亚港北岸的城市中心商务区，是大规模的地下高铁枢纽，总占地面积为 11 万平方米，车站总建筑面积约 40 万平方米，设 6 条短途线月台、9 条长途线月台。站场一侧还预留了总建筑面积约 30 万平方米的上盖物业开发空间，见图 2-7。

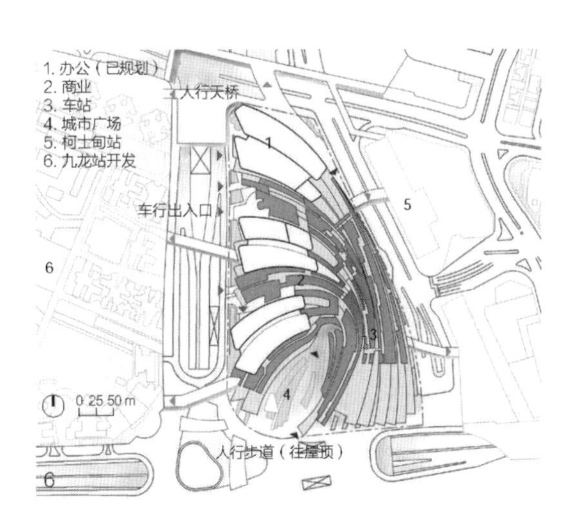


图 2-7 西九龙站总平面图

西九龙站建筑共五层，地下开发层数为四层。地下一层为穿堂层，设有售票大堂、出租车落客站、上盖建筑停车场；地下二层为入境层，设有柯士甸道西地下道入境大堂、办公室、出租车上客站、行人隧道往柯士甸站、车站停车场；地下三层为离境层，设有候车室、离境大堂；地下四层为月台，设有乘车区。

香港西九龙高铁站的机制创新主要体现在以下两个方面：第一，在决策合作方式上，西九龙站综合开发展现了多方协作精神，不仅涉及香港特区政府，还有九广铁路公司（简称"九铁"，由香港特区政府全资控股）、香港地铁公司（简称"港铁"）及其下属服务商，以及未来的上盖物业开发商。香港特区政府作为项目的最高决策机关，把握规划与用地策略，而港铁等多家单位则紧密配合，共同实现项目目标。第二，在土地制度方面，香港自 1960 年代起便积极探索围绕铁路及地铁站场进行开发的模式。其中，综合发展区制度的推出，为上盖物业发展提供了有力支持。在《西南九龙分区计划大纲图》中，站场地块被明确划定为综合发展区，除了高铁设施的建设外，还允许开发办公、商业等多种用途。CDA 制度的灵活性为土地的混合利用提供了制度保障，规划主管部门在容积率上拥有更高的裁量权，从而提高了后续开发的灵活性和可能性。站场区域的上盖土地被纳入香港特区政府2019—2020年卖地计划，地政总署计划出让的地块总面积约5.96万平方米，具体划分了站场范围与上盖物业部分，并规定了土地权属、开发权责（站场范围由港铁负责），以及需充分预留上盖开发的结构接口。

除了机制创新，香港西九龙高铁站在建筑设计上也展现出了独特的绿色环保特点，车站不仅提供了面积更大的绿色生态公共空间，还将绿色环保科技融入其中。中心大厅等待区采用艺术布局的竖向绿墙，这一设计在美化车站环境的同时，也为乘客提供了绿色生态体验空间。流线型屋顶与绿化相结合，有效减少了太阳热能吸收，并间接降低了建筑物的能源消耗。此外，车站还采用了高性能Low-E双层玻璃幕墙，这种幕墙既能透过光线，让空间明亮舒适，又能在炎热的夏季有效地隔绝热辐射，减少空调带来的能耗损失。除了上述措施外，车站还引入了其他先进的节能技术，如节能灯、LED光源、空调系统的海水冷却装置、雨水收集系统、智能感应电力装置和设备、挖方土石及材料的循环利用等。这些技术的应用不仅提高了车站的能源利用效率，也为乘客提供了一个更加舒适、便捷的乘车环境。

2. 东京涩谷·未来之光

涩谷·未来之光项目是涩谷站周边开发的首个城市更新项目，是集商业、办公和公共配套于一体的TOD综合体，被誉为年轻人之街，是日本国内外各种流行元素的发祥地。项目占地面积9640平方米，建筑面积144 546平方米，其中，地下4层，地上34层。

2002年，日本颁布了《都市再生特别措置法》并划定了“都市再生特别地区”，允许通过增加公共服务设施和公共空间来获得容积率奖励。为了提升空间的复合利用，在保证安全的前提下，日本设立了“立体道路制度”，允许道路在建筑下部穿越，最大限度地利用土地。

采用容积率奖励政策鼓励城市再开发是涩谷·未来之光项目在机制创新方面的亮点。由于项目引进了城市所需的文化功能和地下广场，其容积率由原本的7，最终翻倍提升至接近14，建筑高度要求也相应放宽，对开发商来说非常有利。整座建筑中，地上商业有7层，地下商业有2层，第8层是创意空间，第9层是多功能展览空间，第11层是空中大堂，第13～16层是剧场，第17～34层是办公空间。因为项目地块面积很小，为提高容积率，设计单位将非盈利的多种公共文化功能全部放在中间楼层。对城市来说，音乐剧场、美术馆、多功能厅这些被设置在“空中”的多样化公共空间，提升了涩谷区域的功能丰富度。而对开发商来说，剧场等空间能够引导人流上楼，大大提升了商业垂直交通的整体利用率。

Urban Core的设计是涩谷·未来之光项目在技术创新方面的亮点。政府要求开发项目在获得容积率奖励时，必须向公众免费开放一定空间。Urban Core是连接车站和城市街道的垂直公共交通核心，通常位于交通最便利、人流最密集的地方，具有极高的商业价值。尽管开发商不愿意将其用作公共空间，但实际效果显示，将这一活跃区域公共化后，每天可吸引约50 000～60 000的乘客流量，比布置几家精品店更为有效，这些固定的人流可以自然而然地激活邻近的商业业态。在涩谷·未来之光项目中，基地位于坡地底层，Urban Core每层与周边道路相连，提供了很大的便利性。通勤者可轻松到达相应楼层高度的道路，也可乘坐电梯和自动扶梯到达更高层的美术馆、剧场等，大大提升了建筑的活力和商业价值，见图2-8。

除了提升地上地下空间连通带来的活力，Urban Core也蕴含了绿色低碳策略。东急线从代官山到涩谷逐渐转入地下，这一过

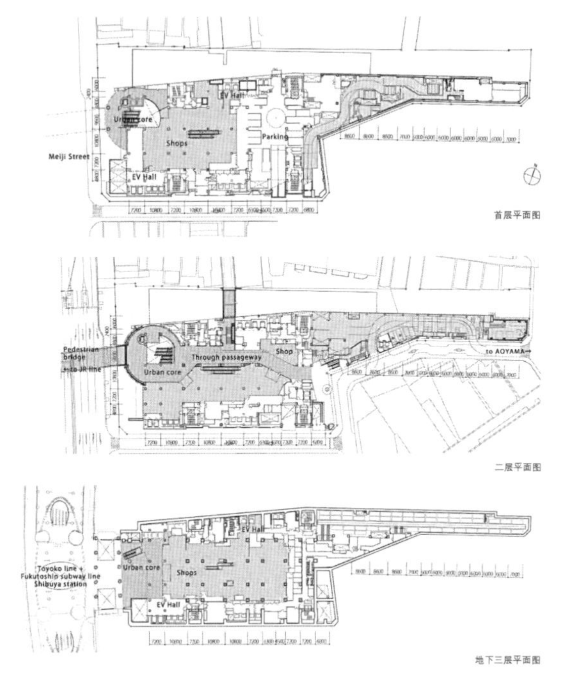


**图 2-8　涩谷・未来之光项目平面图**

程会将外部新鲜空气带入地下，在 Urban Core 上下贯通的开放空间中自然形成烟囱效应，无需额外设备就能实现空气转换，避免增加能源消耗。经过模拟验证，当贯通的挑空空间面积与地铁轨道洞口面积相当时，通气效果最为显著，而且经过实践证明，仅依靠车站的自然通风，每年就可减少约 1000 吨的碳排放。

日本在战略特区的奖励制度中设有专门针对绿色发展方面的条例，这也体现了政府在鼓励公共开放空间的同时，也注重对于地球环境的考虑以及在高效利用自然能源和节能减排方面的贡献与引导。绝大多数的 TOD 开发项目都是在站前土地稀缺而人流密集的条件下进行的，能源消耗较大，在这类项目中引入节能低碳的措施比普通建筑中的效果会更为显著。

3. 交通枢纽案例总结

交通枢纽案例中，本文列举了香港西九龙高铁站、东京涩谷・未来之光案例。案例特点是通过将车站等功能置于地下，让地面空间回归开放的城市公共空间，完成枢纽与城市的有机融合，从而实现“站城一体”。本节的分析重点着眼于案例的机制创新、技术创新，为五个新城地下空间开发提供宝贵的经验与启示。

协同增值：站城融合综合开发模式

高速铁路在公共交通网络中担任着非常重要的角色，它是各个城市之间不可或缺的桥梁。高速铁路因具有运量大、速度快、安全性强、正点率高、舒适方便、能源消耗低、环境影响轻、经济效益好等优势而备受瞩目。在我国，高速铁路的建设不仅促进了沿线城市的经济发展，更在节能减排、降低环境污染等方面取得了显著成效。根据国外发达国家的高铁建设经验，高铁枢纽地区正日益向地上地下的复合空间发展，地下空间在构建立体交通网络、优化乘客换乘路径以及促进交通枢纽与周边地块的连接方面，发挥着愈发重要的作用。这一发展趋势不仅提升了交通效率，也优化了城市空间布局，为城市的可持续发展注入了新的活力。如东京涩谷・未来之光的开发，通过 TOD 模式实现车站交通功能优化，在涩谷地区原来的两个车站合并对接后所释放出来的城市用地中，规划立体交通广场，引入竖向复合叠加模式，由单一的交通、商业功能转型为竖向的城市商业配套综合体，不仅大大提升了建筑的活力，也实现了车站枢纽与周边地区的集约和互动，盘活整片地区，激发城市活力。

# 2.4 旧城更新

旧城更新是新城地下空间开发的重要场景之一，本节列举上海张园、上海淮海路爱马仕旗舰店、杭州十中操场改造等典型项目，分别为城市更新中地下互联互通、既有建筑地下增层改造、操场绿地下方停车场建设等地下空间开发利用场景提供案例参考。在新城综合开发类型案例中所提到的深圳前海、交通枢纽板块中所提到的东京涩谷·未来之光项目，同时也是旧城更新的典型案例。

本节和上文中提到的案例分别在容积率奖励机制（东京涩谷·未来之光项目）、打造缝合城市的互联互通地下空间（上海张园地区改造项目）、局部地下空间挖潜改善周边配套（既有建筑地下增层改造、操场绿地下方停车场建设等类型）三个层面展开阐述，为城市更新中的地下空间开发模式提供典型参考。

1. 以城市更新为契机实现地下互联互通：上海张园地区改造项目

上海张园是南京西路历史风貌区中里弄住宅的代表，张园地区周边三面临近地铁 2、12、13 号线，原地铁三线之间只能通过地面换乘，空间利用低效。上海对张园地区的规划自 2007 年起经历了四轮优化，2020 年编制了《上海市南京西路历史文化风貌区保护规划 115 街坊局部调整、上海市静安区南西社区 C050401 单元控制性详细规划 116b 街坊局部调整》，在地下空间附加图则中控制预留了地下通道的范围，实现三条地铁线路的地下换乘，同时打造近 8 万平方米的地下空间。（图 2-9）

张园项目在管理运营方面提出了共享车位的理念，整合相邻地块地下车位，实现空间共享。张园自身改造可提供车位约 580 个，而通过区域车位共享可以提供约 3480 个车位。在工程技术上，项目采用了基础托换、临时保护性拆除等方式保护老旧建筑，通过设备小型化、“步履式行走器”的运用解决了狭窄空间的施工难题。最终，项目在张园地下设置三层，增加近 8 万平方米地下空间，将兴业太古汇地下层、13 号线南京西路站站厅层、华润地下层、张园地下层相互串联，拓展了商业与停车空间。

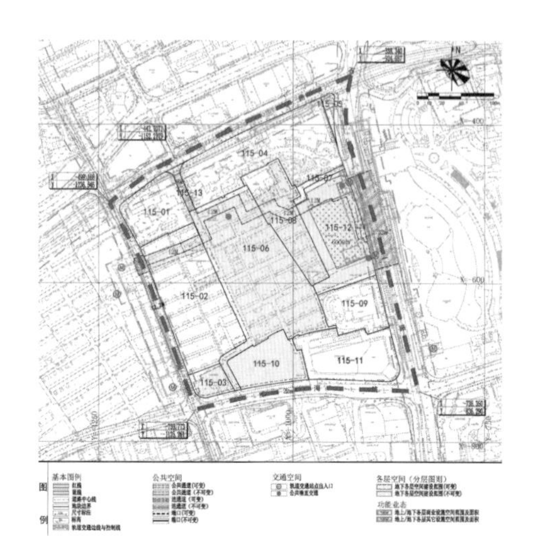


图 2-9　张园地下空间换乘通道示意图

2. 既有建筑地下增层改造：上海淮海路爱马仕旗舰店改造项目等

地下增层是指在不拆除既有建筑物、不破坏原有环境以及保护文物的前提下，对既有建筑进行地下空间开挖，增设新的地下空间。该方式在旧城更新过程中，能合理实现新老建筑的空间结合与功能延展，解决老城停车难的问题，同时也有利于与其他新建地下空间连通。地下开发内容包括地下停车、附属设备用房、地下商业等。以上海淮海路爱马仕旗舰店改造项目为例，既有的两幢百年欧式风格历史保护建筑均为砖木结构，通过对旧建筑修缮加固并增建两层地下空间，将其改造为爱马仕旗舰店，地下增层部分功能为商业空间及地下停车库。地下增层改造项目及特点详见表 2-1。

**表 2-1 地下增层改造项目及特点**

| 项目 | 特点 |
| --- | --- |
| 济南商埠区历史建筑地下增层工程 | 在保护原有历史建筑的同时，在其下方增设三层地下停车场 |
| 上海淮海路爱马仕旗舰店改造增层项目 | 对旧建筑修缮并新增两层地下空间，改造为爱马仕旗舰店 |
| 上海南京西路锦沧文华广场楼宇改建工程 | 锦沧文华酒店既有裙房地下室增层，将原地下 1 层增建为地下 4 层，增加地下空间建筑面积 |
| 杭州甘水巷 3 号组团既有建筑下挖增层 | 下挖增层改造，新增使用面积 1700 平方米 |
| 上海地铁 9 号线徐家汇站换乘枢纽换乘大厅增层 | 采用托换加固技术增加地下空间层数并通过挖盖法进行增层工程施工 |

3. 操场下方停车场建设：杭州十中操场改造项目等

利用绿地、广场、操场等用地设置地下停车场，既可作为面向居住小区的配建停车场，也可作为服务社会车辆的公共停车场，从而大大缓解老城区的停车矛盾，是旧城更新中地下空间开发的一种重要模式。以杭州十中操场改造项目为例，项目操场面积为 3600 平方米，地下共规划出 77 个停车位，出入口独立设置于校园外，确保与校园交通互不干扰。由于属性不同，操场下方停车场改造的发展目标和策略也有所差异。面向居住小区的停车场，目的在于解决老小区缺少停车场的历史遗留问题。而操场用地权属于学校，因涉及土地混合利用开发及公共用地地下开发利用，因此地下空间开发成功的关键更多在于政策层面的支撑。

自 2005 年以来，不同城市先后出台了相关政策，对校园地下空间改造提供了政策支持，详见表 2-2。

4. 南京市建邺区地下智能停车库

南京市建邺区沉井式地下智能停车库（一期）工程位于南京市儿童医院（河西分院）东北角，为解决地块停车矛盾，考虑到公交场站无法搬迁，因此需要在保留原地块功能属性的前提下，新建地下停车库。

**表 2-2 校园地下空间改造相关政策及案例总结**

| 时间 | 城市 | 相关政策 | 相关条例 | 案例名称 | 功能类型 |
| --- | --- | --- | --- | --- | --- |
| 2008 | 杭州 | 《利用绿地、广场、学校操场等用地解决停车问题布点规划》 | 经梳理确认可以规划地下停车场的学校有 13 所，可增加停车位近千个 | 全市 318 所中小学，其中 5 所运动场下设置停车库 | |
| 2012 | 温州 | 《温州市城市道路交通近期改善规划（2012—2015）》 | 充分利用市区有条件的多所中小学运动场修建地下公共停车库 | 南浦实验中学 | 地下停车库 |
| 2013 | 北京 | 《北京市机动车停车管理办法》（北京市人民政府第 252 号令） | 缓解静态交通问题可利用教育地下空间资源开发建设公共停车场 | 新史家小学 | 体育用房、地下停车库 |

（续表）

| 时间 | 城市 | 相关政策 | 相关条例 | 案例名称 | 功能类型 |
|---|---|---|---|---|---|
| 2015 | 厦门 | 《厦门市停车场建设发展规划》 | 利用部分中小学操场地下空间建设公共停车场 | 全市 340 所中小学，其中 38 所运动场下设置停车库 | |

以井筒式地下立体停车库为代表的新型立体车库，采用定点、适量增加停车位供给的方式可以较好地解决停车位不足的问题。施工所需的竖井施工装备（Vertical Shaft Sinking Machine，简称 VSM）主要由竖井挖掘设备、泥水分离系统和沉降单元组成，优势在于施工快速安全、噪音小、占地面积小。场地（公交车站）长 60 米，宽 25 米，采用 VSM 工法设置竖井作为停车库的主体结构，占地面积小，对周边影响低，是一种合适的选择。南京建邺区沉井式地下智能停车库工程是该工法在国内的首次应用，也是世界上首例 VSM 工法与地下停车库工程的结合。

工程设置两个地下竖井，每座竖井设有 100 个机械车位，一共可停放 200 辆汽车。每个竖井共 25 层停车层，其中上部 8 层为 SUV 车位，层高 2.5 米，其余 17 层为普通小型车位，层高 2 米。停车层车架机械系统为方形，中心设置有旋转升降机，每层停放 4 辆汽车，沿井壁环向排列，限界尺寸为直径 12 米，圆形竖井结构和方形车架间布置送排风立管、横管、检修梯等（图 2-10）。工程地面建筑高度为 11.4 米，其中地上 1 至 3 层层高均为 3.6 米。地面一层主要为停车设备出入层，布置出库间、入库间、车辆提升装置、消防水泵房、消防水池、控制室、设备井等。地上二层为设备层，布置检修间、配电间、新风机房、排风机房、设备机房、立管、设备井等。地上三层为办公楼层，布置还建公交站管理用房、本项目车库的管理用房、卫生间及疏散楼梯。竖井地下室层高 55.35 米，实际开挖深度 68 米。以南京市建邺区地下智能停车库为代表的竖井式机械停车库为城市更新中地下空间的集约挖潜提供了一种崭新的参考思路。

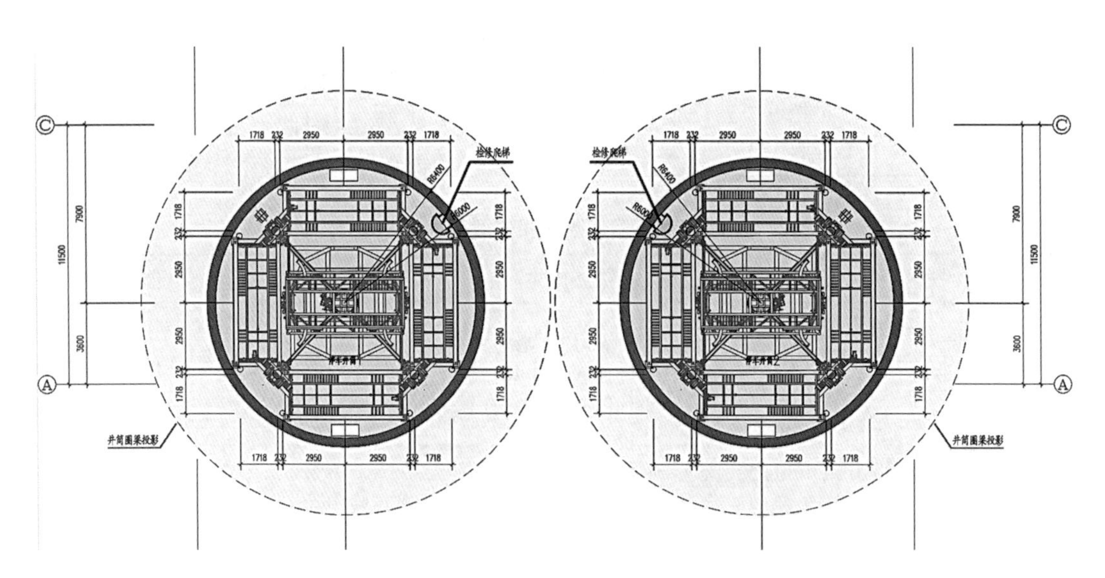


**图 2-10　南京市建邺区地下智能停车库停车层平面图**

5. 案例总结

在本节中，旧城更新类项目列举了上海张园地区改造、上海淮海路爱马仕旗舰店改造、杭州十中操场改造等项目，加上在交通枢纽板块中所提到的东京涩谷·未来之光项目，以上项目为旧城更新语境下的地下空间开发利用提供了参考范式。

1）容积魔法：奖励机制为城市更新注入强心针

推动城市更新需要政策的引导。在这方面，东京为城市开发而制定的各项制度在诸多方面促进了城市发展、改善了人居环境，例如，加强人行网络与车站的便捷联系，优化车站的道路和交通体系，创造更多的公共开放空间。对于项目的开发商，东京通过把对社会公众的贡献转换为容积率奖励，以此带动城市更新，引入更优异的城市功能，最终进一步激发城市活力，形成良性循环。

日本 2002 年颁布《都市再生特别措置法》，允许增加公共设施换取容积率奖励。在涩谷城市更新中，项目合并车站用于释放空间，完善人行网络。政府对强化公共交通节点的贡献给予容积率奖励。在我国，如深圳市的城市更新中，当地政府针对地下空间也出台了相应政策机制进行探索，通过转移容积率、奖励容积率、允许配建经营性建筑等奖励措施，鼓励开发商对公共利益项目进行建设。《深圳市拆除重建类城市更新单元规划容积率审查规定》（深规划资源规〔2019〕1号）提到，城市更新单元内为连通城市公交场站、轨道站点或重要的城市公共空间，经核准设置 24 小时无条件对所有市民开放的地面通道、地下通道、架空连廊，并由实施主体承担建设责任及费用的，按其对应的投影面积计入奖励容积。《深圳市人民政府关于完善国有土地供应管理的若干意见》（2018）中规定，可以协议方式出让的建设用地包括连接两宗已设定产权地块的地上、地下空间，该空间主要为连通功能且保证 24 小时向公众开放的，按照公共通道用途出让，允许配建不超过通道总建筑面积 20%的经营性建筑。

2）缝合城市：贯通旧城地块的“任督二脉”

在城市建设过程中，由于老城开发建设较早，各地块地下空间往往互不连通，地铁不同线路之间也会有需要通过地面换乘的问题。旧城更新类地下空间开发则为解决这类问题提供了机会。国外案例如日本东京站、涩谷地区的城市更新均在规划层面对不同区段具体项目的地块间连通更新提出了具体要求。

上文所提及的张园等项目均以城市更新为契机，改善了旧城地下空间连通性差的问题，对建设较早、互不相连的地下空间进行了连通，同时实现地铁的便捷换乘，进而激活更新地块的地下空间活力，大大提升了地块的商业价值。同时，地块间地下空间的连通也有利于地块间共享停车设施，平衡地块间停车，缓解地面交通压力。尤其是张园地区的城市更新，在地下空间解决了南京西路地铁站地面出站换乘痼疾的同时也为地块带来了人流。

3）城市针灸：局部地下空间的挖潜改善周边配套

张园地区改造、淮海路爱马仕旗舰店改造、杭州十中操场改造等项目都通过挖潜老城区地下空间解决了地块间的互联互通问题，拓展了使用功能空间。另外，采用新工法、新技术，利用边角地块建设竖井式机械停车库，为老城区有效解决停车难等实际问题，也不失为一种很好的思路。

# 03 上海新城需求分析

# 3.1 新城定位特征

1. 城市相关规划和地下空间

《上海市城市总体规划(2017—2035 年)》(以下简称《总规》)在空间布局结构中提出要形成“一主、两轴、四翼;多廊、多核、多圈”的市域总体空间结构,重点建设嘉定、松江、青浦、奉贤、南汇等新城,将其培育成在长三角城市群中具有辐射带动能力的综合性节点城市,见图 3-1。

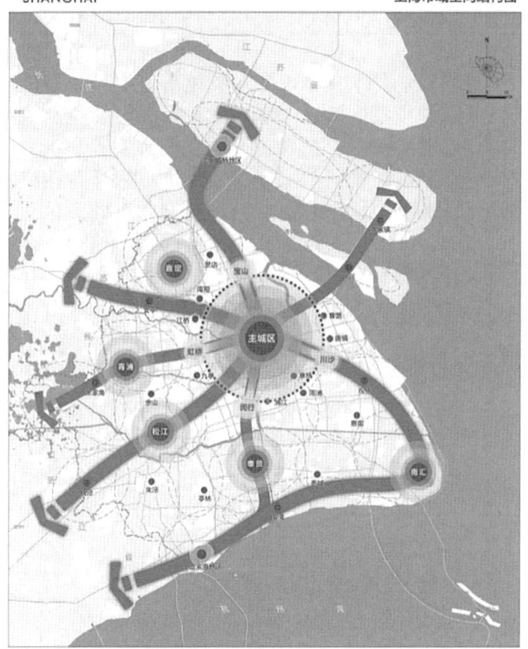


**图 3-1　上海市域空间结构图**

嘉定新城:沪宁廊道上的节点城市,以汽车研发及制造为主导产业,具有独特人文魅力和科技创新力,辐射服务长三角的现代化生态园林城市。

松江新城:沪杭廊道上的节点城市,以科教和创新为动力,以服务经济、战略性新兴产业和文化创意产业为支撑的现代化宜居城市,具有上海历史文化底蕴、自然山水特色的休闲旅游度假胜地和区域高等教育基地。

青浦新城:沪湖廊道上的节点城市,以创新研发、商务贸易、旅游休闲功能为支撑,具有江南历史文化底蕴的生态型水乡都市和现代化湖滨城市。

奉贤新城:滨江沿海发展廊道上的节点城市,杭州湾北岸辐射长三角的综合性服务型核心城市,具有独特生态资源、科技创新能力的智慧、宜居、低碳、健康城市。

南汇新城:滨江沿海发展廊道上的节点城市,以先进制造、航运贸易、海洋产业为支撑的滨海城市,以自贸区制度创新、产业科技创新、智慧文化创新为动力的改革开放先行试验区。

《总规》提出逐步完善以主城区、新城为核心,以轨道交通换乘枢纽、公共活动中心等区域为重点的地下空间总体布局,形成功能适宜、布局合理的竖向结构。至 2035 年,主城区与新城新建轨道交通、市政设施地下化比例达到 100%。健全地下空间共同管理责任机制,逐步完善地上与地下空间权属、建设用地有偿使用的管理制度。

《上海市新城规划建设导则》(以下简称《导则》)中明确提出新城建设需要落实“立体城市”的建设理念,地下空间互联互通、功能协调,地上地下无缝衔接、辨识清晰,形成多样立体的城市空间。《导则》还提出明确的原则导向:以提高土地综合利用效率、最大程度释放地面空间用于人的活动为出发点，全方位打造城市立体发展格局，规模化开发地下空间，建设“地下城”，促进公共设施适当地下化，加强步行与商业、文娱等服务功能的空间融合，提高地下空间品质，打造充满活力的地下步行城市。网络化连接地上地下，实现空间一体化，加强地下空间的整体性规划建设，提高成片开发区域联通度，通过地上建筑和地下空间的整体开发和功能界面的完整连续，形成功能复合、富有活力的地下网络。分层分类利用地下空间，系统整合公共活动、基础设施、地下交通、智能物流等各类功能，推进市政基础设施的地下建设和已建地下空间的优化改造。重点地区地下建筑量达到地面建筑量的50%左右；新建市政设施(含变电站、排水泵站、垃圾中转站等)地下化比例达到100%。

《导则》按发展规模将新城地下空间分为重点发展区、一般发展区、控制发展区、限制发展区4类。其中，重点发展区主要为公共活动中心核心区域、一般轨道交通站点周边300米范围、重要交通枢纽和换乘站点周边600米范围区域，引导区域整体开发，加强地下空间的整体性和系统性，实现地上地下功能、空间、环境一体化利用，展现立体城市形象。

结合上海五个新城的相关规划，梳理新城“十四五”重点区域与相关建设情况，见表3-1、表3-2、表3-3、表3-4、表3-5。

**表3-1　嘉定新城“十四五”重点区域与相关地下空间建设内容**

| | 区域 | 规划面积、功能 | 与地下空间相关的建设内容、项目 |
|---|---|---|---|
| 三大样板示范区 | 远香湖中央活动区 | 规划面积4.5平方千米，规划总建筑规模约510万平方米：居住建筑约110万平方米，其中新建约30万平方米；公共建筑约400万平方米，其中新建约180万平方米 | 提升远香湖和紫气东来景观带等生态景观效果，建设湖区地标建筑群、滨水文化景观和大型公共绿地；打造和提升砂之船奥莱等一批商业综合体；推进科技创新总部园建设；对接虹桥国际开放枢纽规划建设，打造中央商务区协作区和国际贸易协同发展区；设立企业总部、研发创新平台等 |
| | 嘉宝智慧湾未来城市实践区 | 规划面积6平方千米，可开发建设用地约1平方千米，总建筑面积约134万平方米，其中居住建筑面积约47万平方米，公共设施建筑面积约87万平方米 | 建设集智创产业中心、智慧生活街区、智慧小镇综合服务中心、研发总部片区和企业花园办公区等为一体的智慧产业社区，创建生态型科创产业融合特色小镇 |
| | 西门历史文化街区 | 规划面积约16万平方米 | 西门历史文化街区旧城改造 |
| 五大重点发展区域 | 东部产城融合发展启动区 | 规划面积3.6平方千米，规划总建筑面积约450万平方米，其中居住建筑约80万平方米，公共设施建筑约290万平方米(以研发产业功能为主)，工业仓储约80万平方米 | 实施站点TOD开发和沿线周边圈层式发展 |
| | 北部科技驿站 | 规划面积6平方千米，新建(总)建筑面积345万平方米 | 城市设计与控规调整<br>娄塘污水管网系统改造建设 |
| | 安亭枢纽功能联动区 | 规划总用地面积2.2平方千米，规划建筑面积约170万平方米 | 开展站城一体及相关配套设施建设 |

（续表）

| | 区域 | 规划面积、功能 | 与地下空间相关的建设内容、项目 |
|---|---|---|---|
| 五大重点发展区域 | 嘉定老城历史风貌区 | 规划占地面积 3.9 平方千米 | 城市设计及近期实施项目 |
| | 横沥文化水脉 | 全长 23.8 千米 | 全线贯通工程<br>南水关公园 |

**表 3-2　松江新城“十四五”重点区域与相关地下空间建设内容**

| | 区域 | 规划面积、功能 | 与地下空间相关的建设内容、项目 |
|---|---|---|---|
| 四大重点地区 | 松江枢纽核心区 | 面积约 2.47 平方千米。规划将该地区打造成面向长三角的上海西南综合交通门户枢纽，具备高端商务、地区商业中心和配套居住功能的“站城一体”开发示范区。松江枢纽规模基本确定为 9 台 23 线，站房规模约为线上 6 万平方米，预测未来客流规模约为 2000 万人次/年以上 | 打造松江门户枢纽，加快启动高铁枢纽站房、广场等地标建筑和公共空间的设计和建造；加快推动枢纽经济发展，优先引进总部项目、高品质商业综合体项目<br>松江新城体育中心（规划选址位于松江枢纽核心功能区内，占地约 13 万平方米，投资约 15 亿元）的系统化地下空间开发 |
| | 上海科技影都核心区 | 面积约 1.37 平方千米。培育影视产业功能，营造影视特色氛围。引入总部型、服务型、体验型影视产业，环湖打造立体复合的影视产业体验环，构成一个国际化的影视中央服务区 | 科技影都核心区“一路一湖”（玉阳大道、华阳湖）建设，道路地下管网设施构建<br>长三角国际影视中心（总投资额近百亿元，其中一期占地约 5 万平方米）、星空综艺影视制作研发基地（总投资额近 20 亿元，占地 6.4 万平方米） |
| | 老城历史风貌片区 | 面积约 3.62 平方千米。人文资源和历史文化遗存是松江新城的灵魂，松江老城区留存的大量历史建筑、风貌街巷、河道水岸记载着松江曾经的辉煌和荣耀，是松江迈向高品质生活未来之城的重要精神家园，是建设独立性、综合性节点城市的综合竞争力和文化软实力 | 有序实施仓城历史文化风貌区保护更新项目，推进风貌区主入口“启动区”建设<br>城市更新，地下停车系统的提升与优化 |
| | 产城融合示范片区 | 东部产城融合示范片区包括中山工业园区重点地区，面积约 2.69 平方千米，以及新效路园区重点地区，面积约 0.41 平方千米<br>西部产城融合示范片区包括经开区西区重点地区，面积约 3.55 平方千米；综合保税区，面积约 1.7 平方千米；永丰街道都市产业园区，面积约 1.55 平方千米 | 腾讯长三角 AI 超算中心及人工智能产业园项目（投资额 450 亿元，占地约 15.7 万平方米）；AST 集团上海总部项目（投资额 126 亿元，占地约 16.5 万平方米）<br>以服务企业为主要目标的地下空间和地下停车、地下机房等为超算中心服务的地下空间 |

**表 3-3 青浦新城“十四五”重点区域与相关地下空间建设内容**

| | 区域 | 规划面积、功能 | 与地下空间相关的建设内容、项目 |
|---|---|---|---|
| 一个中心 | 青浦新城中央商务区 | 面积约 6.5 平方千米。作为青浦新城区域职能和公共服务功能最集中的片区之一，要重点发挥“生态绿色新实践、融合创新路径引领、多元活力中心塑造”的作用 | 明确青浦新城综合交通枢纽选址<br>“舟游上达”水上游线建设(水上游线设施及夜景优化，包括游船码头提升与新建；水上游线夜景灯光提升)、水上特色交通与轨道交通的衔接、滨水开放空间与地下公共空间的结合 |
| 三个片区 | 城市更新实践区(江南新天地) | 面积约 3.2 平方千米。以“新城‘心’枢纽、青浦活力源”为总体定位，以老城厢的保护更新为核心，结合艺术岛、南门地区的综合整治与更新，将城市的节奏感与水乡艺术的幽静感融合在一起，建设江南文化研究院，充分挖掘青浦文化精髓，继承江南水乡特有的灵韵，打造满载江南记忆的城市会客厅与特色文化体验区，同时引领文化创意等新经济业态的发展 | 复兴历史文化场所，打造中央文化区。重点打造新天地水街、大西门水岸街区，围绕青浦新天地恢复小十字街历史格局，贯通“文化步行径”结合历史建筑改造复兴。探索水街与地下步行街道的衔接，以构造连贯的步行网络为目标，衔接地下步行网络与历史街区 |
| | 未来新城样板区 | 面积约 1.2 平方千米。作为青浦新城对接示范区发展的重要衔接板块、连接朱家角镇的重要功能片区，打造“城市触媒·活力纽带”，建设成为带动青浦新城发展的城市未来生活样板社区、“江南韵、现代风”的特色风貌城区、彰显城绿共融的生态城市发展典范 | 探索低生态冲击开发模式，布局新经济业态，延展菁英文创走廊和时尚文化与活力休闲走廊，东连淀山湖大道站前商业中心，西接朱家角古镇，布局零碳数字样板社区。地下空间作为公共空间的重要组成部分，考虑与青浦最有特色的蓝绿空间形成组合。突出城市韧性规划理念，超前布局新型基础设施，着重在低碳节能领域进行试点示范 |
| | 产业创新园区 | 氢能产业园：面积 2.4 平方千米<br>人工智能产业园：面积 3.38 平方千米<br>生物医药产业园：面积 3.65 平方千米<br>综合保税区：面积 1.58 平方千米<br>电子信息产业园：面积 4.62 平方千米 | 试点探索工业用地政策创新<br>持续以产业迭代为抓手，推进产业园区的提档升级与融合发展。开展现状管线数据补充调查，实现新(改、迁)建管线全量跟踪测量和更新入库，配合市级主管部门进行本区地下建筑物三维建库工作，探索“三维地下城市”空间数据库智慧应用 |

**表 3-4 奉贤新城“十四五”重点区域与相关地下空间建设内容**

| | 区域 | 规划面积、功能 | 与地下空间相关的建设内容、项目 |
|---|---|---|---|
| 五大重点地区 | 新城中心 | 面积约 8.6 平方千米，建筑面积约 450 万平方米。依托万亩中央绿心，发挥生态价值，推动创新空间、文化空间与生态空间融合，植入高等级公共服务设施，优化公共空间环境，突出展现新城建设风貌，建设九棵树众 | 推进 15 号线向南延伸规划建设，同步规划站点 TOD 开发，促进新城高质量发展 |

（续表）

| | 区域 | 规划面积、功能 | 与地下空间相关的建设内容、项目 |
|---|---|---|---|
| 五大重点地区 | 新城中心 | 创空间的创意文化集聚区、东方美谷的生态商务区和公共服务集聚区，形成最具活力的新城中央活力区 | |
| | 数字江海 | 面积约 1.2 平方千米。以美丽健康生物医药和智能网联汽车为主导，建设形成环境优美、产业引领、高能级、高科技的产业社区样板。加强高科技产业的引入，探索自动驾驶最新科技的应用场景，建设智能网联汽车应用示范区 | 推进建设智行生态谷一期，探索自动驾驶应用场景等最新科技应用<br>地下自动驾驶中试场，地下物联网 |
| | 国际青年社区 | 面积约 3 平方千米。充分发挥新片区制度政策优势，以高服务能级、高建设标准、高环境品质打造知名国际社区，引入高等级、国际化文化、教育、医疗资源，形成吸引高端人才集聚安居的新片区西部门户 | 区级公共卫生中心、南上海体育中心、在水一方文化空间等 |
| | 南桥源 | 面积约 2 平方千米。高标准推进南桥源及浦南运河两岸城市更新，改善环境品质，提升综合服务能级，结合水上交通，打造具有特色的水上生活体验 | 探索水上公共空间与地下空间的互动 |
| | 东方美谷大道 | 面积约 7.8 平方千米。以产城融合发展理念，由东至西形成门户区（健康医疗）、文化区（东方美谷中心）、交通主导示范区（TOD 总部商业商务中心）、产业区（健康研发）的功能布局 | 推进重大医疗设施的建设及投入使用<br>以奉浦地铁站为核心的 TOD 开发。围绕总部经济、平台经济、商贸服务等形成健康产业引领的全产业升级，完善社区商业中心、健身休闲、文化展示等公共服务功能，建成 TOD 紧凑混合开发模式的又一打卡点 |

**表 3-5　南汇新城“十四五”重点区域与相关地下空间建设内容**

| | 区域 | 规划面积、功能 | 与地下空间相关的建设内容、项目 |
|---|---|---|---|
| 四大重点地区 | 国际创新协同区 | 面积约 6.41 平方千米。围绕科创总部湾、顶尖科学家社区和临港科技城，以创新策源功能为核心，完善专业化科创研发配套和国际化、定制化的高端生产生活服务配套，建设创新涌动、活力迸发、开放包容、低碳韧性的“智慧数字城市示范区” | 推进“信息飞鱼”建设实施，建设门户地标鲲鹏之门，建成全球数字经济创新岛。推进临港科技城建设实施。推进科技城公共服务、公共租赁房建设与品质优化。推进科创总部湾建设实施。建设中建总部基地、中国铁建临港大厦等项目及其科创研发配套和生活服务配套设施<br>总部区域形成连贯的地下空间网络 |

（续表）

| | 区域 | 规划面积、功能 | 与地下空间相关的建设内容、项目 |
|---|---|---|---|
| 四大重点地区 | 现代服务业开放区 | 面积约12.04平方千米。围绕一环带总部湾区（含金融总部湾及扩区、104一环区域）、中央活动区城市航站楼枢纽地区、科技产业总部集聚区，以提升全球资源要素配置能力为目标，发挥新城中心核心功能，打造以金融、贸易为主，商业、文化、生活多功能复合的国际化城区，建设站城一体、空间融合、功能复合、政策创新的“活力立体城市示范区” | 加快建设中央活动区城市航站楼枢纽，依托两港快线和市区线换乘站点，形成集国际中转服务、免税购物消费、休闲娱乐于一体的复合功能枢纽；结合站点整体性开发综合利用地下空间，强调地上地下统一规划、统一开发、分层利用、互联互通，统筹考虑地下交通、市政、公共活动、防灾四大类功能系统，提高成片开发区域联通度，通过地上建筑和地下空间的整体开发和功能界面的完整连续，形成功能复合、富有活力的地下城市，建成地下空间资源节约集约发展的示范 |
| | 洋山特殊综合保税区（芦潮港区域） | 面积约11.62平方千米（含国务院确定的洋山特殊综合保税区——芦潮港区域7.99平方千米）<br>依托特殊综合保税区政策优势，构建充满活力的制度创新高地、高能级国际化的产业体系、更高开放度的功能型平台、资源高效整合的空间布局，打造“特殊政策先试先行区” | 打造高效港口集疏运体系，推动多式联运和集疏运体系建设，完善铁路、高等级公路等与重要港区的衔接，形成快捷高效、结构优化的现代港口集疏运体系，缓解东海大桥交通压力，提升“水水中转”比重；优化围网内外交通组织，完善市政基础保障，为更开放制度的落地提供充足的物理空间；探索发展地下智慧物流 |
| | 前沿科技产业区 | 面积约45.79平方千米。在继续深耕装备制造业的基础上，聚焦集成电路、人工智能、生物医药、民用航空等重点领域，引导一批头部企业、千亿级产业集群向新城集聚，优选增量、优化存量、增效流量、做大总量，打造产业聚核、宜居宜业、低碳绿色、空间复合的“产业突围产城融合区” | 持续高水平推进上海特斯拉超级工厂项目建设，带动周边汽车产业链提升，服务临港新片区千亿级新能源汽车产业集群。打通产业基地内部和周边地区的断头路，加快推进产城融合，促进产业基地内公共服务补缺提升，并与周边居住、公共服务、生态等功能有机融合，提供多样化、高品质的住宅，满足就业人口多元需求，搭建产学研一体化的城市空间。推进产业混合用地政策落地试点。综合考虑地下空间成为交通中试、无人驾驶、科学实验等世界顶级产业和科学功能的空间载体 |

在综合管廊规划与建设方面，在“十四五”期间，五个新城要求地下连通区域综合管廊建设规模不小于5千米，但是各个新城对于这一建设目标的实施情况各有不同。

南汇新城管委会2020年11月颁布了《临港新片区地下空间规划设计导则（试行）》，具体规定了综合管廊要利用地下0～15米的浅层空间。局部区域点上，综合管廊要避让排水以及道路两侧地下空间的连通区域。

南汇新城在综合区、主城区、科创区三个区域在建综合管廊里程数约15千米。

临港新城在三个重点发展区规划管廊达到约30千米，远超过了“十四五”期间要求的5千米长度，且在建管廊达到了14.2千米，完成了规划长度的近50%。

松江新城管廊重点开发的区域主要包含位于松江南部新城的松江南站大型居住社区综合管廊一期工程，全长约 7.4 千米，同时还有总长度约 7.5 千米的二期工程。远期的三期工程也在规划中。

松江综合管廊一期与二期项目合计总长度达到了 14.9 千米。财政投入方面，松江新城地下空间数字化管理平台与管线建设投入资金达到 600 多万元。

在 2022 年 6 月形成的“上海市综合管廊规划深化研究（成果初稿）”中，对嘉定新城、青浦新城、奉贤新城的综合管廊规划进行了进一步的研究，主要包括综合管廊的系统布置、入廊管线以及断面、管廊在道路下位置、建设时序、投资预估五大方面。

嘉定新城对于 5 千米的地下综合管廊有进一步的规划研究，尚未开展具体建设。

奉贤新城希望结合数字江海重点项目形成一些示范段。

2. 五个新城地下空间影响分析

综合梳理五个新城的规划面积、人口规模、上位规划、地下空间规划等条件，通过综合分析，总结新城规划对地下空间开发的影响，见表 3-6。

**表 3-6 新城规划对地下空间开发的影响分析**

| 规划条件 | | | | | 地下空间开发影响分析 |
|---|---|---|---|---|---|
| 新城 | 规划面积（$km^2$） | 人口规模 | | 上位及相关规划 | |
| | | 现状 | 规划 | | |
| 嘉定新城 | 159.5 | 60 万 | 116 万 | 上海市嘉定区总体规划暨土地利用总体规划（2017—2035）<br>嘉定新城总体城市设计（2021）<br>地下空间规划：无 | 嘉定区存在两处交通枢纽，一处是在嘉定新城范围内的嘉定东站枢纽，另一处在嘉定新城范围外。同样是配套枢纽设置地下空间，不同的区位导致地下空间的规模和配置有一定的差异。发展基础较好的新城存在着大量的已建设施，这些已建设施如何适应新的建设和发展需求，也是影响地下空间规划的因素 |
| 松江新城 | 158.4 | 82 万 | 110 万 | 上海市松江区总体规划暨土地利用总体规划（2017—2035）<br>松江新城总体城市设计（2021）<br>地下空间规划：无 | 松江新城的轨交枢纽和与之相配套的地下空间直接受到交通规模的影响。路网结构和密度影响地下空间的联通以及市政管廊的基本走向。慢行系统的建立影响地下空间的疏散和组织。新城和老城的停车需求决定了新城的停车空间配置和老城的地下空间更新强度 |
| 青浦新城 | 91.1 | 35 万 | 80 万 | 上海市青浦区总体规划暨土地利用总体规划（2017—2035）<br>青浦新城总体城市设计（2021）<br>地下空间规划：无 | 青浦新城的水网密度高，是五个新城中水系最发达的区域，因此其地下空间和枢纽的布置，需要结合新城总体的生态环境和景观环境来规划。而新城的生态环境也同时会反向作用于地下空间的规划 |

（续表）

| 规划条件 | | | | | 地下空间开发影响分析 |
|---|---|---|---|---|---|
| 新城 | 规划面积（$km^2$） | 人口规模 | | 上位及相关规划 | |
| | | 现状 | 规划 | | |
| 奉贤新城 | 67.9 | 41 万 | 75 万 | 上海市奉贤区总体规划暨土地利用总体规划(2017—2035)<br>奉贤新城总体城市设计(2021)<br>地下空间规划：无 | 奉贤新城规划呈现组团状，枢纽布局在中央林地一侧，也是空间结构的一个特色。枢纽一侧既有人工湖泊金海湖，又有成规模的林地。中高强度开发的枢纽区域紧靠生态敏感区域，对于地下空间的规划是一个挑战，地区空间开发强度和周边空间预留度之间的关系直接影响地下空间发展 |
| 南汇新城 | 343.3 | 30 万 | 147 万 | 上海市南汇区总体规划暨土地利用总体规划(2017—2035)<br>南汇新城总体城市设计(2021)<br>临港新片区地下空间规划设计导则(试行) | 南汇新城地貌类型属于河口沙嘴区和潮坪，且区位靠近大海，浅水含水层较丰富，地下工程建设易发生渗漏，运营期易发生地下结构渗漏。从工程地质角度来看，地下空间工程的难度相对更大，需要考虑的要素更多 |

3. 五个新城地下空间发展的共性与差异

总体上讲，在地铁站、交通枢纽或商业中心等强吸引要素到来之前，城市对于地下空间的需求较为薄弱，但是在强吸引要素产生之后，周边各个开发主体都希望与地下空间产生连接，此时面临的各种建设条件就会比较复杂，因为早期的规划很难准确地体现出这种需求。

规划也有可能错判，如果在开发需求没有那么大的区域规划地下空间，或者地下空间的需求有所推迟，地下空间资源会面临闲置，因此需要一种“弹性的规划”来弥补和调整。所以，地下空间的规划要有一定的“韧性”，能够应对未来的变化。

五个新城在地下空间发展上存在以下共性：

• 五个新城都是独立的综合性节点城市，都面临着土地储备有限的问题，都有对地下空间的开发需求。

• 具备明显的交通驱动发展的特征，且都有高强度和集中开发的重点区域，有非常高的城市发展目标和建设品质要求。

• 老城区都面临着城市更新的问题，机动车停车需求迫切，存在管廊等地下基础设施更新的要求。

• 地下空间的规划建设是前瞻性非常强的课题。对于五个新城，法律法规上缺少顶层依据和指导，机制上缺少支撑，行动上缺少经验。

在发展差异方面，本文针对新城区位、地下空间发展方向以及地质情况进行分析比较，见表 3-7。

表 3-7 五个新城地下空间发展差异比较

| 名称 | 区位差异 | 地下空间发展差异(重点区域、重点方向) | 地质情况差异 |
|---|---|---|---|
| 嘉定新城 | 辐射沪苏方向和上海西北地区 | 发展重点为区域铁路交通枢纽、重要停车设施等对地下空间有刚性需求的项目,安亭枢纽设置在新城范围内接近外围的区域 | 嘉定新城地貌类型属于滨海平原区。嘉定新城的第一承压含水层一般厚度不大,承压含水层对地下工程建设影响相对较小 |
| 松江新城 | 辐射沪杭方向和上海西南地区 | 发展重点为区域铁路交通枢纽、重要停车设施等对地下空间有刚性需求的项目,松江枢纽周边发展趋势明显,且与新城中心的关系较嘉定新城更强。主导商务办公、科创等核心城市服务功能 | 松江新城地貌类型属于湖沼平原区Ⅰ-2区。松江新城第一承压含水层厚度较大,部分区域与下部承压含水层连通,深基坑地下工程建设时承压水控制难度较大 |
| 青浦新城 | 辐射沪湖方向以及环淀山湖区域 | 发展重点为城市地铁级别的枢纽区域。结合青浦最大特色水系的新城空间网络均好性强,文旅和商贸功能特征明显 | 青浦新城地貌类型属于湖沼平原区Ⅰ-1区。青浦新城总体地质条件较好,对地下工程建设有利 |
| 奉贤新城 | 辐射杭州湾北岸地区 | 发展重点为城市地铁和区域铁路级别的枢纽空间,且地铁级枢纽位于奉贤新城中央特色林地一侧。城市的空间网格结构与青浦新城类似,但整体规模与其他新城相比相对较小 | 奉贤新城地貌类型属于滨海平原区。奉贤新城第一承压含水层厚度较大,部分区域与下部承压含水层连通,深基坑地下工程建设时承压水控制难度较大 |
| 南汇新城 | 辐射浦东南部、对接宁波和舟山地区 | 发展重点为区域铁路级别的轨道交通枢纽,处于新城边缘。但以城市航站楼枢纽为核心的中心地区紧靠新城核心区,发展潜力巨大,依托空港+枢纽发展形成综合性地下空间 | 南汇新城地貌类型属于河口沙嘴区和潮坪。南汇新城分布厚度较大的粉土和砂土,浅水含水层较丰富,地下工程建设易发生渗漏,运营期易发生地下结构渗漏;浅表层厚度较大,有利于浅层地热能的开发利用 |

# 3.2 新城地下空间及相关现状

## 3.2.1 上海市地下空间现状概况

自21世纪以来，上海市城市地下空间开发利用进入快速发展时期，在中心城区基本形成网络化、多核心的地下空间发展形态。新一轮上海市城市总体规划提出了到2035年基本建成卓越的全球城市的目标，地下空间资源开发利用进入全新发展阶段。

随着上海市中心城区城市更新及精细化管理的逐步深入，地下空间的发展重点集中在城市更新地区地下空间资源开发、地下交通和市政等基础设施建设、深层地下空间资源利用和保护、地下空间工程技术和管理机制等方面。

上海市综合管廊建设起步较早，2010年之前已有四个综合管廊项目建成投产，这四个管廊项目分别位于浦东新区张杨路、松江泰晤士小镇、安亭新镇和世博园区，总建设里程达到24千米。上海市规划和国土资源管理局在2016年组织编制《上海市地下综合管廊专项规划(2016—2040)》，确定了全市综合管廊总体布局，提出了近期(到2020年)80～100千米、远期(到2040年)300千米的综合管廊建设目标，规划了5条主干综合管廊和若干管廊重点建设区域。2016至2017年间，上海市响应住房和城乡建设部号召，在临港、普陀、松江、徐汇等地建设地下综合管廊合计约70千米。自2018年开始，受综合管廊建设政策影响，结合建设实际情况，上海市管廊建设项目有所减少，建设脚步有所放缓。

根据上海市地下空间管理联席会议办公室的统计数据可知，截至2023年，上海市共有地下工程4.3万个，总建筑面积近1.5亿平方米，包括生产生活服务设施、公共基础设施和轨道交通设施。

《上海市国民经济和社会发展第十四个五年规划和二〇三五年远景目标纲要》对加快优化市域空间格局有详细的论述：着眼于融入新发展格局，加快形成“中心辐射、两翼齐飞、新城发力、南北转型”空间新格局。其中的“新城发力”，就是指嘉定、青浦、松江、奉贤和南汇五个新城要按照“产城融合、功能完备、职住平衡、生态宜居、交通便利”的要求和独立的综合性节点城市定位，运用最现代的理念，集聚配置更多教育、医疗、文化等优质资源，建设优质一流的综合环境，着力打造上海未来发展战略空间和重要增长极，在长三角城市群中更好地发挥辐射带动作用。

根据新一轮《上海市交通发展白皮书》，上海市域发展空间格局正在加快优化重塑，主城区、新城、新市镇、乡村等不同区域交通功能目标差异化更加突出，未来将加强新城对外交通枢纽规划建设，融合多种交通方式，强化新城与门户枢纽、重点地区及新城之间的快速联系，增强新城枢纽的对外连通和高效换乘功能。

上海五个新城规划特别强调了要“加强地下空间和地上空间的统筹利用、整体开发”，地下空间发展要牢牢把握“人民城市”的发展理念，对标国际最新实践经验和发展趋势，统筹规划城市地上地下空间资源。从城市的地下空间向地下的城市空间转变，瞄准高品质生活，完善城市功能配套，率先布局新型基础设施，构建体系完整、功能复合、安全韧性、绿色智慧的地下空间功能系统，努力建设开放创新、智慧生态、产城融合、宜业宜居的现代化立体新城。

地下空间资源是城市国土空间资源的重要组成部分，加强地下空间综合利用是促进国土空间节约集约、立体高效利用，提升城市功能和改善城市环境的重要途径。

### 3.2.2 新城交通现状概况

地下空间的开发对于缓解交通问题至关重要，通过有针对性地梳理五个新城的交通现状，能够精准规划地下空间的交通功能，引导设施建设，完善系统功能，提高各类设施的综合效能，以构建高效、便捷、绿色、安全的交通体系，助力新城的崛起与繁荣。从现状来看，新城交通面临诸多挑战，如道路网络不完善、公共交通站点覆盖率低、线路密度与重复系数不合理、公交分担率低、交通枢纽建设滞后、通勤高峰交通拥堵、车行流量分布不均衡等。这些问题严重制约了五个新城的进一步发展，影响了居民生活品质的提升，亟待进行综合性考量与系统性解决。

对新城交通现状的总结主要从道路交通、公共交通、货运交通、慢行交通和静态交通五个方面展开。

1. 道路交通现状

主要存在问题：①高峰时道路拥堵严重，交通服务水平低；②交通出行以通勤交通为主，其中，小汽车出行方式占比较高（1/3 以上），公共交通出行方式（包括轨道交通和普通公共交通）占比较低（10%左右）；③断头路较多，路网连通性不高，见图 3-2。

2. 公共交通现状

（普通运量公交）主要存在问题：①高峰时道路拥堵严重，公交准点率难以保证，导致普通运量公交吸引力持续降低；②现存公交线路非直线系数高，公交车辆绕行严重；③高峰时为保证普通运量公交发车间隔，只能不断增加发车车辆，进一步增加了运营成本；④新能源公交车占比未达到 100%，场站充电设施不足；⑤现有“公交优先”措施（如公交专用道）效果不理想，缺乏港湾式公交停靠站，导致公交车进出站时受干扰严重，见图 3-3。

3. 货运交通现状

主要存在问题：①高峰时货运道路负荷量高，交通服务水平低；②客货混行严重，缺乏对过境和内部货运通道或走廊的规划设计，见图 3-4；③高快速路网未实现新城内的货运场站和产业园区的串联。

图 3-2 某新城内“断头路”

图 3-3 缺乏港湾式公交停靠站

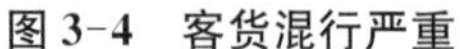

图 3-4 客货混行严重

图 3-5 路侧人行道缺失

4. 慢行交通现状

主要存在问题：①人行道有一定比例的缺失，见图 3-5；②高快速道路对慢行交通网络分割严重。

5. 静态交通现状

主要存在问题：①地下停车设施供需缺口较大，特别是新城的老城片区或公立医院附近，停车供需矛盾突出，见图 3-6；②地下停车设施开发不足，出于成本考虑，往往只有地下一层；③地下停车设施各自开发利用，缺乏物理连通道或统筹利用管理机制。

图 3-6 地下停车设施缺乏

结论：

1）五个新城中最突出的交通问题依然是高峰时刻的道路交通拥堵问题，原因是地面道路通行能力有限，并且不能再通过道路拓宽、优化信号配时、交叉口渠化等常规方式优化道路通行能力，可以考虑对流量较大的道路进行地下快速路改造，提高其通行能力并改善地面空间环境。

2）建成区停车位的供给不足，导致停车严重占用路面空间，并进一步引起道路交通拥堵和碳排放增加。在地面开发空间受限的条件下，可以将公园绿地、公共构筑物等地下空间开发为地下停车场来满足周边区域的停车需求。

3）高快速路对慢行交通分割严重，同样可以通过地下快速路的改造来改善原来的地面慢行环境，从而提高绿色出行比例，减少碳排放。

4）对于部分新城中存在的货运需求过大以及客货混行问题，特别是以港口航运货物中转为主的南汇新城，近期可以设置客货分离的货运通道，远期可以论证地下物流系统的可行性，为将来地下物流系统的实施做好支持。

### 3.2.3 新城地下空间开发概况

从位置上看，嘉定新城、青浦新城和松江新城在新一轮的发展中具有一定的优势。嘉定区在上海的西北部，处于沪宁大通道，人流、物流、资金流发达，与昆山和太仓接壤；青浦区在上海的西部，位于沪苏湖通道，接壤苏州吴江和浙江嘉善，处于长三角一体化示范区范围内，政策优势明显；松江区在上海西南部，位于沪杭通道、G60 科创走廊；而奉贤新城和南汇新城位置相对偏僻，没有陆地接壤的苏浙城市作为腹地，同时距离上海市中心相对较远。

从交通条件上看，嘉定区和松江区的交通基础较好，以对外交通铁路线路和站点为例，嘉定区有京沪高铁、沪宁城际、沪苏通铁路、京沪普速铁路，客运站有南翔北站、安亭北站、安亭西站，货运站有安亭站，为嘉定新城打造安亭综合交通枢纽奠定了基础；青浦区没有铁路；松江区有沪昆高铁、沪昆普速铁路、金山市域铁路，客运站有松江站、松江南站、新桥站、车墩站、叶谢站，货运站有松江站；奉贤区有浦东铁路，货运站有海湾站、四团站；南汇区有芦潮港铁路支线，货运站有芦潮港集装箱中心站。

经调研分析，五个新城地下空间目前有一定的局部开发，但由于土地资源相对充裕，城市平均开发强度较低，地下空间发展的动力不足，地下空间开发的迫切性也未完全显现。同时，轨道交通网络目前正在新一轮的发展建设中，相对于中心城区，轨道交通对于地下空间开发的带动作用尚不显著，正处于地下空间开发的初始网络化阶段向规模网络化阶段发展的重要时期。

总结五个新城的地下空间开发情况，第一，除南汇新城外，地下空间专项规划缺失，对地下空间规划本身的研究不够完善和深入，同时，缺乏对资源的整合布局，地下空间开发利用的规划、建设、管理之间缺乏有序衔接。

第二，公共用地地下空间开发尚不充分。可以借鉴松江新城的开发经验，利用市政道路下或结合老旧人防设施释放更多资源潜力，有效缓解空间资源紧缺的情况。

第三，地下空间连通性有待加强。连通性对地下空间综合效能的发挥具有重要的影响，对开发速度也具有显著的推动作用。五个新城的重点建设及发展可以进一步加强轨道交通站点与周边地块之间的连通程度，在规划阶段应做好控制引导，做好预留的同时在实施阶段做好多个主体的协调。

第四，可以结合城市有机更新，探索老城区地下空间的复合利用开发。离建筑有一定距离且具有一定规模的空间可以进行复合地下空间开发。例如，利用绿地、体育场地进行地下空间开发，引入地下智能筒式停车库，并结合绿地、广场、体育场、学校操场等建设地下停车设施，充分挖掘老城区的空间，解决周边(学校、医院等)的停车问题。

**以奉贤新城为例：**

奉贤新城位于上海南部，是上海 2035 城市总体规划中重点推进开发建设的五个新城之一，同时也是上海服务长三角南翼以及大浦东开发的重要门户枢纽。依托面向杭州湾的区位优势和生态环境特色，新城将建设成为引领杭州湾北岸、联动杭州湾南岸的节点区域。

地下空间现状：

(1) 空间布局分散，功能相对单一

奉贤新城地下空间整体发展水平不高，空间布局较为分散，相互之间缺乏连通，功能单一，现有的地下空间以地下停车库为主，缺少地下公共活动、地下市政、地下车行人行系统等功能。

(2) 地下空间与人防工程缺乏统筹

奉贤新城目前人防工程总量约 119 万平方米，随着奉贤新城的快速建设，人防工程与地下空间也进入快速增长的阶段。

但现状是地块之间缺乏联系贯通，地下空间现已建设的民防工程大部分呈点状分布，分散布局的民防工程防护效益不高，与防护体系建设要求还存在较大差距；分散设置的民防工程规模偏小，相互间的连通多以预留为主，缺少真正意义上的连通；人防工程平时利用效率不高，地下空间缺少兼顾人防的考虑。

(3) 缺乏地下空间总体规划的指引

奉贤区总体规划、奉贤新城总体城市设计、奉贤新城“十四五”规划建设行动方案已经编制完成，新规划缺乏涉及地下空间的实质性内容，需要结合新的城市规划编制奉贤新城地下空间总体规划，以网络化的形态布局、立体分流的建设模式、多元复合的城市功能、高效集约的资源使用等规划手法，打造网络化、立体化、复合化和集约化的奉贤新城，指导新时期地下空间建设。

(4) 对比中心城区地下空间的差距

目前奉贤等新城与上海中心城区的主要差距集中在统一规划、整体开发、统一运营、功能复合等方面，需要形成立体的交通系统、高品质的地下慢行系统、地下公共服务系统、集约的地下市政系统。

针对五个新城地下空间开发现状，从停车、商业、配套设施、轨道枢纽要素进行比较，见表 3-8。

**表 3-8　五个新城地下空间开发现状对比**

| | 嘉定新城 | 青浦新城 | 松江新城 | 奉贤新城 | 南汇新城 |
|---|---|---|---|---|---|
| 专项规划 | 无 | 无 | 无 | 无 | 有 |
| 停车 | 以居住区下停车、局部商业节点停车配建及人防工程为主，部分公建以地面停车为主 | 部分大型商业和办公建筑拥有地下停车库，部分公共建筑未设置地下停车，以地面停车为主，部分支路也被用于临时停车，停车总缺口很大 | 居住小区、医院、学校等区域停车矛盾突出，现代立体停车项目改造建设推进较慢，信息化管理水平有待提高 | 现有的地下空间以地下停车库为主，空间布局较为分散，相互之间缺乏连通 | 以居住、办公、商业、公建等用地配建地下室为主，地块地下空间主要开发地下一层，少数开发地下二层 |
| 商业 | 较多核心区项目在重点区位的地下空间没有设计通道，很难成为一个地上地下空间连为一体的城市综合体 | 目前以城市综合体地下商业为主，规划建设正在结合轨道交通 17 号线构建远郊 TOD 生态 | 华阳湖重点区、中山片区基本已建成，广富林基本出让，目前存在的问题是地块连通意愿较低 | 现有的地下空间连通不足，地块之间缺乏联系贯通 | 主要地下空间项目包括滴水湖枢纽站、港城新天地、港城广场、陆家嘴广场、临港城投大厦、临港科技创业中心等，连通性不足 |
| 配套设施 | 配套服务设施缺乏，但用地较为紧张 | 基本公共服务配套完善，但优质公共服务资源匮乏 | 南部大型居住社区综合管廊 1 期 7.4 千米，已竣工，管线单位已投入使用。2 期 7 千米，主体结构建设中 | 缺少地下公共活动、地下市政、地下车行人行系统等功能 | 规划在综合产业片区、滴水湖核心片区、科技城建设支线综合管廊约 30 千米，目前三个组团均开工建设，开工建设里程数约 15.1 千米 |

（续表）

| | 嘉定新城 | 青浦新城 | 松江新城 | 奉贤新城 | 南汇新城 |
|---|---|---|---|---|---|
| 轨道枢纽 | 安亭枢纽、嘉定东站未综合开发，正在规划中 | 轨道交通17号线开工时，除淀山湖大道站之外3个站点的周边土地已基本出让，影响了政府因交通区位改善带来的土地增值收益 | 轨道交通9号线延伸至松江南站，车站成为市郊高铁站与地铁站接轨的站点，正在建设中 | 奉浦大道站打造TOD商务枢纽，正在建设中，望园路站周边还有大片的空地待出让，青浦新城南站正在规划中 | 滴水湖站地下空间综合开发总建筑面积10.5万平方米，预留与周边地块地下空间连通接口，待使用中 |

结论：

五个新城在地下空间开发上各有特点和挑战，总体表现为：停车设施供需失衡，地下停车库分布不均且供应不足；商业地下空间开发程度差异较大，多数区域地块缺乏连通性，难以形成完整的地上地下综合体；公共服务和市政设施在地下空间的整合利用不足，配套功能有待提升；轨道枢纽开发滞后，未充分发挥轨交节点的土地增值潜力。未来，需加强规划设计、优化空间利用、促进地块联动开发，推动新城地下空间与城市整体协调发展。

# 3.3 新城地下空间发展需求

上海五个新城地下空间开发利用，重点是以综合交通枢纽和新城中心为核心，努力构建竖向分层、横向连通、有机生长的地下立体城市。

① 分类推进新城地下空间开发。将新城地下空间划分为重点发展区、一般发展区、控制发展区、限制发展区。重点发展区主要为一般轨道交通站点周边约300米范围、重要交通枢纽、换乘站点和新城中心周边约600米范围区域，引导区域整体开发，加强地下空间整体性和系统性，实现地上地下功能、空间、环境一体化利用，展现立体城市形象；一般发展区主要为除重点发展区和公园绿地以外的城市建设地区；控制发展区主要为城市公园绿地等空间；限制发展区为河湖水系及开发边界外生态空间。

② 稳步有序形成“线、点、面”有机生长型开发模式。首先，优先规划发展高铁、市域铁路、轨道交通等线状交通体系。其次，在线状交通体系基础上，鼓励建立若干“一体化、多功能、综合型”的综合交通枢纽，在交通枢纽和商业、文化等公共服务集中的地块开展点状密集地下空间建设。最后，将点状地下空间扩展为约300米或600米商圈，形成面状地下空间城市体系。

同时，鼓励地下空间的综合化开发，建设大型公共地下空间工程，集商业、娱乐、储存、轨道交通和市政等多功能于一体，统筹地面和地下协调发展，合理利用地下空间。地下空间的综合化开发可提高土地集约化利用水平，解决城市交通和环境等问题，高效能地利用城市土地资源，将是未来地下空间开发的重要模式。一方面，地下空间综合化开发能极大地改善和拓展城市空间形态，实现生态环境协调，还可一站式满足居民出行、用餐、购物、学习和娱乐等多项需求，使居民生活更便捷。另一方面，地下空间综合化开发利用带来了新的经济增长点，实现了社会效益和新增经济效益的最大化。例如，轨道交通通过沿线物业开发、上盖物业以及周边地下空间互联互通获得经营收入。而实现地下空间的综合化和城市立体空间协同发展，其前提条件是建立地上地下一体化的城市总体规划，将地上地下空间作为一个整体，综合考虑城市功能布局，充分发挥地上地下空间各自的优势。同时，还需保证轨道交通、商业娱乐和市政消防等统一设计、有序建设和协同运营。

③ 聚焦整体价值最大化，优化调整地下空间分层逻辑。参考日本和新加坡模式，优先将靠近地表的浅层空间提供给公共步行和综合商业开发，引导利用深层地下空间整合开发市政设施，避免市政设施对中浅层空间开发的干扰，形成与中心城区不一样的地下空间分层逻辑。

以日本为例，目前城市地下空间开发基本在地下50米以内，在软弱土层中地下空间开发深度一般不超过地下30米区域，近年来专家正在研究进一步开发到地下100米的相关问题。所以，根据不同区域的需要，地下空间竖向应遵循分层利用、由浅入深的原则。

新城建设的出发点和落脚点，是实现人人共享美好生活，一方面要靠强大的产业引力留住人才，另一方面也要靠优质的城市公共配套留住人心。“产”的能级越高，越能帮助更多人实现就业；“城”的功能体系越完备，越能使来访者一见倾心，使未至者心向往之。建设具有内生性和自立性的新城，关键是要提升每一个新城自身在融合发展“产业”“城市”“人口”三大要素上的竞争力。

**以奉贤新城为例：**

在上海“十四五”规划中，奉贤新城被规划为上海南部滨江沿海发展走廊上具有鲜明产业特色和独特生态禀赋的节点城市。奉贤新城的规划范围，东至浦星公路，南至G1503上海绕城高速，西至南竹港和沪杭公路，北至大叶公路，总面积67.91平方千米，规划人口为100万左右。

1）奉贤新城重点区域发展需求

未来，奉贤新城的功能目标是打造创新之城、公园之城、数字之城、消费之城、文化创意之都。重点发展区域将集中在以下几个区域，未来，地下空间也将依托重点区域发展建设。

**“新城中心”：**以5号线望园路站为核心，聚焦0.7平方千米，未来连接15号线及奉贤线、南枫线等市域线，塑造中心枢纽，开发体量超过450万平方米，打造地上地下互联互通的立体城市。

依托上海之鱼、中央林地蓝绿交融的生态特色，推动创新、文化与生态多维度融合，构建“公园＋”城市发展理念，新增30余处具有综合服务功能的移动驿站，打造九棵树创意文化集聚区、东方美谷生态商务区和金海湖城市客厅共享区、特色体育承载区，形成“动静相宜、开放活力”的中央活力区。

**“数字江海”：**按照新型产业社区的定位，聚焦约2平方千米，倡导用地混合、功能复合，探索实施Z类综合用地，围绕智能互联，营造场景应用，建设容积率超过3.0、建筑面积约200万平方米的多元复合产城中心“工业大厦”，形成面向未来的生产、研发、商务复合功能区，营造活力开放空间。其最大的亮点在于复合用地，高强度高密度开发，由单一的房地产开发区转变为综合的产城融合区。

以美丽健康、生物医药和智能网联汽车为主导，探索自动驾驶应用场景等最新科技应用，打造上海首个城市力全渗透的数字化国际产业城区，力争成为综合开发区的样板和典范。

**“东方美谷大道”：**聚焦13千米核心段，形成以综保区为核心的产业综合组团、以奉浦站TOD和海之花为引领的城市更新组团、以漕河泾和九棵树为主的生态商务组团、以国妇婴奉贤院区和新华医院为主的医疗健康组团、美U谷产业社区五大组团，以及“三生融合”、特色鲜明的发展轴线，比如沿线新增数字商务中心、上海中学（国际部）等教育中心，以及卫生、文化、商业分中心。

**国际青年活力社区：**充分发挥新片区制度政策优势，在上海之鱼东侧，打造约3平方千米的国际青年社区，通过引入高等级、国际化的文化、教育、医疗、体育资源，高标准建设吸引海内外青年才俊集聚安居的国际社区，为奉贤新城建设吸引、集聚人才。

在上海之鱼南侧，采用整体设计、一体化开发，打造尺度宜人、高效集聚、人性化、人文化、富有人情味的活力街区。在上海之鱼内，调整现有住宅用地，对标最高标准，打造未来街区。

**南桥源老城社区：**作为上海唯一新老城空间连接的新城，基于对历史风貌的保护，以及城市文化及记忆的延续，聚焦2平方千米南桥老城区，以沈家花园、“三古里”、鼎丰酱园、南桥书院等的改造提升为重点，重塑绿色、生活、商业、运动、旅游、为老六大系统，赋能老城，推进更新，打造人文底蕴深厚、功能复合多元的老城风貌区。

结合浦南运河两岸滨水空间的改造，腾出并开发超100万平方米空间，打造小尺度街道，进一步改善环境品质，提升综合服务能级。

2）奉贤新城地下空间发展需求

从总体战略空间上看，奉贤新城与浙江“大湾区”遥相呼应，着力激活服务辐射杭州湾北岸的节点功能。奉贤新城依托东方美谷，构建“全球生命健康产业创新高地”；同时，奉贤新城也是五个新城中第一个提出建设“公园城市”的新城。因此，奉贤新城重点打造以“特色载体＋公园城市”为功能引领的湾区联动一体化区域。

从轨道交通发展上看，轨道交通5号线是一条市区级线路，起点为闵行区莘庄站。5号线南延伸东川路站—奉贤新城站，2018年12月30日起载客运营。在奉贤新城范围内设萧塘站、奉浦大道站、环城东路站、望园路站、金海湖站、奉贤新城站6个站点。15号线南延伸段将在奉贤新城内设置环城北路站、奉浦大道站和望园路站，并与5号线交会于望园路站综合枢纽。见图3-7。

图3-7　奉贤新城轨道站点规划图

其中，轨道交通在东方美谷共设有两站。东方美谷是奉贤新城重点发展的产业园区，主打医疗、美容等产业。虽然在产业能级上比不过紫竹、张江、临港等大型产业园，但奉贤新城近两年为其投入了大量资源促进产业发展。此前，由于缺少轨道交通的支持，人才导入和周边配套发展都相对较弱。

奉浦大道站将打造一个全新的东方美谷TOD商务枢纽。奉浦大道未来将成为奉贤新城又一个全新的产业和商业聚集区域，其中5号线的奉浦大道站还有万达广场在建。

望园路站未来将打造成奉贤新城中心城区轨交枢纽，并规划有城市新地标，目前这里还有大片的空地待出让。这里的规划能级很高，规划建设中央生态商务区，未来15号线在这里还可与5号线进行换乘。另外，奉贤线从三林南至海湾大学城，中间设7个站点，途经浦江镇、郊野公园、金汇及奉贤海湾。南枫线将从枫泾至临港开放区站，中间设17个站点。见图3-8。

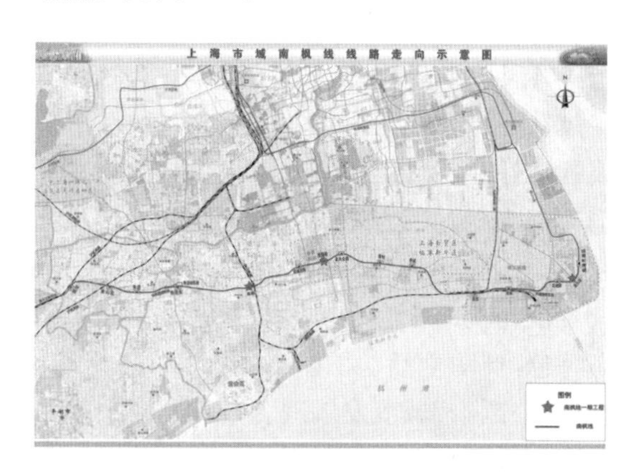


图3-8　上海市域南枫线线路走向示意图

在地下空间开发上，一是要梳理地下空间总体结构，结合奉贤新城地面规划，与新城空间结构相协调，以轨道交通网络为基本骨架，以主要交通枢纽和重要功能地区为地下空间综合开发重要节点，形成一核（新城中心中央活力区）、两轴（轨道交通5号线、15号线）、多节点（东方美谷、数字江海、城南商务中心TOD、奉浦站TOD、南桥源老城社区），建设网络化的地下空间。二是论证各类地下空间的开发规模，通过开发强度类比法、分类需求预测法等方式科学预测地下商业、公共服务、停车等开发规模。三是以核心功能区为重点，推进地下空间建设。奉贤新城地下空间的核心功能区主要包括中央活力区、片区中心、产业重点发展区、轨道交通 TOD 站点等。

对于已建区域，主要考虑结合城市更新项目和轨道延伸的机会，充分利用地下空间，解决既有的停车难、交通拥堵、服务配套不足等问题。

3）核心功能区地下空间建设思路

核心功能区地下空间开发应整体规划、统一开发、相互连通，同时兼顾人防需求，实现人防工程统筹建设，将地下空间管控要素通过控规附加图则的方式进行管控。

（1）奉贤新城中心中央活力区

高标准打造交通便捷高效、体验阳光舒适、功能创新复合、设施先进集成的地下空间。地下空间整体连通，依据交通流量测算，合理论证地下环路方案，相应提高地下空间建设总量。

（2）东方美谷、数字江海产业区

区内核心功能地块地下空间实现跨街坊相互连通，适当布置地下公共服务功能，人防工程统筹建设，片区指标不变，各街坊内统筹协调。

（3）奉浦站 TOD 站点区

根据现状情况，合理设置地下环路连接商务地块地下停车库；依托轨道交通枢纽，合理设置 P+R 停车场，便于换乘轨道交通，减少高峰时段进入市中心的车流，缓解中心城区拥堵，引导高效出行方式。

# 04　地下空间开发模式

# 4.1 地下集约化开发模式

基于不同要素的综合影响，结合国内外城市既有开发案例，城市地下空间集约化开发模式可分为以下五种：单点独立开发、多点统筹开发、线网开发、分系统开发、整体综合开发，不同模式示意图及模式特点见表4-1。

表 4-1　地下集约化开发模式分类

| 模式示意图 | 模式特点 |
| --- | --- |
|  | **单点独立开发**<br>独立地块地上地下一体化开发建设，适用于城市功能单一、地下开发强度较低的非核心地块或局部城市更新。该模式强调地块地上地下立体化统筹建设、地下空间资源的集约化利用。优势是单地块产权相对清晰，易于开发建设 |
|  | **多点统筹开发**<br>一个或多个地块地下空间与周边地铁站点或周边地块地下空间互联互通，需要在本地块开发过程中结合周边多点位要素，统筹规划，连带开发建设与地铁、周边地块地下相连通道的开发建设模式。优势是可形成地下公共连通道，便于交通换乘，易于形成资源共享的综合体 |
|  | **线网开发**<br>由交通枢纽、重要地铁站或地下公共空间节点通过地下公共通道/空间向外延伸，与周边地下空间连通，形成地下公共连通网络，带动沿线地下空间串联开发，适用于枢纽、地铁区间或重要公共节点与周边地块的连通开发，易于形成地下步行街及步行网络 |
|  | **分系统开发**<br>地铁与地下车行、管廊等分系统、分路由布置，地下工程各自分开建设，避免地下各类系统工程建设的相互影响。适用于成片区域开发建设或城市更新片区整体。优势是各系统互不干扰，工程易实施，易于分期或单系统独立开发 |
|  | **整体综合开发**<br>多地块地下空间与道路、绿地下空间有机结合、整体开发。适用于交通枢纽核心区、CBD核心区、重要的地铁站周边、成片更新区域及窄密路网街坊整体开发，地下空间统一规划、设计、建设、运营。地上地下一体化布局，能够集约减少地下停车库出入口以及相关市政配套等设施 |

1. 单点独立开发:集约挖潜

1) 开发模式特点

在单点独立开发模式中,地块地下空间之间没有联系,适用于城市功能单一、地下开发强度较低的非核心地块,如居住小区、独立办公建筑、单地块局部城市更新等。(图 4-1)

需要强调的是,独立开发并不意味着传统的单点地下开发模式,在新城核心区寸土寸金与停车需求矛盾突出的现状下,该模式更强调本地块地下空间的集约化利用。

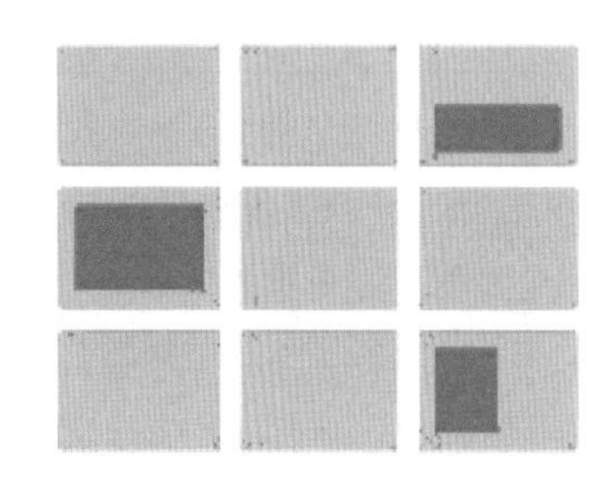

图 4-1 单点独立开发模式示意图

2) 适用场景与典型案例

该类型的项目特点为适合局部城市更新,通过局部挖潜解决城市停车等矛盾。该模式也适用于新城开发建设中老旧城区局部更新或新建 VSM 深井停车库等场景。

典型案例有杭州十中操场改造项目、南京市建邺区地下智能停车库项目、奉贤南桥书院操场改造项目等。

(1) 杭州十中操场改造

杭州十中操场改造项目在旧城改造过程中,利用操场/绿地下方改造增建停车场。值得一提的是,虽然此项目为单地块地下开发,但在整个规划中,操场改造所新增的停车位主要服务周边社区,因而在规划阶段需要结合周边统筹考虑,不能影响学校本身功能的正常使用。故项目地下车库均面向周边社区或城市道路直接开口,交通动线在地面上完全不会穿过校园,即在地上/地下的层面实现了绝对的人车分流,从而保证了校园环境不受干扰。

(2) 南京市建邺区地下智能停车库

南京市建邺区沉井式地下智能停车库(一期)工程位于南京市儿童医院(河西分院)东北角。项目需要在极小的用地范围内,在对原地块功能影响不大的前提下,新建地下停车库提供大量车位。采用 VSM 工法实施竖井作为停车库主体结构,这种停车库占地面积小,对周边影响低,是一种合适的选择。

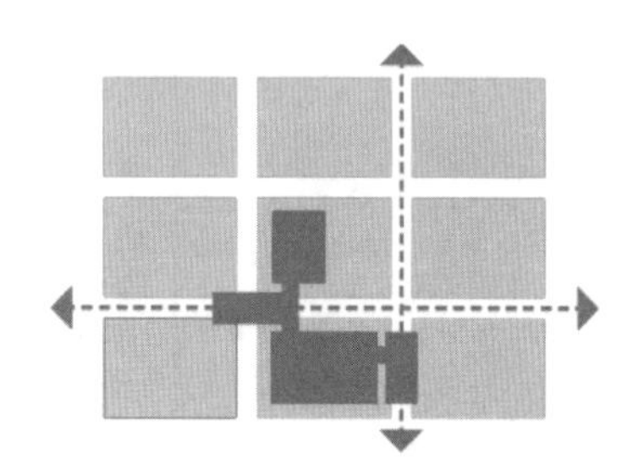

图 4-2 多点统筹开发模式示意图

2. 多点统筹开发:1+1>2

1) 开发模式特点

多点统筹开发模式是指一个或多个地块在开发过程中存在与周边地铁站点或地块的连通需求,需要在本地块开发过程中结合周边多点位要素,统筹规划,连带开发建设与地铁、周边地块地下相连通道的开发建设模式。(图 4-2)

该开发模式的意义在于,通过一个或多个点位的统筹开发及连通道的建设,达到解决周边地下空间矛盾,从而对区域整体提质增效的目的。

2) 适用场景与典型案例

多点统筹开发模式适用于如下场景:

(1) 多地块关联协同开发的新建或城市更新项目;

(2) 开发地块邻接一个或多个互不连通的地铁站点;

(3) 因地上功能及开发量原因,导致地块间在停车高峰时间段，因停车位需求量与建设量不匹配而存在开发地块与周边地块共享地下停车位需求的项目。

多点统筹开发模式典型案例有上海张园地区改造项目、陆家嘴中心区地下空间更新、大宁公园改造项目等。

以上海张园地区改造项目为例，张园地区周边三面分别临近地铁 2、12、13 号线，改造前三线之间只能通过地面换乘，空间利用低效，环境品质一般。项目利用旧城改造契机，建设地下通道，贯通三条地铁线实现便捷换乘，同时为地块内商业空间引入地铁换乘人流。

在管理运营方面，项目提出了共享车位的理念，建设与周边地块的地下连通道，整合相邻地块地下车位，实现空间共享。张园改造项目可提供车位约 580 个，而通过区域车位共享可以提供约 3480 个车位，达到了区域资源整合配置、提质增效的效果。

3. 线网开发：疏经通络

1）开发模式特点

地块通过公共空间或通道形成综合体，地块地下空间各自建设、各自管理，地下各系统靠公共空间或通道实现沟通联系。（图 4-3）

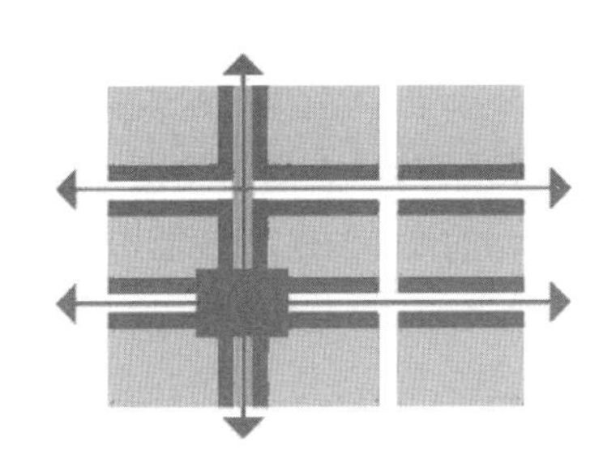

**图 4-3　线网开发模式示意图**

此模式下，地下空间权属通过平面划分。该模式的优势在于核心区综合开发，公共通道可控制，停车资源共享，分期开发灵活；劣势在于地块内地下工程自行建设不经济，连通效益要等所有地块开发完成才得以显现。

在新城建设中，建议采取分区开发模式，核心区围绕地铁站综合开发，连通尽量由地块自行承担。

2）适用场景与典型案例

线网开发模式适用于功能复合、地下开发强度较大的地块，如枢纽站周边开发、商业区、商办混合区。

使用该开发模式的典型国外案例包括加拿大蒙特利尔地下城、日本梅田步行街、新加坡地下行人网络计划，经典国内案例包括深圳福田枢纽、深圳前海妈湾丝路长廊及轨道 5 号线地铁区间规划、深圳前海听海大道地下空间（前海湾计划）项目、上海五角场等。

（1）深圳前海听海大道地下空间（前海湾站段）

深圳前海听海大道地下空间（前海湾站段）呈南北向布置，东邻前海综合交通枢纽，西接腾讯和交易广场，由两地块围合而成，上跨既有地铁 1、5、11 号线车站和区间。

地下空间被设计为单层矩形框架结构，长约 689.4 米，宽 10～50 米，建筑面积约 2.1 万平方米，沿线共 21 个出入口，其中仅 4 处作疏散用途通往地面，其余均与两侧地块地下室连通。

项目运维管理模式为“装修代建＋委托运维＋政府监管”，地下空间的运营管理由周边地块承担。

（2）上海五角场地区地下空间综合开发

上海五角场地区利用地下空间综合开发作为该地区复苏的关键点，其中重点区域在于五角场站到江湾体育场站之间的站际空间。由于其位于旧城区，存在一定的规划设计难点：政府、企业、部队用地权属复杂，难以协调；五角场交叉口交通负荷重，对商业整体性产生一定程度上的割裂等。

该地区结合过街、换乘、消费等多种功能诉求，利用多种地下空间规划模式，合理连接各建筑、交通设施地下空间，提高了行人的可达性与步行适宜性。

4. 分系统开发:路由独立,网络清晰

1) 开发模式特点

分系统开发是指地下空间按人行系统、车行系统、地铁、地下物流、地下能源、综合管廊等分系统进行统筹开发建设。地下不同类型系统分不同区域独立设置,地下工程冲突少,便于分期实施。(图 4-4)

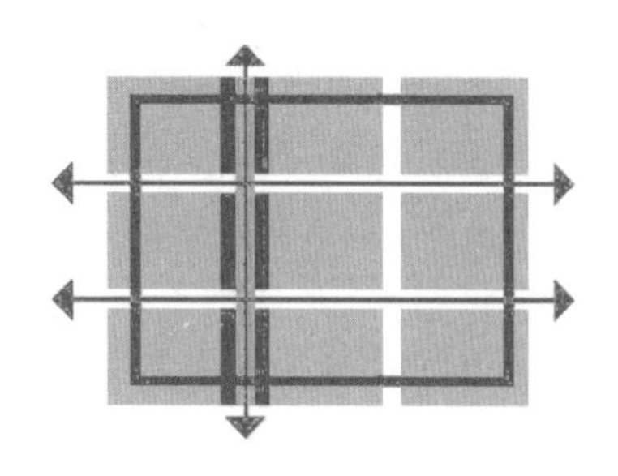

**图 4-4 分系统开发模式示意图**

2) 适用场景与典型案例

分系统开发适用于新城成片区域进行新开发建设,先期进行地下空间的整体规划以及地铁、管廊等地下专项规划,相关规划充分整合协调,安排好合理的路由,地下各系统和地面道路等进行同步建设,或进行预留。优点是各系统分开布置,互不干扰,工程比较简单,易实施、易于分期或单系统独立开发。

典型案例有前海集中供冷系统及综合管廊规划、天津于家堡地下空间规划、雄安新区容西片区地下空间规划等。

以天津于家堡半岛地下空间为例,其系统整合包括半岛地下空间人行系统、半岛地下综合管廊、地下交通组织等。规划体现了网络化概念与节点分级概念,形成内圈地下车行交通、中圈地下人行交通、外圈地下市政设施的圈层网络系统。

其中,人行系统重视地下空间的标示性和导向性。建设综合管廊时,调整支路引入方式,改变单个地块独立引入支管的做法,以适应窄街廓、密路网的于家堡地下综合管廊设置要求。远期根据需要,可向南北、东西进一步拓展,体现规划弹性。

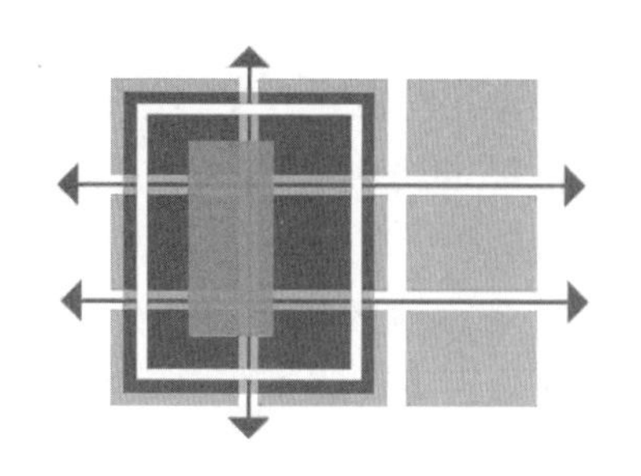

**图 4-5 整体综合开发模式示意图**

5. 整体综合开发:多维一体

1) 开发模式特点

在整体综合开发模式中,地块地下空间有机整合,形成完整系统,对不同区域的地下空间进行低碳集约化弹性开发。(图 4-5)

其优点在于空间集约化,资源共享,节省投资,空间布置灵活,地库出入口优化有利于交通;但地上设计要服从地下,协调难度大、土地出让困难。

2) 适用场景与典型案例

整体综合开发模式适用于功能复合、地下开发强度大,且对开发品质有较高要求的片区,如城市中央商务区的重点地块。另外,窄密路网区域、单地块面积较小的区域,也适宜通过整体开发模式提升整体性、经济性。

典型案例有深圳前海 19 开发单元 03 街坊、上海西岸传媒港、上海世博会 B 片区等。

(1) 深圳前海 19 开发单元 03 街坊项目

前海 19 单元作为前海开发创新模式的先行先试者,19 单元 03 街坊按照统筹开发、协调推进的整体思路,率先实践了“街坊整体开发”的理念,由街坊总建筑师进行全过程协调,具体包含:

• 街坊形象一体化——以标志性建筑为核心,打造现代简洁、一体化的建筑组群。

• 公共空间一体化——营造多层次、尺度宜人的公共空间,实现公共空间价值最大化。

• 交通组织一体化——倡导以公共交通为主导，打造高效复合、安全便捷的人性化交通环境，机动车出入口共享共用。

• 地下空间一体化——街坊地下空间基坑统一设计、施工、管理，打造立体复合、互联互通的整体地库，整体优化交通组织，缩减地库出入口。人防工程集中建设，有效提高土地利用效率。

(2) 上海西岸传媒港项目

上海西岸传媒港采用街区（“九宫格”）整体开发模式，项目在土地出让机制上采用了创新的地上、地下空间分别出让的方式，力求实现西岸传媒港项目区域组团式开发和地下空间统一建设的目标。

地下车行道、人行系统、综合管廊统筹考虑、统一规划建设，满足集约化需求。

结论：

以上五种开发模式，新城可根据不同的场景有针对性地选择：

单点开发模式对于五个新城的老城区单地块局部更新开发具有较大的现实应用意义。新城的老城区存在建设时间早、地下开发不足、地块间连通不足、停车矛盾突出等问题。因而，通过单地块局部更新，如利用操场、绿地等空间改造建设地下停车场，可有效缓解停车矛盾。

多点统筹开发模式通过通盘考虑地铁线路、周边地块既有设施进行设计开发，可以达到“1＋1＞2”的效果，对于老城既有地块的更新改造、互联互通同样具有现实意义。如张园改造项目，利用既有地块更新连通原本互相分离的三条地铁线路，同时为自身商业增值，达到了多方共赢的效果。

线网开发模式对于新城中沿轴线开发的区域适用性较高。通过线网开发，枢纽等重要节点的人流及价值沿线网外溢，进而带动线网所连通的周边区块，达到区域价值整体提升的目的。

分系统开发模式适用于新城成片新建并设置大型基础市政设施，如地铁、深隧、地下物流系统、综合管廊等。

整体综合开发模式适用于新城多地块协同开发，如奉贤新城数字江海片区等，能够达到提升整体性、经济性的目的。

# 4.2 新城重点开发区域

### 4.2.1 集约化开发影响要素

影响地下空间集约化开发建设的要素主要包括三个层面，一是影响地下空间开发建设难度、成本以及开发建设充分程度的基本要素，包括土地工程地质与水文地质条件、建设情况、工程技术等；二是影响地下空间开发价值的因素，包括区位条件、地面规划、服务配套等；三是对地下空间集约开发具有隐性作用但可能是开发关键的要素，包括规划管理、社会经济、政策法规、运营机制、投融资机制等。

地下空间的开发利用影响要素主要包含以下几方面：

1. 建设条件

**地下空间现状：**现有地下设施的使用情况和建筑质量对地下空间可开发区域及其改造有一定影响。对于已建地下空间，需要评估其建筑质量与使用情况，现有地下空间使用情况良好的宜保留，质量与使用情况较差的需要改建或废弃，同时要考虑与周边地下空间的连通或共享性。已建地下空间区域，除需要改造的区域和重要的城市基础设施外，在规划原则上应作为限制建设地下空间区域，对于既有地下空间的更新利用或者连通利用，需要结合实际情况来进行充分的考虑。上海新城地下空间现状家底尚未摸清，应尽快进行梳理，以作为规划的基础。

**工程地质水文：**地形地貌对地下空间的建设形式与成本影响较大，复杂地形对施工场地和施工机械的布置有不利影响。工程地质条件对地下空间可开发区域以及建设条件也有影响，地质条件差、不适宜地面建设的区域，其地下空间一般也不宜建设。地下水类型、埋深、分布、流向、富水性、水位变化和腐蚀性对地下空间布局有重要影响，影响到地下空间的建设与维护成本，主要涉及防水、抗浮、防腐蚀等方面要求与相应的技术处理手段。上海新城工程地质对工程建设的技术要求比较高，不同新城的地质情况差异也比较明显。

**城市建设：**城市建设对地下空间的建设和开发时序有影响。地下空间开发的功能、面积、交通设施及出入口等与地面城市建设息息相关。一般来说，建成区如需建设地下空间，必须要保证既有地面建筑、市政设施、道路设施等的安全，如有成片改造项目或片区，可按新建区标准设置相应的地下设施，但要考虑对该区域环境与交通的影响。上海各新城内，新建片区和旧城更新并存，可结合新区开发、旧区更新大力发展地下空间。

另外，虽然上海新城地下空间建设在软土地基上，难度相对较大，但国内的垂直盾构、大基坑开挖等工程技术已经达到了国际先进水平，已有较多的地下空间一体化开发实例，今后在地下空间深层开发建设的研究与实践方面仍有进一步深化的潜力。

2. 规划条件

**地面规划：**地面规划直接影响地下空间的功能布局与开发强度，包括土地利用规划、地面控规、城市设计等。地下空间规划功能需与地上功能相符，或者作为地上功能的衍生和补充、配套。一般来说，地面开发强度大的区域包括片区中心、交通枢纽核心区、商业商务中心等城市重点区域，公共服务聚集、人流量大，其地下空间开发价值也较高。上海新城在新一轮开发建设期应围绕城市重点开发或更新区建设，大力开发利用地下空间，开发综合性功能，打造立体城区。

**交通条件**：轨道交通、高铁与城际铁路站等交通枢纽/节点区域，如地铁站周边、交通枢纽 500～800 米半径范围之内是地下空间综合开发利用的范围。交通枢纽区域需要立体换乘设施与大量的停车设施、相应的商业服务设施，因此也是地下空间开发利用的重点区域。上海各新城新时期开发建设目标均包含重要交通枢纽及轨道交通线网建设，应充分结合枢纽与地铁站建设，综合开发利用地下空间，形成立体的交通网络。

**市政公用设施**：市政设施地下化、网络化是发展趋势，包括建设综合管廊、地下能源中心、地下变配电站、地下环卫站等，解放地面空间，提高城市韧性，改善生态环境。上海新城市政设施应结合市政专项规划，充分利用地下空间，能入则入。

**历史文化保护**：历史文化保护既需要开发地下空间，又需要一定的限制条件。地下空间开发利用能为历史文化保护创造更多的空间与环境优化条件，同时地下空间的开发利用需要保护原有的历史文化环境。上海各新城均有悠久的历史文化，在旧城更新区域，地下空间开发利用能较好地保护原有历史文脉。

3. 其他

**社会经济**：社会经济水平影响新城对地下空间开发利用的阶段。国内外地下空间开发利用实践证明，当人均 GDP 超过 3000 美元时，城市具备大规模开发利用地下空间资源的经济基础。上海的人均 GDP 早已突破 5000 美元，2020 年人均 GDP 已达 15.58 万元(约合 2.2 万美元，来源：《上海统计年鉴 2021》)。对上海中心城和新城来说，社会经济发展水平早已到了大规模开发利用地下空间的阶段。

**规划管理**：新城对地下空间资源的重视程度、开发建设理念、规划编制水平以及规划管控的经验、手段与过程等，也是影响地下空间能否集约一体化规划、建设的重要因素。

**政策法规机制**：相关政策法规和机制对地下空间的实施与管理产生影响。近年来，国内外地下空间开发建设的成功经验逐渐转化成各城市地下空间开发利用的政策法规，包括街坊式集约整体开发、地铁沿线物业开发推动地铁建设运营、地下分层产权等，也为上海新城开发高品质地下空间提供了可借鉴的经验。

**投融资体制**：随着国家投融资体制改革逐渐完善，各城市地下空间开发建设投资体制也发生了重大变化。地下基础设施和公共服务设施等不仅由政府投资建设和负责运维，还有政府和企业合资建设、运维等形式。上海新城需要从深圳前海、上海西岸传媒港等不同实施项目中积累并吸收借鉴相关经验，形成适合自身的投融资模式。

另外，对地下空间集约化开发建设有影响的还包括地块尺度、生态环境、停车需求、防洪排涝等因素，新城未来开发建设还需要结合具体情况具体分析，通过梳理确定重点开发区域，引导地下空间集约化、高品质开发利用。(图 4-6)

### 4.2.2 新城重点开发区域

新城重点开发地区和主要节点应选择城市公共活动聚集、公共建筑开发强度高、建设量大的地区，轨道交通线网规划所确定的重要交通枢纽地区(例如以大型对外交通设施为主体的综合客运交通换乘枢纽、以市内公共交通设施为主体的综合客运交通换乘枢纽)和规划的各类商业区域与轨道交通站点相结合的区域等。在五个新城中，对规划的

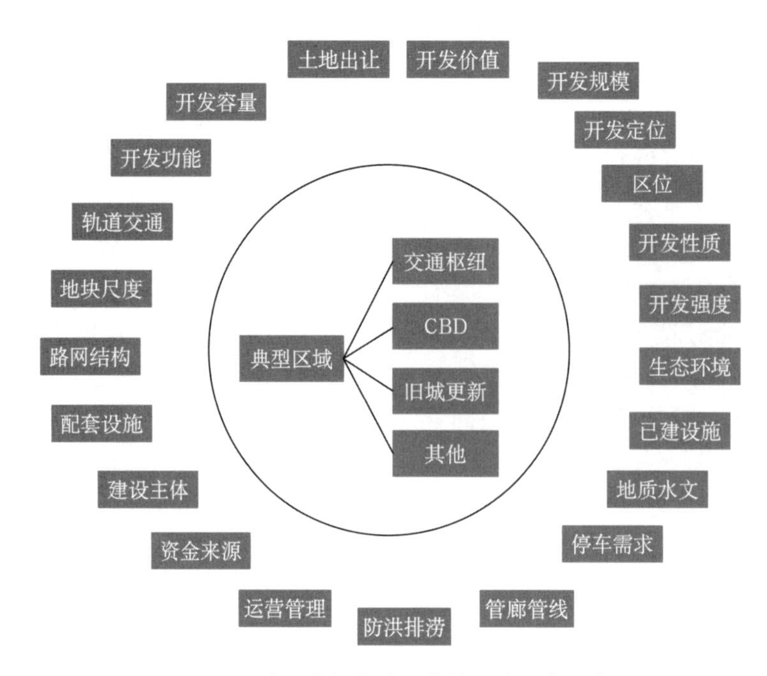


**图 4-6　地下空间集约开发的影响要素示意**

中心区、公共建筑集中区域应考虑地下空间集约开发利用。

按照目前的开发建设情况，重点地区又可分为新建地区和已建地区（建设成熟区）两类，主要包括新城各级中心、重点建设地区、以大型对外交通设施为主体的综合客运交通换乘枢纽地区、以市内公共交通设施为主体的综合客运交通换乘枢纽地区等。

重点地区地下空间布局与功能规划的原则包括：

综合利用——地下空间开发利用应注重地上、地下协调发展，地下空间在功能上应混合开发，复合利用，提高空间效率。

连通整合——高效的地下空间在于相互连通，形成网络和体系，应对规划和现有的地下空间进行系统整合，合理分类，重点将地下公共空间、交通集散空间和轨道交通车站相互连通，提高使用效率，依法统一管理。

以轨道交通为基础、以城市公共活动中心为重点进行布局——以轨道交通网络为地下空间开发利用的骨架，依托轨道交通线网，以城市公共活动中心为重点建立地下空间体系。

分层开发与分步实施——将地下空间开发利用的功能置于不同的竖向开发层次，充分利用地下空间的不同深度。

除了以上原则外，新城重点片区的地下空间开发还应遵循五大原则：生态优先原则，保护新城生态格局；开放共享原则，公共服务均等化；以人为本原则，步行尺度人性化；公交优先原则，遵循以公共交通开发为导向的TOD开发模式；弹性开发原则，土地利用高度混合、功能复合、资源整合。

五个新城的地下空间重点片区应充分考虑与新城现行规划管控方式进行衔接，划定全域地下空间禁建区、限建区、宜建区，进行底线控制，优先明确分类控制，分层落实要求；基于五个新城各自的特色、地下空间特征、地下安全和生态环境、开发经济性等因素，提出“重点地区＋一般区域”的两级区域管控；结合新城“十四五”规划、行动方案及总体城市设计，划分不同地下空间编制单元进行分区引导，根据新区地下空间设施规划、竖向规划、综合防灾引导、开发功能、开发强度等因素，明确总体管控导则的导控方式，构建适宜各个新城的分区管制、分级管控、分区引导、分类导控的地下空间开发利用规划管控体系。

**已建地区**不适宜大规模、伤筋动骨地开发改造，应当采取类似于“点穴”“针灸”的处理方法，通过有限的、新的建设项目对已有地上和地下设施进行系统性整合，促进综合功能的发挥，满足总体发展目标。由于新城地区功能定位多是以行政、文化、商业、商务为主的公共活动中心，交通和环境因素至关重要。从地下空间本身固有的特点出发，充分考虑已建地区的具体现状情况，将有限的地面空间用于营造环境和安排公共活动，而在地下布置诸如停车库和人行、车行通道等基础设施，将其安排在广场、绿地以及待建开发地块下。新建的地下兼容空间应互相连通，尽可能形成具有综合功能的地下综合体。

**新建地区**一般在对原有功能进行更新和重组时具有“高容量、高聚集度”的特点，地下空间的开发应突出其良好的后发优势，使地上、地下更协调地发展，地下空间的布局能更好地与地面互动，在重要节点形成地下综合体，带动整个地区地下空间开发利用的总体效果。地下轨道交通仍然是此类地区地下空间的骨架和主力，有所不同的是其与周边地下设施联系的形式应更为丰富，范围和纵深度也应有明显的增加。在这类地区，理应出现真正意义上的、完整的、布局合理且紧密的地下综合体。

正确处理空间、环境、交通三者的关系仍然是此类地区地下空间开发的重点。因此，将基础设施、车行交通和联系性人行交通安排在地下，而将地面用于人们的长期逗留，依然是主要的发展方向。地下商业设施开发应作为平衡建设投资和运行成本的一种辅助手段而受到严格控制。

适宜大规模进行地下空间开发利用的区域应当位于新城的中心部位，新城中心以外地区开发利用地下空间的目的是缓解因新城中心区功能高度聚集而产生的环境和空间的矛盾。此类地区的地下空间应根据其规划确定的功能及布局特点，因地制宜，不可贪大求全。

**交通枢纽**是城市多种交通的节点，是旅客的集散地，车流量、人流量大是其基本特征。旅客快速、安全有序地换乘，人车达到高度分流，是此类地区地下空间开发利用成功的主要标准。

首先，综合交通枢纽地下空间开发利用要进行严格的审核，以确保城市管理者扩建空间不会给运营商及民众带来负面影响。其次，发展地下综合交通枢纽的关键有两个，一是要把握节奏，保证洁净管理，避免拥堵，二是要求建筑和设施实施标准化和智能化，保证服务的安全、高效和便捷。此外，综合交通枢纽地下空间的发展还应突出新技术、新材料的运用，比如通过节能型建筑墙板来提高空间的节能效果。最后，综合交通枢纽地下空间开发利用应建立完善的管理机制，简化收费机制，配合售票和服务设施，让市民们感受到更加人性化的服务。

综合交通枢纽地下空间的发展利用，不仅可以提高城市人口流动的能力，还可以缓解城市交通拥堵以及提高城市服务质量，有效提升城市形象。对于各地城市管理者而言，应多加重视和投入，加强综合交通枢纽地下空间的开发利用，为市民提供更多便捷出行的服务。

以奉贤新城为例，分析新城重点区域地下空间开发建设模式。以轨道交通网络为基本骨架，以主要交通枢纽和重要功能地区为地下空间综合开发的重要节点，形成一核（新城中心中央活力区）、两轴（轨道交通 5 号线、

15号线)、多节点(东方美谷、数字江海、望园路站TOD、奉浦站TOD、南桥源老城更新)的结构,建设网络化的地下空间,见图4-7、表4-2。

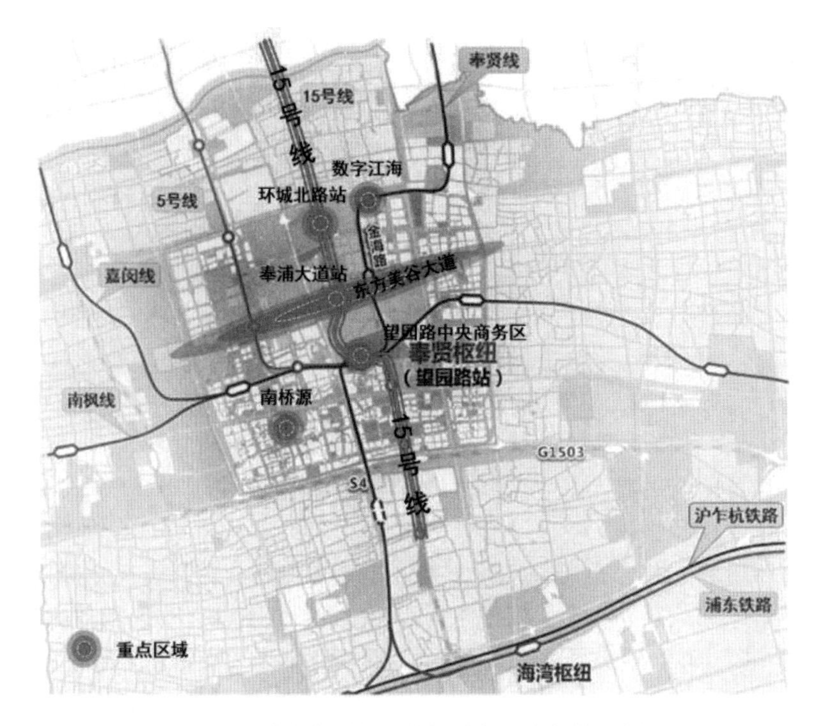


图4-7 奉贤新城地下空间重点区域布局示意图

表4-2 奉贤新城重点开发区域及开发重点

| 地下空间开发区域 | 重点开发区域 | 城市设计中地下空间相关内容引导 | 开发重点 |
|---|---|---|---|
| 枢纽地区 | 奉浦大道站、望园路站、环城北路等 | 互联互通,站城一体,突出交通枢纽对空间布局的优化作用。强化交通要素集聚,利用奉贤线衔接沪乍杭铁路,提升新城在区域廊道中的节点功能,优化南枫线、嘉闵线南延伸走向,与5、15号线打造"零换乘"地下综合交通枢纽 | 合理设置地下环路连接商务地块地下停车库;依托轨道交通枢纽,合理设置P+R停车场,便于换乘轨道交通,减少高峰时段进入市中心的车流,缓解中心城区拥堵,引导高效出行方式。研究站城融合区域内主要节点公共空间体系及地下空间与慢行交通系统相适应的立体空间体系,通过立体交通的优化打造"零换乘"地下综合交通枢纽,与周边地块互联互通,实现片区融合的目标 |
| 中央活力区 | 奉贤新城中心中央活力区等 | 打造高效便捷的交通枢纽,协调站城交通组织,衔接南枫线、奉贤线的线位及站点,协调地区开发与轨道交通近远期建设,明确枢纽分层的交通组织、功能布局以及公共空间设计,实现地上地下一体化无缝衔接;关注站前区域交通设施布置和交通组织,合理组 | 高标准打造交通便捷高效、功能创新复合、设施先进集成的中央商务区地下空间;地下空间依托轨道交通枢纽与周边区域整体互联互通,合理组织交通设施,立体布局交通流线。可依据交通流量测算,合理设置地下环路,相应提高地下空间 |

（续表）

| 地下空间开发区域 | 重点开发区域 | 城市设计中地下空间相关内容引导 | 开发重点 |
|---|---|---|---|
| | | 织人行和车行交通，建立舒适宜人的立体交通系统；统筹考虑与公共交通的关系，充分预留并合理布局社会停车场和专用停车场等静态交通设施；塑造人性化高品质空间，打造活力街区 | 建设总量，营造宜人的地面环境，打造集约高品质的公共活动中心 |
| 产业社区 | 东方美谷、数字江海等 | 强调地上地下功能联动、空间联通，提高空间复合利用能力，主要保障基础设施建设需求、地下停车需求和人防建设要求 | 区内核心功能地块地下空间实现跨街坊相互连通，适当布置地下公共服务功能，人防工程统筹建设，片区指标不变，各街坊内统筹协调 |
| 老城社区 | 南桥源等 | —— | 对老城社区地下空间进行整体普查评估，摸清地下空间现状及需求，构建地下空间分层分区管控要素体系，结合“留、改”，做好存量改造及提升，解决老城交通及配套设施服务等问题，提升空间品质 |

奉贤新城地下空间核心功能区主要包括中央商务区、片区中心、产业重点发展区、轨交TOD站点等区域。核心功能区域地下空间开发应整体规划、统一开发、相互连通，同时兼顾人防需求。地下空间管控要素通过控规附加图则的方式进行管控。

1. 奉贤新城中央活力区

高标准打造交通便捷高效、空间明亮舒适、功能创新复合、设施先进集成的地下空间；地下空间整体连通，依据交通流量测算，合理论证地下环路方案，相应提高地下空间建设总量。

2. 东方美谷、数字江海产业区

区内核心功能地块地下空间实现跨街坊相互连通，适当布置地下公共服务功能，人防工程统筹建设，片区指标不变，各街坊内统筹协调。

3. 奉浦大道站、望园路站、环城北路TOD站点区

根据现状情况，合理设置地下环路连接商务地块地下停车库；依托轨道交通枢纽，合理设置P+R停车场，便于换乘轨道交通，减少高峰时段进入市中心的车流，缓解中心城区拥堵，引导高效出行方式。

4. 南桥源老城更新区

结合片区城市更新，充分利用城市公园、广场、操场及新建地块，配建地下停车、地下商业文化设施，改善老城区交通拥堵、停车困难及配套服务不足等问题，提升老城区空间品质。

# 4.3 多场景开发模式

## 4.3.1 场景规划

场景规划是依据多种可能性拟定未来的规划，预判未来可能发生的“场景”并加以综合分析和应对。场景规划会分析不确定因素，推断其驱动力，根据这些驱动力模拟未来可能出现的状态，归纳出若干个“场景”以制定应对措施。

新城在最新的发展规划中承担了许多期许，兼顾宜居、宜业、宜游等多重定位。同时，新城的发展又受到诸多不确定因素的影响，静态的传统规划手段易造成规划实施的偏差和滞后，并传导至与之相关的其他规划，如地下空间规划。因此，新城的发展应前瞻性地合理确定驱动力，模拟不同的发展情景，以适应城市发展中的不确定因素影响。

从五个新城的规划来说，新增土地的开发容量并不大，新城核心区只有通过集约利用土地，才能实现功能上的集中和优化，促进城市的可持续发展。

在微观层次上，新城中心区可划分为多个地块，每个地块都具有不同的土地权属特征，地下空间开发的功能也有较大的区别（公共或私有），因此必须要提出适宜各个地块的开发模式，并确定开发建设时序，加强地下空间规划的控制与引导。

在宏观层次上，新城地下空间不仅是城市形态的体现，还是城市功能的延伸和拓展，是城市空间结构的反映。新城地下空间的形态是各种地下结构（各要素在地下空间的布置）、形状（城市地下空间开发利用的整体空间轮廓）和相互关系所共同组成的一个协调的地下空间系统。

地下空间开发需求有多种类型，依据需求的必要性与紧迫性可以将地下空间开发的需求分为刚性需求与弹性需求。

刚性需求指在满足国家各类规范要求的情况下，依照城市总体规划必须建设的城市地下空间，主要包含人防设施、市政管网、综合管廊、必要的地下配建停车等；弹性需求指在已满足刚性需求的情况下，为了优化城市空间、提高地面建筑的使用效率、提升空间品质而开发的地下空间，包含地下商业空间、地下娱乐空间、地下邻避设施及规范要求外的地下停车场等。刚性需求是确定的，而弹性需求则根据不同的发展情景会有不同的需求表现。在地下资源充足的情况下，城市发展态势良好，人口导入速度正常，地下空间会容纳更多的城市功能，以利于地面空间更多地向公众开放。因此，各个新城在不同的发展情景下，地下空间的弹性需求是不同的，需要在规划中提供灵活的管控措施来应对这些不确定因素。

## 4.3.2 典型区域开发模式

1. 交通枢纽区域

地下公共空间、轨道交通的规模和开发强度等指标与区域发展能级直接相关，能级越强的区域，轨道交通线网规模和地下公共空间开发规模、开发强度越大。新城中心区的城市开发属于 TOD 开发模式，区域内地下公共空间与轨道交通在规划之初就形成了系统的解决方案，在规模、形态、强度等方面构建一体化发展格局，选择与区域特征及周边用地相符合的地下公共空间与轨道交通一体化开发模式。

**以嘉定新城安亭枢纽为例：**

《上海市"十四五"加快推进新城规划建设工作的实施意见》首次提出"一城一枢纽"交通系统方案。安亭站在既有的沪宁城际、沪通铁路、京沪高铁基础上，未来规划引入2条市域线，即嘉青松金线、宝嘉线，加强与青浦、松江、宝山的快速联系。还有1条市区线，即轨交14号线向西延伸到安亭，将与11号线合力形成大运量的轨交服务网，构筑上海市中心—嘉定—苏州轨交一线通。

在枢纽的功能定位上，宏观层面上，安亭枢纽将联动城市轨道、机场等多个交通枢纽，推动四网融合，发展枢纽经济布局高铁经济圈，引导区域经济一体化，成为城市群重要节点，提升城市首位度。

中观层面上，打造"产站城人"融合的载体——驱动城市更新和城市发展的重要引擎。

**地下空间开发模式选择：**

安亭枢纽依托各类交通设施，构建三级智慧交通枢纽，为区域提供多层次、多样化且全面覆盖的交通服务，见表4-3。

示范区规划大量公共建设空间，通过建筑裙房飞廊单侧的共同构建，将中轴南、北两侧的建筑、公共空间通过低线公园和共轨系统进行快慢交通串联。

规划采用"立体化交通"的设计理念，结合"少车化""公交优先""慢行优先"的理念，通过中轴空中走廊的构建，合理组织地区的交通接驳。

通过地下慢行通道、地下商业街的建设延长轨道站点的触角，提升公共交通的便捷性及商业空间的可达性。同时通过公共物业接口、下沉广场、竖向交通核的设置，将地下空间延伸至地面、空中走廊，构建地面、地下、二层与周边商业、公共空间的无缝衔接，形成多维一体的核心区步行体验系统，实现人车分离。

**表4-3 交通枢纽区域地下空间开发模式选择**

| 模式图示 | 模式选择 | 地下空间开发要点 |
|---|---|---|
|  | 多点统筹开发 | 优化核心区用地及地下公共空间布局，优化地下公共空间可达性，增加轨道交通或区域中运量，与周边地下空间连通 |
|  | 线网开发 | 优化轨道交通服务水平和效益，基于多目标优化的城市中心区地下公共空间与轨道交通一体化提升方案，根据与站点间距匹配开发强度，增加地下空间之间的连通道 |
|  | 整体综合开发 | 在枢纽核心站点周边成片发展，促进城市轨道交通与周边区域地下空间的一体化发展 |

2. 中央活力区(CAZ)

中央活力区(CAZ)具有公共性强、承载功能多、轨道交通站点密集、慢行需求强烈、风貌保护要求高等特点,特别是上海这类人口高度密集的超大型城市CAZ,路网密度高、规划用地规模小、建设强度高、开发主体多,推进建设用地进一步地上地下复合化、一体化使用具有更大的必要性。

CAZ的地下空间除了需要满足城市普遍的地下轨道交通、市政设施建设及人防需求外,还需格外注重对地区公共活力的补充和对地面交通的修补与拓展。

利用地下空间的完整性及其与地面空间的对应关系,建立通达的慢行网络,使各功能节点、轨交站点、重要垂直交通之间互联互通,弥补地面交通空间,尤其是慢行和静态交通空间的不足,提升人流可达性,从而提升CAZ的公共活力。

CAZ承载商务商业、文化休闲、生态体验等多种公共活动功能,但载体空间十分有限,尤其是近地面的优势空间稀缺。提升地下空间的公共服务性,设置适合的配套功能,为地面功能提供补充或支撑,对于CAZ主体功能的实现具有重要意义。

**以青浦新城中央商务区示范样板区为例:**

青浦新城中央商务区东至上海绕城高速,南至盈港路,西至胜利路,北至崧泽大道,总面积约6.5平方千米。此区域作为青浦新城区域职能和公共服务功能最集中的片区之一,也将是"十四五"期间创新资源投放与人力资本导入的重点,同时又具备优良生态与特色风貌的基础特点,有条件在当前的规划建设基础上,进一步整合提升,以更好地承载新城新功能、发挥示范效应。同时,中央商务区处在青浦新城片区的核心,位于G50复合功能发展带、外青松公路产城融合发展轴的交会点上,承担着引领新城两个扇面双向开放的重要角色,是生态、人文、创新转型先行示范的"触媒"与"窗口"地带,要重点发挥"生态绿色新实践、融合创新路径引领、多元活力中心塑造"的作用。

**地下空间开发模式选择:**

片区一体化开发可以应用于整片区域,也可针对片区内公共功能集中区域,联合轨道交通、地下交通,协调道路、市政、人防等多个系统,进行整体设计与开发。对于CAZ来说,成片开发或邻近轨道交通站点的可开发用地应优先选用此类模式,见表4-4。

街坊协同开发以街坊为单位,对地下进行一体化设计,各用地主体协同开发。对于街坊整体尚未出让的,应优先考虑此类模式。

在地下空间开发建设过程中,应当依据开发地块情况,结合区域开发平台的主体能力,选取相匹配的开发模式,使多建设主体之间形成有效的控制和管理界面,建立时序和空间上的协调关系,有序互动。

在片区一体化开发中,确保地下公共空间归统一的开发公司所有是一条较为稳妥的路径,能够有效保障地下整体性。研究建议由开发公司统一设计建设或统筹协调,并利用广场、道路等公共用地的地下空间,组织地下交通、停车、商业、公共空间等服务功能,打造开放共享的"地下街",保障公共空间的统一性和通达性。

街坊内地块同期建设可由各地块开发主体联合组建公司,对街坊地下空间进行整体设计与开发建设。建设投资按面积分摊,地下空间权属按地块边界线切分,但使用权共享。

对于街坊内地块先后建设的情况,在土地招拍挂阶段就确保地块同期出让。在建设管理环节,街坊形成地下空间整体设计方案,各地块同步报批方案。在施工环节,先开工地块代建整个街坊地下空间,保证其功能完整,或先建地块设置临时出入口等满足自身交通

表 4-4 中央活力区(CAZ)地下空间开发模式选择

| 开发图示 | 模式选择 | 地下空间开发要点 |
|---|---|---|
| | 线网开发 | 在中央活力区(CAZ)地下空间设置步行网络,为内部提供便捷、安全、人性化的人行环境,实行人车分流,最大可能地拓展地下空间,通过地下人行系统,实现地下一层全域的相互连通 |
| | 分系统开发 | |
| | 整体综合开发 | 中央活力区(CAZ)周边街坊的地下空间协同开发。以街坊为单位,地下进行一体化设计,各用地主体协同开发。对于街坊整体尚未出让的,应优先考虑此类模式 |

需求,待其余地块竣工后,按设计方案还原。

地下空间开发应积极探索协同管理策略,以重点解决地下公共区域(如公共通道)和共享空间(如地下车库、地下车行通道)的管理矛盾。对于涉及多个权利主体的公共区域或共享空间,可将所有权与管理、经营权相分离,聘请第三方平台公司或联合组建管理公司,对建成的地下空间进行统一的管理与运营。统一设定使用方案,开展安保等管理工作,消除地块权属分割造成的使用低效问题。

从青浦新城中央商务区示范样板区来看,构筑以"步行生活圈"和"密路网、小街区"为主的空间布局,可以借鉴香港中环中央商务区设置步行网络,为内部提供便捷、安全、人性化的人行环境,实行人车分流,最大可能地拓展地下空间,通过地下人行系统,实现地下一层的全域连通。

3. 旧城更新片区

城市更新区域往往由于原始空间布局限制,地下空间的开发规模和强度受限较大,因此在城市更新地区开发地下空间时,需要在平衡好历史建筑保护、区域人防需要、交通需求、环境改善需求的基础上,对地下空间开发容量进行理性论证,同时还应考虑未来城市发展的远景需要。由于地下空间是城市公共空间资源的重要组成部分,进行开发时应当实现地区公众最为迫切的需求,如地面高密度开发带来的交通问题可以通过地下空间交通功能进行疏解,同时兼顾适宜规模的商业开发。

旧城有机更新片区的重点在于引导地下空间合理开发利用,将其作为触发城市开发的动力点,引导和激发周边区域的城市空间更新,推动城市发展的连锁反应。

**以奉贤新城南桥源老城更新区为例:**

奉贤新城城市更新项目南桥源,依托昔日江南水乡古镇南桥的历史文脉,结合浦南运河水街,重构生态系统与生活系统,打造一片兼具历史传承和城市温度的复合社区。南桥源城市更新与再生计划聚焦南桥老城区,东起环城东路,西至南桥路,南起解放路,北至浦南运河。总体方案包括"三古里"区域、沈家花园、文化广场、鼎丰酱园、南桥体育中心、南桥书院、卜罗德祠、人民路历史文化风貌复兴街和运河水乡九个地块的更新改造,称为"南桥九景"。项目通过将地块从现代楼群中剥离出来,并重塑绿色、生活、商业、运动、旅游和为老六大系统,赋能老城、推进更新,打造人文底蕴深厚、功能复合多元的老城风貌区。

**地下空间开发模式选择:**

对于旧城的地下空间开发,需要突出强调功能的复合利用,离建筑有一定距离且具有一定规模的空间可以进行复合地下空间开发。例如,利用绿地、体育场地进行地下空间开发,解决周边(学校、医院等)的停车问题。如松江九峰路地下车库,利用道路下用地,解决体育场馆及周边的停车难问题。因此,旧城更新区域可选择点状开发模式,见表 4-5。

老城区域成片大规模的地下空间开发往往难以实施。例如,地块内部新增地下车库,通常无法进行大规模开挖,一是难以形成成片较大规模的地下空间,影响运营效益;二是容易影响已有建筑使用功能,甚至破坏相邻建筑。为此,需要采用单点开发模式,突出小切口、小规模的特征,如地下智能筒式停车库是适宜旧区的地下停车设施,可以利用边角绿地地下空间进行规划建设,布置较灵活。

城市旧区的地下空间不能仅聚焦于局部的点状开发,还需要互联互通,形成网络。例如,加拿大多伦多地下步行空间(PATH)经历了"点状吸附—轴向拓展—珠链式—网络式"的演变过程,其布局以地铁为骨干,以大型商业和商务设施为主体,通过地铁站之间的无障碍连通,最终形成地下步行网络。

城市旧区的道路下方集中了多元的公共空间。这些空间廊道需要互联互通,如果在同一个层面上很难解决,就需要在水平贯通的基础上关注竖向分层,遵循"人在上、物在下"的布局原则,合理安排地下步行网络、车行网络、轨道交通网络、市政管线网络、综合管廊网络、人防联系网络和地下物流网络等。这些网络有些可以共建共享,有些必须留有相应的安全距离,以便施工和运营。

**表 4-5 旧城更新片区地下空间开发模式选择**

| 模式图示 | 模式选择 | 地下空间开发要点 |
| --- | --- | --- |
|  | 单点独立开发 | 老城有机更新地块宜采用单点开发,突出小切口、小规模的特征,如地下智能筒式停车库是适宜老城区的地下停车设施,可以利用边角绿地地下空间进行规划建设,布置较灵活 |

（续表）

| 模式图示 | 模式选择 | 地下空间开发要点 |
| --- | --- | --- |
| 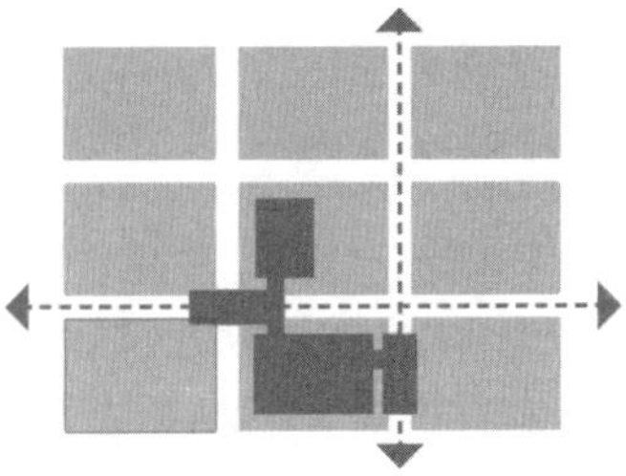 | 多点统筹开发 | 主要依托道路下方的公共地下空间互联互通，形成网络，并将老城区周边地下地铁线、地铁站大厅、地下公共空间、地下市政道路、地面空间分层设置，在解决城市交通拥堵问题的同时，也为城市空间立体化、城市空间多样化注入了新的活力 |

# 4.4 立体管控模式

### 4.4.1 地下空间控制体系

由于地下工程建设量与难度大、造价高，具有很强的不可逆性，因此，在建设前期进行科学合理的控制与引导，以保障地下功能与系统的完善与协调，避免工程浪费，显得尤为重要。

上海新城地下空间的重点开发区域一般需要结合轨道交通进行地上地下一体化综合开发建设，并需要对相邻地下空间资源进行整合，成为集交通、市政、商业、公共服务于一体的地下综合区域。此类型地下空间具有开发深度大、层数多、功能复合、系统繁杂等特性。地下空间规划需要充分结合地面控规以及相关的交通、市政、人防等专项规划，协调地下相关系统的分层分类布置，引导地下功能与设施的整合、集约与共享。

《上海市控制性详细规划技术准则(2016 年修订版)》对地下空间的规定包含在“第 5 章 空间管制”中“5.7 地下空间”以及“第 13 章 规划执行”中“13.12 地下空间的适用”两个章节内，在附加图则提出了地下空间建设范围、开发深度与分层、地下建筑主导功能、地下建筑量、地下连通道、下沉式广场位置 6 项控制指标。上海市地方标准《地下空间规划编制规范》(DG/TJ 08—2156—2014 J 12905—2015)提出地下空间控规指标体系包括控制性指标和引导性指标，其中控制性指标包括：建设容量、地下建(构)筑物、地下交通设施、地下市政公用设施、地下防灾减灾设施，引导性指标包括：地下空间使用功能、下沉广场位置、地下街或地下综合体等服务设施的平面位置、非同步开发的地下空间设施的空间关系处理、人性化环境设计要求等。国标《城市地下空间规划标准》(GB/T 51358—2019)对地下空间资源评估和分区管控、需求分析、地下空间布局、地下交通设施、地下市政公用设施、地下空间综合防灾等提出了相关的规划要求，未提及地下空间控制规划指标。

城市地面的控规体系相对完善，而地下空间控规体系还在不断完善中，一般作为控规专项，以附加图则形式体现，如图 4-8 至图 4-10 所示。图则内主要指标为地下空间建设范围、退界、开发深度/层数、分层功能、地下连通道方位(可变/不可变)、下沉广场位置、相关服务设施位置等。

目前，上海新城部分重点区域也采用了地下空间控规附加图则，控制指标主要是地下空间退界、地下功能与连通道，涉及的管控要素较简单。部分区域地块之间虽规划有地下连通，但在实施过程中因开发商不愿连通等原因，无法发挥地下空间控规的作用。特别是地下系统较复杂的交通枢纽等区域，平面图则形式不够清晰与精准，实施过程难免会有所疏漏或无法精准把控。在统一规划而非同期开发区域，地下各类预留设施的控制更为重要。因此，上海新城在地下空间规划控制方面需要学习中心城区及国内外其他城市的成功经验，明确地下空间控规指标体系，厘清地下控制要素及其控制特性。

城市地下空间的控规指标体系，包括地下土地使用规划控制、地下建筑建造规划控制、地下交通设施规划控制、地下环境与设施配套规划控制、地下市政设施规划控制和地下防灾设施规划控制 6 大项、26 类。(图 4-11)

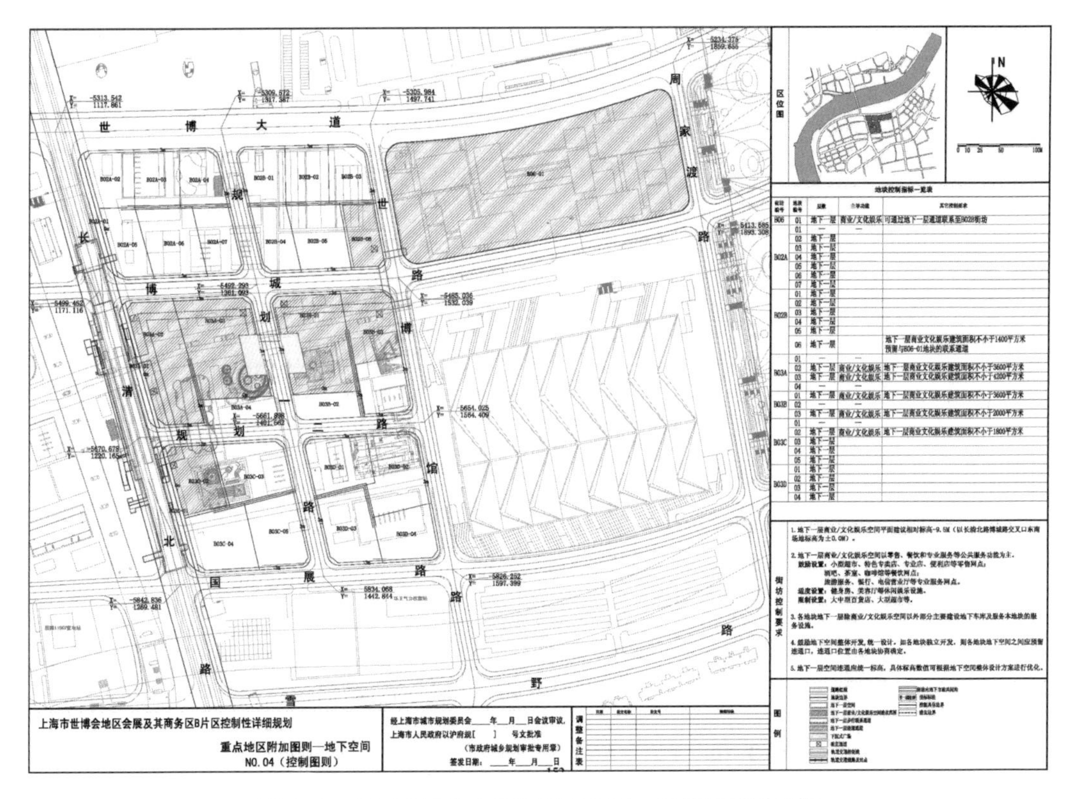


图 4-8　上海世博会 B 片区地下空间一层控规图则示例

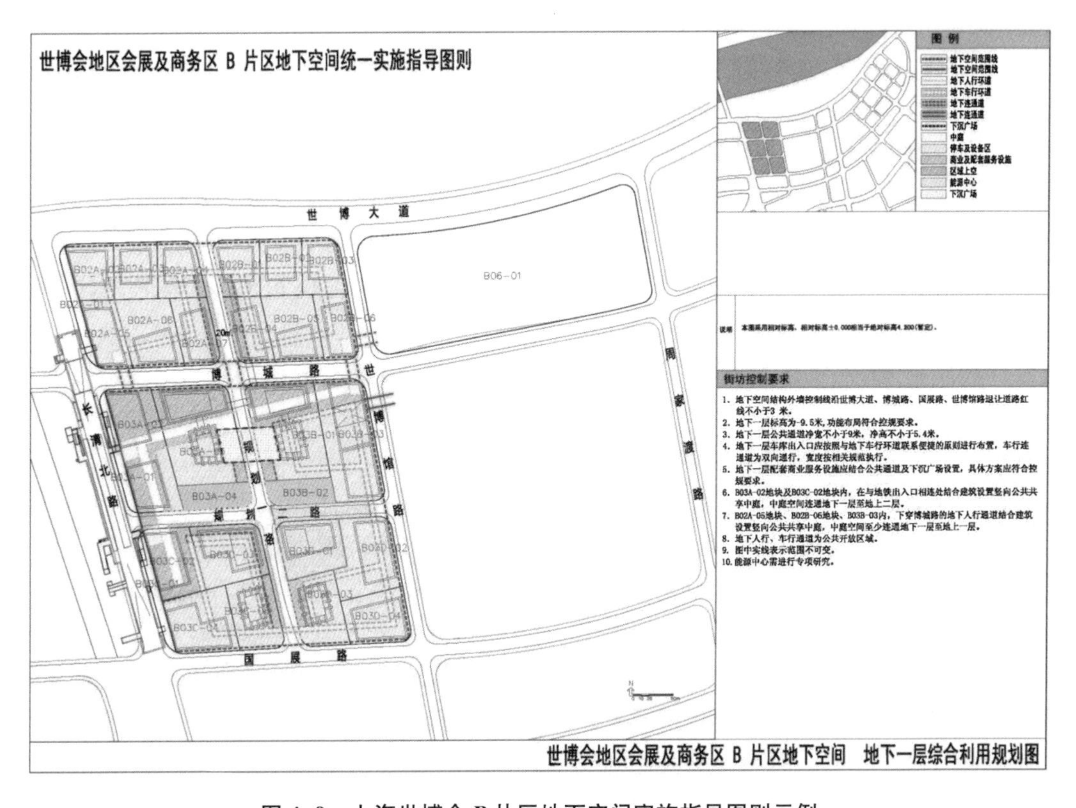


图 4-9　上海世博会 B 片区地下空间实施指导图则示例

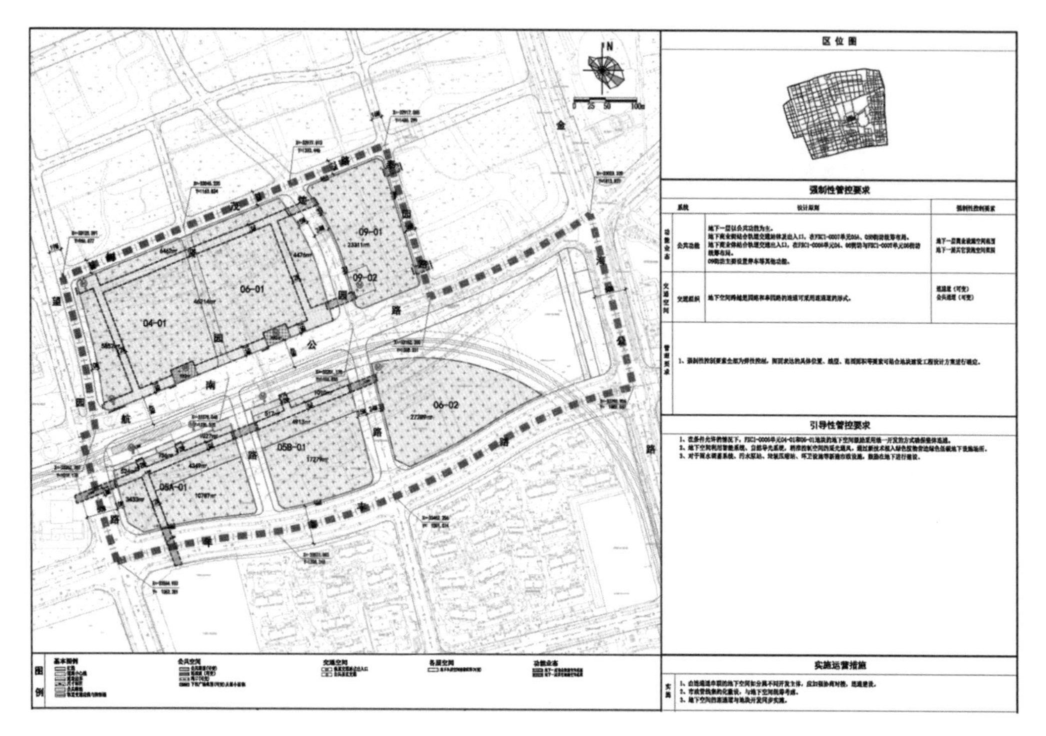


图 4-10　上海某新城区块地下空间控规图则示例

规定性指标包括：地下使用功能、地下用地边界、地下开发面积、地下容积率、地下建筑密度、地下建筑退界、地下停车泊位、地下公共连通道、地下人行过街设施、地下公共停车场停车泊位与控制范围、地下轨道交通设施控制范围、地下道路控制范围、市政综合管廊控制范围、地下空间禁止开口处、地下防灾设施级别与规模等。指导性指标包括：地下开发深度与层数、地下建筑层高、竖向标高、地下公共开放空间、下沉广场及地下公厕等其他环境与设施配套要求。

对于指标的规定性和指导性属性，还需根据实际情况甄别，不同情景下属性是可变的。比如地下公共连通道指标，在城市中心区重要地铁站点 500 米半径之内的商业用地与地铁站之间，地块间应设置地下人行与车行公共连通道，其方位与数量、净宽与净高、衔接标高均应作为规定性指标，以保障公共连通道适宜的通行环境。而在一般商业开发区域，不能确定均开发为地下商业设施的地块之间，地下人行与车行公共连通道就可作为指导性指标来控制。

指标限制主要针对规定性指标，分上限指标和下限指标，地下空间控规指标不得超出上限指标，不得低于下限指标。一般列入上限指标的有：地下容积率、地下建筑密度、地下开发面积；列入下限指标的有：建筑退界、地下（公共）停车泊位、地下公共连通道数量。

地下空间控规图则能明确表示以上控制指标的上下限要求，也可结合文本条文补充说明。图则控制指标限制可根据项目实际情况进行灵活调整，可以同时设置上下限指标，以限定区间范围。地下空间控规指标的规定性和引导性需要根据实际情况来确定，比如在城市中心区地下空间重点开发区域，地下可能整体性连片开发，地块地下建筑在保证市政基础设施外可以满铺的情况下，地下建筑密度这个指标就无需控制，一般可以用地下/地上比率来代替。

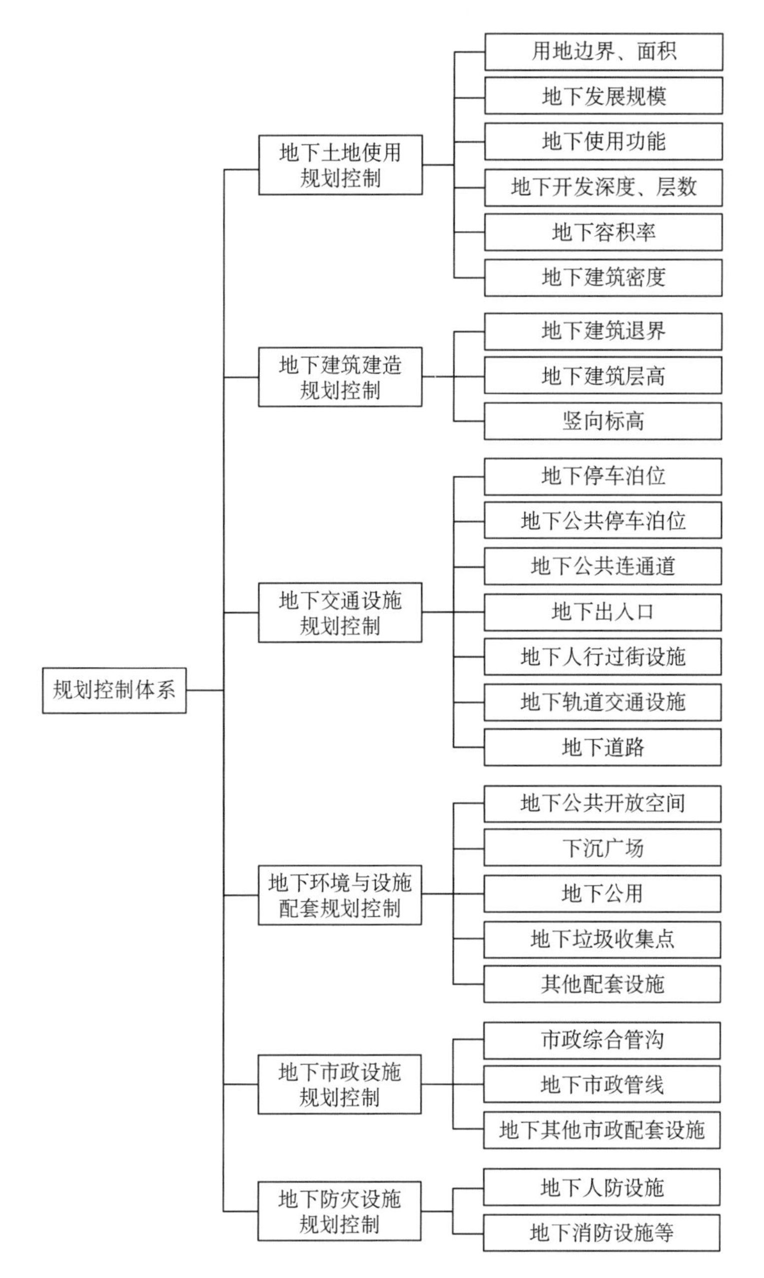


**图 4-11　地下空间控制性详细规划控制体系**

关于设置地下建筑密度与地下容积率作为地下空间的控规指标，主要基于以下几点：

1）植物根系的要求：灌木的根系深度至少为 0.6 米，小型树木至少为 1.5 米，高大乔木至少为 3.0 米。为保障绿化率及绿化质量、保护城市地下微生物生态系统，城市地面地下需留出一定的全自然土层。

2）土壤可以自然渗入雨水，减少市政排水系统压力，通过地下径流，还可以减少地面沉降。从城市生态环境和防洪排涝方面来看，地下保证一定的空建率是有必要的。

3）为了保护地下公共使用权，预留一定的地下开发空间作为公共利益空间，特别是广场、道路、公共绿地等公共性用地。

另外，为了给未来城市地铁、物流等预留基础设施通道，需要控制地下开发深度。

因此，为了减轻城市防洪排涝压力，减少城市地面自然沉降，保护城市生态环境，保证城市建设用地具有一定的自然渗水率与排水功能，兼有一定的工程经济性，同时保护地下公共设施使用权，保障未来地下公共设施建设深度，在地下空间控规指标中提出地下建筑密度与地下容积率的要求。

在高强度开发的城市中心区域，为了实现地下公共性空间的有效使用，也可采取(局部)不退界，即不控制地下建筑密度的整体开发模式。具体需根据实际情况进行综合评价来确定。

上海新城重点区域应结合地面规划、城市设计等，开展地下城市设计方案，以明确适宜的开发模式、建设边界、连通模式与位置、分层开发功能、开发强度(层数)、竖向标高协调、出入口、共享空间与共享设施、与地铁站的接口、管廊等设施结建方式与位置、非同期建设时的预留方式及非同一主体的建设使用运营权责，为控规附加图则提供管控与引导的依据，并可作为土地出让的设定条件。

在交通枢纽、重点片区及城市更新区域等交通条件较复杂的区域，应开展交通专项设计(含地下交通规划设计)，明确进入地下的交通设施要求，如地下步行网络、地下停车共享、地下公共连通道、地下交通集散区等。

如该区域已有地铁、地下市政道路、管廊等城市重要基础设施规划要求，则应把所有相关系统进行立体分层统筹安排，保障规划落地。

### 4.4.2 地下空间分层图则

地下空间与地上空间及其各类系统密不可分，地下空间控制应充分结合地面及其他系统的规划设计，进行统筹协调，真正体现地上地下的立体化与一体化。

杭州市钱江新城核心区控规将地下空间规划纳入单元控规中，以街区为控规单位，采用“一图四则”方式，见表 4-6，分别就街区内各出让地块涉及的土地利用控制分图则、交通组织分图则、空中步行连廊和地下空间开发分图则进行图文并茂的表达，明确相互间流线关系和公共竖向交通位置等。该图则既为单体项目建设提供指导，也成为核心区审查、控制城市形态整体协调发展的重要依据。目前新城地下空间控规图则以地下一层图则为主。如在城市地下空间重点开发区域，地下开发深度大、层数多、功能复合、系统繁杂的情况下，单层图则的表达会出现信息不全或带来歧义的情况，特别是在地下各层设施要素叠加时，无法清晰明确地呈现细节。

**表 4-6 钱江新城核心区控规“一图四则”**

| 分图则名称 | 分图则内容 |
| --- | --- |
| 土地利用控制分图则 | 地块编号、用地面积、用地性质、容积率、建筑密度、建筑高度、绿地率、建筑后退等 |
| 交通及其他设施控制与引导 | 地块编号、用地性质、机动车位数、非机动车位数、地块出入口方位、交通设施、公共设施、市政设施等 |
| 地上空间城市设计导则 | 地面一层控制(建筑压线建造要求、街道空间设置要求、建筑后退部分使用、骑楼控制要求、建筑内部功能空间引导等)，地面二层控制(空中连廊标高、接口等基本要求)、城市形态(建筑间距、高度等要求) |
| 地下空间城市设计导则 | 各层地下空间的开发控制及相关说明 |

城市地下空间控规图则与常规地面控规图则的不同之处主要在于：地下空间具有多系统三维空间复合(重叠)的特性，需要控制的地下各设施在不同的竖向空间中，因此分层编制图则能清晰表示出地下各层的控制方案，对各层进行充分的规划控制与引导。

在城市地下空间重点开发区域，地下交通设施、地下市政设施、地下环境与配套设施是重要的分系统，因此可将其作为地下空间控制体系中的主要表达内容。规划管理内容与规划依据、规划原则等可作为普适性的规划文本内容，也可针对各系统提出相应的规划管理要求。

控规层面的地下空间规划图则包含图纸、地块控制指标、地块控制具体要求或设计引导条文的内容，此外还应包括地块位置示意和相关控制指标要求，具体涵盖：地下使用功能、地下用地边界、地下开发面积、地下容积率、地下建筑密度、地下建筑退界、地下停车泊位、地下公共连通道方位与数量、地下人行过街设施、地下公共停车场停车泊位与控制范围、地下轨道交通设施控制范围、地下道路控制范围、市政综合管廊控制范围、地下空间禁止开口处，以及地下人防设施的位置、范围、面积、平时战时功能、级别等。

在图纸中应该标注地下空间范围控制线、地块编号、步行(商业)通道、车行联系通道、地下步行和车行出入口、垂直交通、下沉广场、配套设施以及与周边地块的联系通道等。

分别需要规划控制图、指标表、文字说明表述的控制指标要素如表 4-7 所示。

**表 4-7 图则控制指标体系表**

| 适用项<br>控制指标 | 控制图 | 指标表 | 文字说明 |
| --- | --- | --- | --- |
| 地下土地使用规划控制 | 地下使用功能、地下用地边界 | 地下开发面积、地下开发深度与层数、地下容积率、地下建筑密度、地下/地上比率等 | 对地块地下设施的普适性控制要求或补充，包括：<br>1) 规划控制的规定性或引导性指标类别<br>2) 地块地下设施设置的共性部分，比如公共连通道的宽度、连通要求、地铁出入口要求等<br>3) 地下空间城市设计(方案)对环境、体量、设施等方面的要求 |
| 地下建筑建造规划控制 | 地下建筑退界、地下建筑间距、竖向标高等(控制局部地块的地下建筑层高、竖向标高时可在图中表示) | 地下建筑层高、竖向标高 | |
| 地下交通设施规划控制 | 地下公共停车场控制范围、地下公共连通道方位与数量及净宽(标注尺寸)、地下出入口(含禁止开口处)、地下人行过街设施位置、地下轨道交通设施控制范围线、地下道路控制范围线 | 地下公共停车泊位、地下公共连通道(数量、净宽与净高)、地下人行过街设施等 | |
| 地下环境与配套设施规划控制 | 地下公共开放空间、下沉广场规划布局，地下公厕、地下垃圾收集点等需设置设施的标识 | 地下公厕、地下垃圾收集点等需要设置的设施 | |

（续表）

| 适用项<br>控制指标 | 控制图 | 指标表 | 文字说明 |
|---|---|---|---|
| 地下市政设施规划控制 | 市政综合管廊、市政管线敷设空间的平面控制与竖向控制图等 | 地块内有地下市政设施（地下变电站、地下污水泵站、综合管廊等）的表内可标注 | |
| 地下防灾设施规划控制 | 地下防灾设施类型标志、出入口位置等 | 地下防灾设施级别、规模、功能等 | |

上海新城在地下空间控规编制层面需要借鉴各城市的经验，完善图则的编制内容，在地下空间开发利用的重点区域应加大对地下交通、地下市政、地下防灾等相关专项的统筹，结合城市设计与专项，将相关要求纳入地下分层控规图则内，更好地指导区域地上地下一体化开发建设。

### 4.4.3 三维管控模式

基于地下空间系统的复杂性以及分期开发需求等，为便于对规划进行精细化管理，结合建筑、市政数字化技术发展，参考深圳等城市的三维地籍管理机制，上海新城地下空间可以采用三维管控模式。

以深圳前海听海大道地下空间项目为例，听海大道是前海四条纵向主干道之一，通过地下空间开发，项目将建设一条连接前海综合交通枢纽与周边建筑的地下人行通道，兼有配套商业开发。(图 4-12)该项目面积约 2.5 万平方米，空间异常复杂——下方为地铁 1、5、11 号线区间及车站、综合管廊，其中距离 5 号线盾构隧道最近处仅 1 米；上方为市政道路；两侧连接了前海综合交通枢纽、腾讯、交易广场、华润、卓越等 8 个地块。地下空间涉及多家建设主体，立体空间权属复杂，用传统的二维报建方式难以发现其中的交叉重叠空间，给项目后续建设带来很大挑战。规划有效应用三维地籍信息系统，采集规划选址、用地方案的立体数据，利用系统进行自动审核，出具立体选址意见书和用地方案图。这一套流程使报建时间大大缩短，有效解决了不同权属主体立体空间的分层关系。

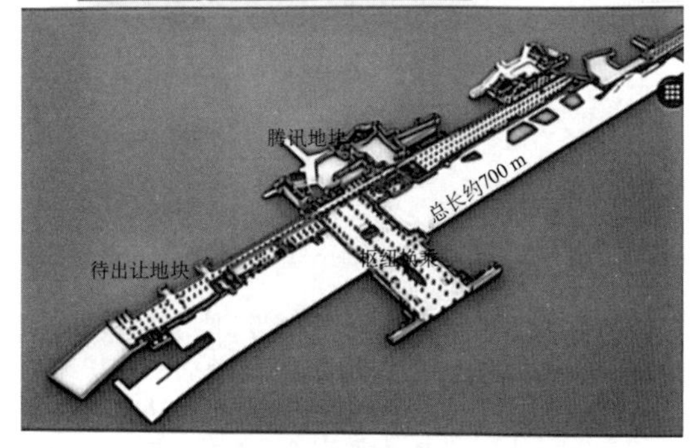


**图 4-12　前海听海大道地下空间三维管控示意**

为解决产权关系空间交错、建设边界交叉、管理界限重叠等多种问题，前海在土地规划、开发、运营的全生命周期管理过程中，率先在全国创新探索土地立体化管理，引入三维地籍管理理念和技术方法，实现三维空间供应的精细化管理。目前，前海已形成了“一个规定、一个标准、一个平台系统、一批典型案例”的经验成果，有 20 个项目引入立体开发。而且，前海以“三维地籍”技术为核心的土地立体化管理模式也已纳入全国自贸区创新经验，在全国复制推广。

目前深圳前海已率先探索形成了土地立体化管理的基础，出台了《深圳市前海深港现代服务业合作区立体复合开发用地管理若干规定（试行）》（2021，以下简称《若干规定》）、深圳市地方标准《三维产权体数据规范》（DB4403/T 192—2021），且构建了前海三维地籍管理信息平台。据了解，前海在控规层面虽还未做到立体化管控模式，仍以地下分层平面图则形式对地下空间进行管控，但其土地立体化管理的大胆探索为其他城市提供了借鉴。

《若干规定》明确了地上、地表和地下整体或分别设立建设用地使用权以及三维宗地划分和一级开发整体设计、建设的要求。按照三维宗地概念提供立体复合开发用地，以分别设立的建设用地使用权为中心，完善空间开发权利体系。将使用权、地役权、共有权和相邻空间利用关系约定等运用在三维空间中，理顺土地出让、批后监管、空间利用等土地立体化管理的权利义务关系，优化空间管理，推动前海合作区土地立体化、复合化和集约化利用。为提高开发效率，前海在《若干规定》中创新性地提出立体空间一级开发方式，即按照立体复合开发用地空间的整体设计和统一建设要求，对未供应空间实施土建预留工程。其目的一是在整体规划中实现互联互通，让空间更加一体化；二是在统一做好土建架构后，单独的建设用地使用权人可自行按照需求对空间进行再开发建设。

深圳市2021年出台的地方标准《三维产权体数据规范》（DB4403/T 192—2021）对三维产权体范围进行科学界定，规范三维产权体数据的编制和表达，反映三维产权体在空间中的分布和形态结构，正确描述和记载三维产权体的空间信息，实现三维产权体数据的建模，从而为高效、规范、有序健全土地立体化管理体系提供理论指导基础，保障土地高强度开发工作有序开展。该规范对地下三维产权体的数据化描述包括下列图纸：主图、部件图、多视角图、平面投影辅图、电子辅图。例如：主图属性信息表达可按照行政审批要求和实际情况进行设定和补充，包含：①项目名称、宗地号、宗地代码、用地位置、土地用途、权利人、平面界址和附注等属性信息表达；②空间界址点：展示三维产权体每个点的X坐标、Y坐标和H坐标；③三维产权体体积：通过数字形式记录三维产权体的体积；④投影面积：描述三维产权体最大外轮廓范围的投影面积；⑤建设用地面积：描述三维产权体的实际建设用地面积。

2020年7月7日，国务院发布《关于做好自由贸易试验区第六批改革试点经验复制推广工作的通知》，明确提出将以自然资源部为负责单位，在全国范围内复制推广前海以三维地籍技术为核心的土地立体化管理模式。其主要内容是建立三维地籍管理系统，将三维地籍管理理念和技术方法纳入土地管理、开发建设和运营管理全过程，在土地立体化管理制度、政策、技术标准、信息平台、数据库等方面进行探索，以三维方式设定立体建设用地使用权。

结论：

上海新城地下空间重点区域如嘉定枢纽、松江南站枢纽等，在未来开发建设管理中同样会遇到立体产权复杂、非同期建设控制等问题。为更好地推动土地资源化和立体集约化开发利用，应该借鉴深圳前海三维管控模式，将其运用到地下空间控规编制及土地出让、方案审查、竣工验收等阶段，形成新城地下空间三维规划编制与管控新模式。

在此基础上，运用多维规划方法，从平面和竖向多维度进行地下空间的开发控制，不断探索实践，结合不同的应用场景，提炼适用于不同模式的总体与分项、平面与立体控制指标和配置信息，可以在规划的三维编制与管控方面进行创新与突破。

此外，可采用三维地籍技术分层划定建设用地使用权，并运用建筑信息模拟技术，有效梳理不同权属主体立体空间的分层关系。将三维地籍、分层确权等三维管控模式灵活运用在地下空间控规及土地出让条件设定、方案审查、竣工验收等各阶段，并可将 BIM+GIS 模型纳入城市智慧管理平台。

# 05 地下系统整合

# 5.1 地下系统类型

### 5.1.1 地下系统分类

当前，我国已成为地下空间资源利用大国。自 2000 年以来，国内大城市轨道交通快速发展，城市地下空间开发进入建设热潮阶段，已经逐步形成了较为完善的地下空间规划编制技术框架，但对地下空间的系统性分类还没有统一的标准与原则。

地下空间分为单建地下空间和结建地下空间。单建地下空间指独立开发建设的地下空间，主要为利用市政道路、公共绿地、公共广场等公共用地开发的地下空间，承载了城市主要的地下市政公用设施和地下交通设施功能，是城市地下空间开发的骨架体系，一般由政府主导建设。结建地下空间指结合地面建筑一并开发建设的地下空间，是地下商业、公共服务等综合利用最为活跃的地方，一般情况下由社会资金主导建设。

如果按照地下空间的公共属性分类，可以将其分为城市公共地下空间和非公共地下空间。公共地下空间是指对公众开放的地下空间，具有类似城市道路中的人行道或车行道的公共通道属性，一般为公共权属地块的地下空间开发。非公共地下空间对公众的开放有一定的限制，一般是非公共权属地块的地下空间开发。该分类方式的主要目的是建立完整的城市公共地下空间网络体系，促进地下空间的综合开发与集约利用，但不利于分期、分类实施建设。一般情况下，这两个类别与单建、结建地下空间有一定的对应关系，但某些绿地和广场下方的单建地下空间也会出现非公共地下空间，而结建地下空间也可结合地下空间公共空间体系的要求划定公共地下空间区域，极易引发不必要的冲突。

此外，也有建议按照地下空间开发深度进行分类。一般情况下，按照地下空间开发深度主要分为浅层地下空间、中层地下空间和深层地下空间开发三种类型。①浅层地下空间开发深度为－15 米以内，一般只有 1～2 层地下空间开发，建设成本低，工程难度小，且最接近地表，与地上联系紧密，是地下空间综合开发利用最活跃的地区。②中层地下空间开发深度为－15 米至－30 米，一般为 3 层及以上的地下空间开发，建设成本较高，工程难度较大，与地表联系相对较为紧密，一般作为地下交通、停车等功能进行开发。③深层地下空间开发深度为－50 米以上，工程难度大，建设成本高，目前我国这部分地下空间资源利用相对较少，国外如日本等发达国家已逐步在此深度开始建设大型市政和交通设施。考虑到我国城市大部分地区浅层地下空间开发已经不能满足其需求，因此需考虑结合中层地下空间进行开发建设，部分轨道交通相关设施甚至需要在深层地下空间进行建设。

充分考虑到地下空间的特殊属性及其自身发展所展现的独特趋势，城市建设者在开发城市空间的过程中，需要充分协调多个维度的关系，以使地下空间的开发与利用更加人性化、科学化。同时，地下空间系统的具体分类在学术界目前尚无统一的标准。童林旭将地下空间系统大致分为交通、公用、防灾三大系统。王文卿将地下空间系统分为交通运输设施、公共服务设施、市政基础设施、防灾设施、生产储藏设施、其他设施六大系统。戴慎志将地下空间系统分为地下交通运输系统、地下公共服务设施系统、地下市政设施系统、地下防灾与能源系统四大系统。陈志龙将地下空间系统大致分为地下交通、地下商业服务、地下市政、地下公管公服、地下仓储、特殊功能六大系统。

本节结合目前上海已有各类设施及常见分类，提出地下空间系统应主要包含：地下交通系统、地下公共服务系统、地下市政公用系统、地下防灾系统以及由地下能源、地下物流、地下环卫、地下生态、深地科研等组成的新型地下系统。

### 5.1.2 地下空间五大系统

1. 地下交通系统

地下交通系统是指一系列交通设施在地下进行单独或整合规划建设所形成的交通体系。在世界各个城市可持续发展的共同目标中，为城市服务的综合交通系统是必不可少的一部分。尤其在如此明确的“双碳”发展目标下，地下空间交通系统的构成和组织必须有利于构建新城区整体的节能减排及提质增效实施路径。地下交通系统包含：地下轨道交通(地铁)系统、地下道路交通系统、地下步行交通系统、地下静态交通(停车)系统。

1) 地下轨道交通(地铁)系统

凡采用轮轨运行方式，旅行速度接近或达到30千米/时(城市远郊可能超出这一速度限制)的单向、双向客运系统被统称为城市地下轨道交通系统。按照运载能力可以分为普通地铁和地下轻轨。如果简单以造价进行比较，那么轨道交通的造价要比无轨交通高，地铁交通的造价要比轻轨交通高。但是从运输效率、运行能耗以及运营成本等综合因素来考虑，加之对社会和环境的综合影响，地下轨道交通系统依然是优先级比较高的选项，种种迹象表明它具备相当大的优势。地铁路网规划是全局性工作，首先应当在城市发展总体规划中有所反映，依据城市结构特点、城市交通现状和远景目标，进行路网的整体规划，其次在此基础上分阶段实施各线路设计。结合我国多数城市地铁的实际运行数据(高峰期客流量分布)，合理的线路长度、列车行驶区间以及折返频次等技术要素可以有效缓解运量不足的问题。

依据上海五个新城主体空间结构的功能及定位，当城市边界得到拓展后，为了协调各区域的开发强度、服务半径等控制要素，应当依靠和结合同步预留的轨道交通体系，实现土地和空间资源的集约、节约与复合利用。打造以城市轨道交通站点为核心、高效便捷的立体交通系统，推进城市轨道交通站点周边地区地下、地面、地上空间的一体化利用，实现交通功能与城市生活服务功能的有机融合。

2) 地下道路交通系统

地下快速交通是20世纪90年代逐渐发展起来的。比较著名的有对美国波士顿中央大道(建成于1959年的6车道高架)开展的隧道改造工程。建设方案是在原有中央大道下面修建一条8～10车道的地下快速路，并拆除原有高架代之以绿地和可适度开发的城市用地。在现阶段，在城市交通量较大的地段建设适当规模的城市地下快速道路(又称城市隧道)是很有必要的，可以有效地缓解交通矛盾。而从长远来看，如果能把城市地面上各类交通转入地下，在地面上留出更多绿化空间供人们休憩，能够提高城市碳汇能力，同时符合城市可持续发展的长远目标。此外，在我国当前条件下，为了解决机动车与非机动车的分流问题，可以考虑在适当的位置修建少量地下自行车车道。自行车道跨度小、结构简单、可利用自然通风，从某种意义上说具有集约低碳的优点。

在设计五个新城地下道路交通系统时，要避免人流与车流的混杂和交叉。为保障地面车行交通顺畅，减少地块出入车辆对组团内部道路交通的影响，建议地块出口设置在次、支干路上。在人流较多的商业、学校区域，应采取分时段限制车辆通行的方式，保障安全。

3）地下步行交通系统

地下步行系统一般可以分为两类：一种是供行人穿越街道的地下步行横道，功能单一，长度有限（净宽应该根据设计年限内高峰小时人流量和设计通行能力计算，并满足相应的安全、防灾、环境保护等要求）；另一种则是连通地下空间中各种设施的步行通道系统（比如连接地铁车站与大型商业购物中心的通道，此类通道应适当拓宽，并增加出入口和采光竖井等）。就行人而言，地上地下的高差确实带来了些许不便，但同样可以增加安全感、节省出行时间，以及减少恶劣天气对步行的干扰。

五个新城地下步行交通设计应围绕地铁站点和大型地下空间，把地下商场、过街通道等地下步行系统和地面步行系统、各幢建筑物、各组团等步行系统联系起来，形成一个整体，加强地上、地下的步行体系衔接，形成地下、地面为主和局部地上的立体步行体系。同时，应结合主要人流、车流交叉位置，规划地下过街通道，满足人行过街需求。在人流较多、功能较为混杂的区域，应设置一定的集散广场空间，对人流进行缓冲与过渡。

4）地下静态交通（停车）系统

从运动状态来看，交通系统只能处于两种形式，即运动状态（行驶）和静止状态（停放）。从时间总量分析，后者占据主导地位。而车辆的停放（无论是露天还是室内）都需要一定规模的场地，即停车位和与之适配的行车路网。地下停车库的优点是容量大，布局灵活，基本不占用城市土地。从我国目前实际情况来看，地下停车宜与商业、交通枢纽等其他公共建筑有机联系，车库之间设置联络通道并形成网络，并与地上、地下动态交通系统充分融合。

五个新城静态交通规划应形成“配建为主、公共为辅、道路为补充”的停车供给结构，精准供给扩大增量，高效使用优化存量，采取差别化的停车供给及需求管理政策。地下停车系统中，商办地块以片区车库能通则通、应连尽连为导向，高强度开发核心区研究设置地下车库联络道，实施片区配建停车资源统筹平衡和高效进出。

目前，地下交通系统正向着立体化的趋势发展，城市各类交通枢纽通常以“零换乘”为理念，将轨道交通、地下车行交通、人行交通布置在不同的平面，通过垂直交通予以联系，形成立体式的布局模式。

2. 地下公共服务系统

地下公共服务系统包括地下商业、地下办公、地下文化、地下旅游服务、地下体育健身、地下医疗等公共服务性质的功能系统，也包含地下广场、中庭等公共使用或活动的空间，用于补充地上公共空间、丰富地下空间功能、提升地下空间品质。

地下公共服务设计应以人为本，从人的具体需要、行为心理特征出发进行地下公共活动空间设计，营造舒适宜人的地下公共空间；鼓励地下商业、文化、旅游等各类公共设施与交通枢纽、地铁站点地下空间整合建设，提高地下公共空间的利用效率；同时还应考虑环境影响与生态保护要求，应考虑地下公共空间的开发建设与利用过程中对周边环境的生态影响与管理控制，考虑地下公共空间内部人居环境的改善与控制，以及综合节能、低碳环保的要求。

3. 地下市政公用系统

地下市政公用系统包括地下市政公用设施、地下综合管廊等。

1）地下市政公用设施系统

地下市政公用设施宜布置在浅层地下空

间，有特殊要求的可以布置在次浅层、次深层或深层地下空间。新城中心、大型公共活动中心和重要景观地区应优先考虑结合公共绿地或公共建筑等规划建设地下公用设施系统（如变电站、污水泵站、雨水收储回用设施等）。在满足消防、环保和安全的前提下，可集约化、综合化布置。同时，应积极推进新技术、新工艺、新材料的集成应用。

上述系统的选址应考虑水文和地质条件较好的位置，避开地下水位过高和工程地质构造复杂的地段。城市对地下公用设施的建设、运行和维护进行一定的投资，并使之与向生产商的投资保持适当比例，是维持城市正常生活和促进城市发展的必要条件。五个新城应当充分利用地下空间的特点，为公用设施系统的大型化、综合化和现代化创造有利条件。

2）地下综合管廊系统

早在100多年前，欧洲的一些城市就出现了地下综合管线廊道的雏形。不过，由于当时城市矛盾还没有被激化，城市财力、物力也不如现在雄厚，所以在很长一段时间内发展缓慢。当城市原有公用设施较为陈旧且无法满足当前城市规模所需，依靠分散改建或增建小型管道系统已经无法从根本上扭转局面时，需要一种全新的解决方案。依据当前国内外经验来看，建设大型的、满足各子系统功能的、各系统之间能够相互协调配套的综合管廊是比较有效的途径。地下综合管廊系统的主要优点在于容易维修与便于更换，同时能够保持原有道路系统的通畅。从国外的开发建设经验来看，发展综合管廊系统需要注意几个方面：首先，综合管廊的建设要与城市发展密切结合；其次，要制定合理的投资政策，按照多投资多受益的原则合理确定各系统的投资比例和运营后应承担的义务；再次，应对管廊内部空间实施合理分配，严格按照技术要求敷设管道、线路，以确保安全；最后，充分发挥地下构筑物的抗灾能力，在廊道结构和管线敷设方面加强抗震、防水措施，减少发生自然灾害时所受到的破坏，提升城市整体抗灾能力。

五个新城地下综合管廊的类型应根据区域空间布局、片区功能定位、土地开发建设、现状实施条件等因素综合考虑，结合管线敷设需求及道路布局，确定综合管廊的系统布局和类型等，体现经济性、社会性和其他综合效益。新开发片区新建道路，市政管线宜100%地下化，优先考虑布置综合管廊，以支线和线缆形式为主，与地下空间、环境景观等相关基础设施协调衔接，体现“集约化、景观化”原则。

4. 地下防灾系统

从灾害成因来分析，城市最有可能遭受自然灾害或人为灾害。在无法完全摆脱各类灾害造成不同种类威胁的可能性之前，我们需要致力于提高城市防灾综合能力与现代化水平，尽量把损失降到最低程度。应坚持“长期准备、重点建设、平战结合”的方针，坚持建立功能完善、布局合理的人防工程防护体系建设原则，坚持战时防空与平时防灾救灾相结合，坚持长远建设与应急建设相结合。

地下防灾系统主要包括人防、海绵城市、城市生命线系统等。

1）人防系统

城市本身是一个复杂的系统，任何严重灾害的发生和所造成的后果都不可能是独立或单一现象，都应当从“自然-人-社会-经济”这一复合系统的宏观表现与整体效益去理解。越现代化的城市，上述特征就越明显，针对这种表征和效应，要从系统学的角度采取防灾策略和措施。

首先，应充分挖掘和利用地下空间高防护性能的自然环境优势，优先发展平战结合的防空防灾设施，重点规划建设人防工程和地下城防工程；其次，平面布局、空间功能在保证战时正常使用的前提下，应与生活服务设施配套开发，做到经济社会建设与防灾减灾救灾相结合；再次，平战结合的防灾工程必须要逐步形成系统性设计规范和建造规定；最后，加强统筹规划，引起足够重视，在尽可能少用专门投资的条件下，坚持构建高效率的城市人防工程体系。

2）海绵城市系统

海绵城市建设包括"渗、滞、蓄、净、用、排"等多种技术措施，通过空间的弹性适应和应急空间、场地的合理预留，构筑韧性空间布局。新城也要落实海绵城市建设要求，运用先进技术提高生命线系统的抗冲击和快速恢复能力。目前正在兴起的一种创新方法就是打造"轻度干预"的雨水灌渠系统，将部分隧道通过附加设施衔接起来，组成"都市圈外围排水通道"，"排水深隧"将城市洪水导入直径10米的地下隧道，隧道中的水汇集到巨型调压水槽中，控制台则根据调压水槽中的水量将水排出。受海洋气候的影响，日本每年降水量较多，防洪、防涝历来都是东京都地区和大阪近畿地区需要解决的问题。日本东京政府投资2400亿日元，耗时14年建成的首都圈外围排水系统，整个排水系统的排水标准是"五到十年一遇"，系统总储水量达67万立方米。目前，上海将在苏州河地下60米处修建15.3千米长的"深隧"，管径8至10米之间，容量约100万立方米，相当于400个标准游泳池的容量。

3）城市生命线系统

城市生命线系统包括：执行人口疏散与伤员转运、物资供应等任务的运输系统；维持避难人员生命所需最低标准的食品、生活物资、空气、水、电供应保障系统；能保证各救灾系统之间的通信联络，城市领导机构和救灾指挥机构正常运转所需的设备系统。上述配置不仅是其他地下空间系统的延续，也是与地面防灾空间的配合与互补。所以一定要确定合理的设防标准，同时，要有统一的机构组织规划、监督建设和依法管理。

5. 新型地下系统

对于未来的五个新城，我们立足当下，展望未来，围绕"迈向最现代的未来之城"的总体目标愿景，以人为核心，将满足人的需求作为未来五个新城建设最根本的出发点和落脚点。此外，我们要高质量深化落实总体规划，高标准指导实施建设。立足创新工作方法和内容，这表明在新城地下空间开发建设过程中，还需引入新型地下空间系统，根据区域内的现状、近远期规划，支撑城市的发展需求。

1）地下能源系统

我国地域辽阔，地质条件多样，客观上具备发展化石能源地下储存和清洁能源地下开发的条件。地下能源系统之所以能够得到迅速而广泛的发展，是因为它有一些明显的开发优势和较高的综合效益：

（1）战备效益，着重突出对于来自外部空袭和灾害的防护能力。

（2）经济效益，控制建设、管理及运行费用。

（3）节能效益，便于调节用能供需中的昼夜性和季节性不平衡。

（4）环境和社会效益，为城市预留更多空间进行绿化，并有利于安全监管，防止对外界造成重大安全隐患。

从能源的类型来看，热能、机械能、电能也是重要能源，一般属于二次能源。如果这些二次能源能够在地下大量储存，不仅对节约常规能源有利，而且可以促进新能源的开发（太阳能、风能、地热能）。碳源减排与碳汇增容是实现"双碳"目标的两大关键途径。碳源减排指通过能源技术革新、电/碳市场调控等方式从源头减少碳排放以降低$CO_2$等温室气体总量，从而改善生态环境、助推人类社会高质量发展。在能源技术革新方面，可通过清洁能源技术、先进储能技术等，提升清洁能源在生产及消费结构中的占比，从而降低社会整体碳排放水平。碳汇增容指通过增加城市绿化面积或高效利用地下空间，提高城市整体固碳能力与容量。

针对蕴藏丰富的地热资源，可因地制宜通过地下空间开发就近利用，成为热力系统的重要组成部分。在为用能侧提供充足清洁能源的同时，与多能互补系统内部各类异质、同质能源耦合协调，提升能源综合利用效率。此外，水箱储热、地埋管储热以及含水层储热等地下储热系统依托地下空间的恒温、隔热等热稳定特性，可将系统热回收效率提升至70%以上，从而实现热能的长时间存储、跨时段互济，进而可与多能互补系统的热力生产设备协同运行，助力能源领域低碳清洁转型。

根据各类减排增汇资源的基本属性与功能机理，地下空间支撑下的未来电力能源系统可被划分为能源层与市场层。（图 5-1）能源层是促进可再生能源消纳、提升能源综合利用效率的关键环节。依托地下空间实现对风电、光伏、地热能等多类能源的层次化开发利用，供给地下物流、地下交通等地下多元负荷需求。同时，对生产消费产生的 $CO_2$ 进行捕集、地下封存以及资源化利用，促进减排增汇。市场层以“双碳”目标驱动的电-碳市场为调控功能主体，以电-碳资产账户机制为市场基础，以核证减排机制、电-碳投资机制以及电-碳价格机制为资源调控手段，为能源层的低碳高效运行提供减排认证、投资引导及价格补贴。

2）地下物流系统

城市货运作为城市交通的重要组成部分，尽管货车占城市机动车总量的比例不大，但由于货运车辆一般体积较大、载重时行驶较慢，车流中混入重型车会明显降低该道路的通行能力，因此，其占用城市道路资源的比例较大。以北京为例，按系数换算后，货运车辆所占用的道路资源高达40%。世界经济合作组织报告曾指出：发达国家主要城市的货

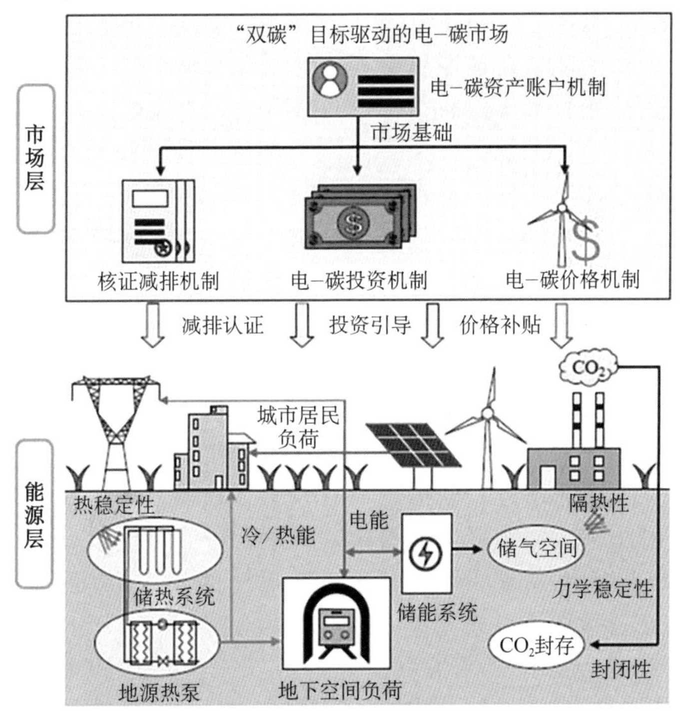


图 5-1　地下空间支撑下的未来电力能源系统框架

运交通占城市交通总量的10%～15%，而货运车辆对城市环境污染则占总量的40%～60%。城市中大气污染物约60%来自机动车排放，机动车已成为城市PM2.5的最大来源。特别是随着我国电子商务的蓬勃发展，货运交通需求迅速增加，为整个地区道路运行带来更大的压力，货运交通也因此给生产和生活秩序带来更多负面影响，如交通扰民、事故频发、道路使用成本加大、交通严重拥堵。

我国未来的经济发展将走绿色低碳循环发展之路，地下物流系统可以作为城市货运实施绿色低碳循环发展的又一个有效的新途径。城市地下物流系统（Underground Logistics System，ULS）是指利用地下空间（地下40～50米），通过隧道或大直径的管道连接各主要地下货物转运站，并连接到货物终端处置场所，采用自动化控制方式，实现全天候、大运量、稳定、高效、节能、环保的货物运输。它可作为工业区、物流中心、交通枢纽、机场、港口等内部或相互之间的联系通道，也可作为港口陆侧的集装箱运输专用系统，最大可能地减少集装箱卡车等重载卡车运输对中心城区的影响。

从1927年英国建立连通全城的自动双轨邮件运输系统到今天，虽然荷兰、德国、美国、日本等国家都对地下物流系统进行了一定程度的研究，但还只停留在概念设计和论证阶段。目前唯一开工建设的地下货运系统就是瑞士的地下货运隧道项目（Cargo Sous Terrain，CST）。整个计划预计于2045年完成，总长度500千米，总投资超过300亿美元，承担40%以上陆地物流。目前开工的是一期项目，由10个站点组成，从瑞士北部城市尼德比普出发，向东连接瑞士最大城市苏黎世，长70千米，预计投资30亿美元，2031年开始运行。隧道位于20到40米深的地下，直径约为6米，内部设置三条车道，一排排的小型货运舱以约30千米/时的速度在车道上行驶，实现新鲜农产品等小型货物的干线运输，物流中心设有自动化货栈和升降机，接入现有城市物流系统，货运卡车只负责“最后几公里”的运输。

近几十年来，我国经济高速发展，城市化加速，尤其是在特大城市，交通拥挤导致出行难、物流效率低下，已严重影响了经济的健康发展，发展地下物流系统将会成为未来的重点工作。为了使地下物流系统少走弯路，引导其顺利发展，应借鉴发达国家先进经验，既要防止因裹足不前错过发展机会，又要防止脱离实际、一哄而上造成大量的资源浪费。依据以上原则，我们提出新城地下物流系统发展的建议：

（1）地下物流系统应与区域的产业优势相结合。例如，汽车制造业作为嘉定新城的主要支柱产业之一，需要高效、稳定的物流系统来连接各个上下游供应商。而在地面道路空间有限的前提下，发展地下物流系统则显得很有必要。

（2）地下物流系统应与区域的地铁建设相结合。它能充分利用城市地下轨道交通已有的各种便利设施来展开地下物流运输配送，不需要重复建造地下物流所需的轨道设施，达到“一物两用”的效果，与可持续发展理念合拍。

（3）地下物流系统应分阶段、有重点地实施。近年来受新冠疫情影响，国际和国内经济形势都不容乐观，政府部门的经济压力较大，基础设施在资金投入上必须非常谨慎。应分期建设地下物流，以此来回避工程建设“全面开花”的局面。前期工程的收益可以作为后期的投入，从而缓解巨额投资带来的压力。

（4）应对地下物流系统建立科学的评价体系。科学评价体系，不但包含经济效益指标，还应纳入生态环境效益和社会效益指标，从而对规划建设的地下物流系统进行综合评价。

3) 地下环卫系统

环卫设施是城市基础设施的重要组成部分,随着城市经济和人口的发展,特别是特大型或大型城市,生产生活垃圾数量不断增加,地面的环卫设施已经没有处理过多垃圾的能力,同时城市可供开发的土地资源在逐渐减少,因此,环卫设施的地下化也成为了必然的趋势。地下环卫系统主要包括地下垃圾分类收集设施、地下垃圾收集管道系统和地下垃圾压缩站。

(1) 地下垃圾分类收集设施

即地埋垃圾分类收集设施,通过电动升降式设备,在非清运状态下,将收集容器置于地面以下,投放口露出地面。在清运工作状态下,通过控制开关将地下的容器抬升,完成收集清运。此类设施广泛适用于居民区、商业办公区、公共服务区等较为前端的场所,便于公众投放使用。该设施能有效防止蚊虫进入垃圾桶,保持地面平整美观,无视觉和臭气污染,配合周边的景观美化设计,能大幅提升区域环境卫生质量。

(2) 地下垃圾收集管道

采用地下管道将住户垃圾收集点与中央收集站连接起来。住户将垃圾分类后,放入垃圾收集点不同的滑槽,利用负压技术,地下管道的气流就会在特定时间,以较高速度把垃圾吸到中央收集站,再由卡车运走处理。该系统主要适合于高层住宅小区、密集商务区以及一些对环境要求较高的地区,如卫星城、世博会园区、运动员村等。此类管道在美国、日本、德国、丹麦、新加坡等三十多个国家与地区已有应用,我国如广州新白云国际机场、上海浦东国际机场以及北京奥运会国家会议中心也都有应用。该设施可以实现垃圾收集和压缩全过程密闭,杜绝“二次污染”,显著降低垃圾收集的工作量,实现垃圾收集和压缩的全天候运行,提高环卫工作效率。

(3) 地下垃圾压缩站

即地埋式垃圾压缩站,位于地面以下1.5~1.8米深度的基坑中,地面上仅见上盖板和投料口,上盖板可进行协调装饰,达到与周围环境融为一体的效果。地下垃圾压缩站利用地下空间将垃圾密闭在箱体内,地面上无垃圾外露现象。压缩垃圾时,挤压出的污水经排污管道直接流入污水井内,后由污水泵排到城市污水管网或直接采用吸污车吸走。此类设施一次收运能力为8~10吨,适宜布置在街区一角、绿地、公园。

当前,地下环卫系统的开发和利用主要以欧美、日本等国家为主。虽然我国起步较晚,但需求迫切,特别是我国超大型和大型城市。随着城市化率的提高和社会经济的发展,城市人口规模迅速增加,生产生活垃圾也随之增加,需要对现有环卫设施进行扩容来处理过多的垃圾。然而,城市的土地资源又非常有限。因此,环卫设施入地成为这些城市未来可持续发展的必然选择。在此,为新城地下环卫系统的应用提出几点建议:

① 由于地下垃圾收集设施投入低,但对城市环境改善效果好,在预算有限时,可以在住宅区、商务区、公园绿地等优先设置,并根据区域各类垃圾的数量,安排地下垃圾收集桶的数量和比例。例如,住宅区设置厨余垃圾、干垃圾、可回收垃圾和有害垃圾收集桶的比例可以为1∶2∶1∶1,而其他区域可以仅设置干垃圾和可回收垃圾的收集桶。

② 地下垃圾收集管道系统一次性投资大,后期维护和管理要求高,因此应用前需要进行详细论证。切忌盲目应用后由于后期维护原因被废弃,造成资源浪费。地下垃圾收集管网最好能与地下管廊等地下空间设施一起规划。中央收集站作为主要需求,选址时不但要考虑场地用地限制,还要考虑在管网

中的可达性。

③ 相比于独立式垃圾压缩站，地下垃圾压缩站虽然处理垃圾的能力较低，但占地面积更小，布设更加灵活，对周边环境的影响更小。此外，由于其还承担垃圾中转功能，可以考虑靠近城市货运通道设置，并利用城市货运通道实现垃圾转运，减少对生活区的影响。

4）地下生态系统

生态环境的保护与治理是城市系统良性、健康运行与发展中的必然趋势。城市地下空间作为整个城市体系的重要组成部分，同样需要贯彻地上空间的可持续发展目标与理念，高效、合理地开发和建设地下空间，这对建立完整科学的体系具有重要意义。在未来五个新城区域范围内，也应遵循绿色发展原则，积极主动地实施建立地下生态系统的战略规划。

首先，基于地下空间的生态化循环技术，发展模拟阳光、空气智能重生技术、洁净水自循环机制，建设地下生态植被、地下农场等，以构建地下自然生态循环。(图 5-2)利用地下生态城市与地面存在的高差，构造地下生态瀑布等深地生态景观系统。其次，借助深地空间独特的环境清洁、隔音隔震、天然抗灾、低辐射、恒温恒湿等环境优势，突破深地大气循环、能源供应、生态重构等瓶颈。

**图 5-2　地下生态圈示意图**

5）深地科研系统

面向未来的深层地下空间开发，需要积极探索深地发展规律，探索相关技术在城市地下空间的应用，利用深地特殊环境建立科学试验系统，使地下工程开发与科研探索相互促进、融合发展。

目前，相关研究已经了解到失重、高空等环境对人体与生物的影响，而有关地下低辐射、超重等方面的研究尚处于空白阶段。因此，依托实验室进行大规模科学探索已成趋势。其中最具代表性的发展方向为：基于深地微生物学和天体粒子物理学而建立的地下科研测试平台(图 5-3)、基于高压、超低辐射等环境因素而建立的地下医学研究平台、基于高保真(保温、保湿、保光)与测试技术而建立的地下农业研究平台。

**图 5-3　地下科研示意图**

在城市高度发达且快速发展的今天，地下空间的开发利用种类产生了翻天覆地的变化，并伴随着技术革新，已由被动开发转变成主动规划。地下空间开发利用体系是统筹地上地下发展，协调人口、环境、经济和社会资源之间良性循环的发展结果。

6）地下智慧运维系统

未来，地下空间系统会更加复杂，结合智慧管理技术的发展，将地下空间运维智慧化、可视化与综合化，能大大提升地下空间各类系统的运维效率以及综合防灾能力。

把智能感应器嵌入电网、道路、建筑、大

桥、管道等各种结构中，将其普遍连接形成物联网，实现全面物联、需求导向、充分整合、激励创新、协同运作。通过对设施数据、运营数据、客流数据等深入挖掘分析，累积居民行为偏好信息服务于地下智能交通管理体系，制定均衡出行策略，实现停车位的快速检索、泊位管理、收费计费、预订与导航服务。地下商业具有成本高、经营难度大、法律不健全等特点，存在立体化设计不足、空间形态单一、人性化设计不足等诸多问题。地下商业资源的智能整合对改善城市交通、扩大空间容量、治理空间环境、增加城市活力有很大作用。智能地下安防着重于火灾的预防和快速救援。智慧管网利用地质探测及物联网等先进技术，记录管网运行数据，打造一个地上、地下一体化智能管网监测平台，提高管网体系的日常管理、科学决策、安全监测、应急预警能力，形成产业联动，提升土地价值，重组城市结构。以公共交通为模式的高效换乘，推动智慧城市建设工程，实现地下空间各产业发展变革。

# 5.2 地下系统整合模式

上海新城地下空间应结合不同区域需求，合理设置地下交通、公共服务、市政等各类系统，同时又要为未来发展地下能源、生态、物流、科研等新型系统预留空间。在地下空间规划时要结合交通、市政等专项规划，立体化统筹安排各类系统，为非同期工程建设做好预留，为一体化空间实施运维做好衔接，确保系统之间整合协调、集约经济、提升效益与品质。

## 5.2.1 地下步行系统

随着城市规模的不断扩大，人口数量的不断增长，地铁网络的不断完善，日趋严重的交通压力迫使城市交通发展的重心从地上转移到地下。同时，在可持续发展的时代背景下，“以车行为中心的城市发展方向正在转向以步行为中心的城市发展方向”。而城市地铁作为大容量、快速的公共交通工具，通过“镶嵌”在城市中的地铁站，不断地向各个站点输送大量人流，使得以城市地铁站为载体的地下步行网络得以快速发展，随后地下步行网络可以延伸，摆脱地铁站的辐射范围，发展成重点区域地下步行网络和地铁区域地下步行网络的双核心网络构架形式。

动线在步行研究中是一种对人运动轨迹的直接描述，每条动线都不尽相同，或平行或相交。当一定范围内的每条动线最后都交会于一点时，这个交点就是出行的目的地。而地下步行网络就是将各个出行目的地有效便捷地组织在一起。

1. 直线型连接

直线型连接是最简单也是最直接的连接方式。对于A、B两个地块而言只需建造一条通道即可连接；对于A、B、C三个地块的情形，只要两两相连就可以达到互通的目的。(图5-4)

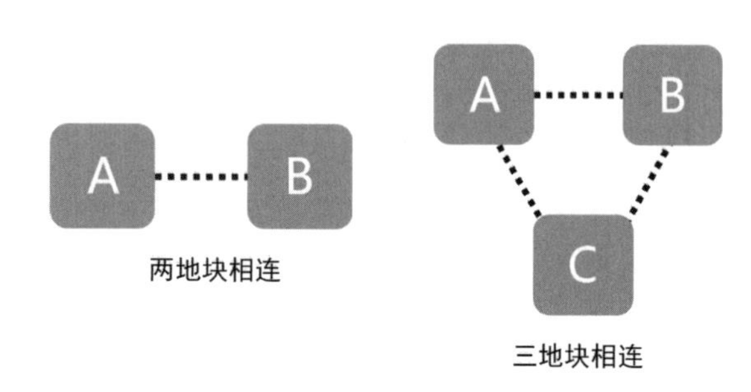


**图5-4 直线型连接**

**适用范围：**

1) 适用于两个功能互补的地块，紧密联系后能促进发展和创造价值。

2) 其中一地块为地铁站点或公共交通站点，紧密联系后能为另一地块引入人流，带动发展。

2. 鱼骨型连接

当需要连接的地块达到3个或3个以上时，直线连接的弊端就会显露，无法满足步行通道的有效性和便捷性。由于直线连接只能点对点相连，想从A到C就必须经过B，不仅增加了步行距离，而且降低了步行欲望。(图5-5)

面对多地块的连接，为了保证步行通道的有效性，适合将步行通道作为一个独立的个体，而非依附在地块之间。由步行主通道引出的各步行支通道连接各地块，此连接方式为鱼骨型连接。

鱼骨型连接的主通道可根据需要连接的

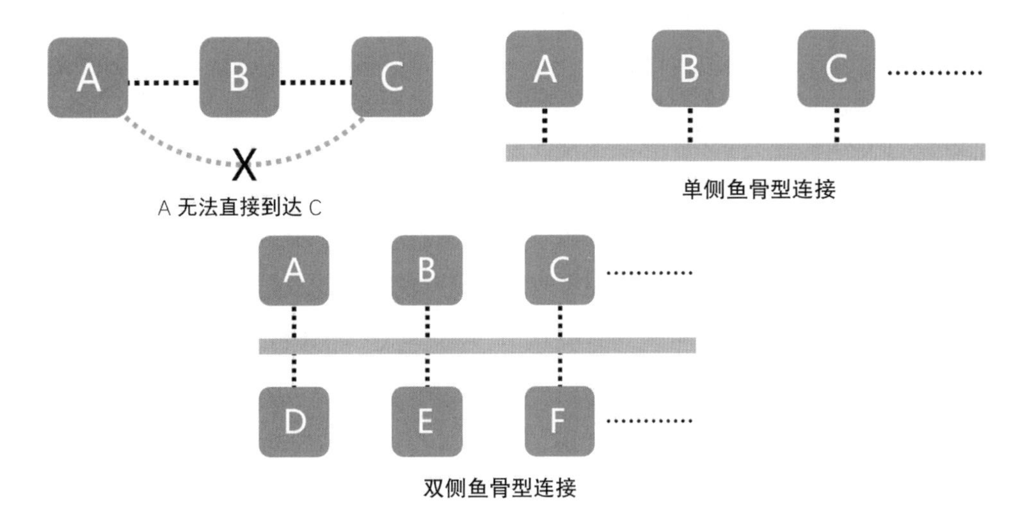


图 5-5 鱼骨型连接

地块进行无限延伸，而从主通道引出的支通道保证了步行的均达性和便捷性。根据周边的情况，鱼骨型连接又可分为单侧鱼骨型连接和双侧鱼骨型连接。

单侧鱼骨型连接主要连接同一侧的地块，双侧鱼骨型连接主要连接不同侧的地块。此外，鱼骨型连接的主通道可设置在城市干道下方，与城市路网统筹考虑。

**适用范围：**

1）多地块协同开发的新建或城市更新项目，紧密联系后该区域资源整合功能齐全，能促进区域发展。

2）其中一地块为地铁站点或公共交通站点，相互连接后该区域共享人流，促进区域发展。

3. 核心型连接

现有的地块形式多样，当面临多数量不规则地块和多数量跨街区地块时，鱼骨型连接具有局限性，无法同时兼顾多地块的连接需求。此时需要一个核心将多地块有机地串联起来，这就是核心型连接。（图 5-6）

核心型连接主要用于一定区域内的步行通道连接，包括多地块、跨街区地块等。由于这些地块无规律性，需要创建一个核心区统领，以核心区为圆心向四周放射步行通道，将无规律地块有机地连接起来。

核心型连接类似于圆，圆有两个重要因素，分别是圆心和半径；核心型连接也有两个重要因素，即核心和外环连接。核心确定中心，外环连接确定范围。核心型连接其实是

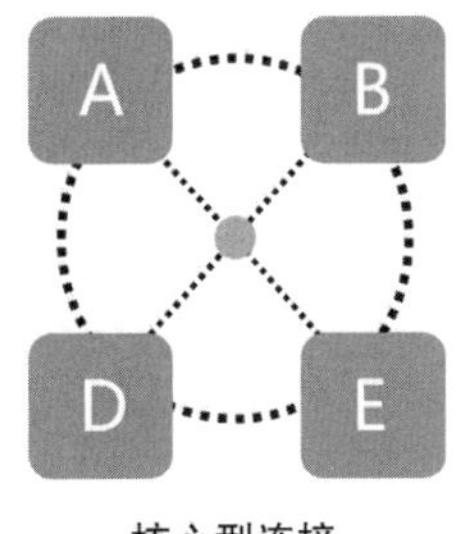


核心型连接

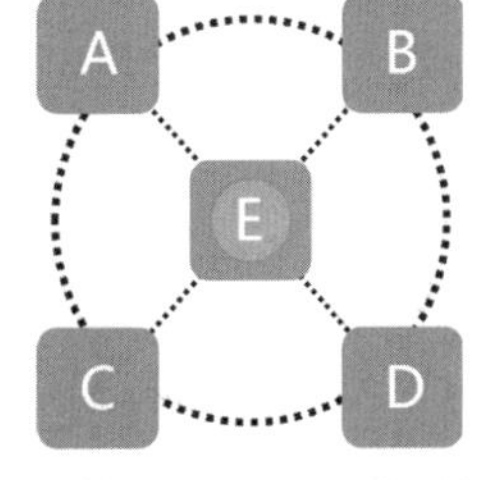


以地块为圆心的核心型连接

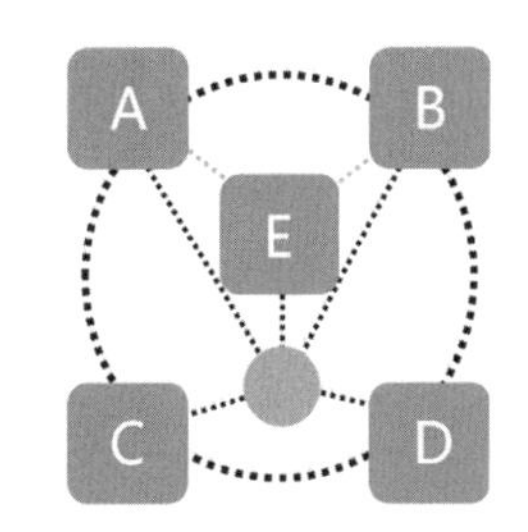


以新核心为圆心的核心型连接

图 5-6 核心型连接

对区域内地块的重新整合和规划，通过打造核心区域来确立该范围内的核心，再通过外环连接来确定有机连接的范围。

核心可以是大型景观节点，可以是下沉式广场，也可以是城市地铁站或者是一个地块。但是，核心本身需要有相对便捷的位置和极具目的性的动线。核心必须有与各个地块相连的目的，不然无法成为核心。

核心型连接可以分为单核心连接和多核心连接。单核心连接以单一核心向外辐射连接各个地块；而多核心连接以两个或多个核心向外辐射，其核心可以通过目的性的强弱来区分主次。

核心型连接的步行网络，尤其是多核心连接的步行通道，可根据实际情况灵活布置。不需要每个地块都有步行通道连接核心或相互连接，但是需要保证各个地块都能便捷地到达核心，并且最外围地块形成环形闭合。

核心型连接具有较强的适用性，对于大多数地块乃至区域都有效；核心型连接具有较强的包容性，核心内可以使用鱼骨型连接、直线型连接来梳理整合地块内的人行流线。

**适用范围：**

适用于功能复合、开发强度较大的商业区、商办混合区、CBD等城市中心区域。此类区域具有多个强目的性场所，并且拥有多个地铁站点或公共交通站点，需要对人流进行有效梳理和整合。

现阶段国内的地下空间开发相对滞后，地下交通系统还未成体系，未形成有效的地下步行网络系统。部分区域控规有地下连通，但在实际情况中未实施连通。现阶段国内城市的发展主要集中于地面，主要包括道路、住宅、CBD商办区等常规地面建设，尚未把地下空间建设纳入考虑范围。对于城市来说，重点区域的开发首先要注重规划层面的控制引导，具体应体现规划的科学性、全面性和系统性；其次，统筹目标、规模、布局三大方面，并做好规划目标、发展策略、资源评估、需求分级、开发规模、总体布局、分类设施布局等方面的内容，绘制地下空间蓝图，以整体引领地下空间开发利用。由于地下空间开发尚未得到充分重视，地下交通系统无法实现网络化，丧失了激活城市另一层次的活力。通过对国内外地下城、地下街等进行实地踏勘调研、文献研究等，本节提出了直线型、鱼骨型、核心型三种主要步行网络类型，并列举不同类型的连接特点，以及在城市不同区域的适用范围，见表5-1。

**表5-1　步行网络类型表**

| 连接形式 | 直线型连接 | 鱼骨型连接 | 核心型连接 |
| --- | --- | --- | --- |
| 概念图 | 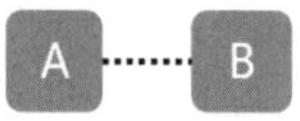 A B<br>两地块相连 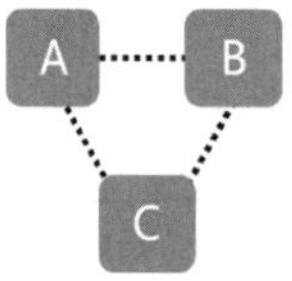<br>A B C<br>三地块相连 | 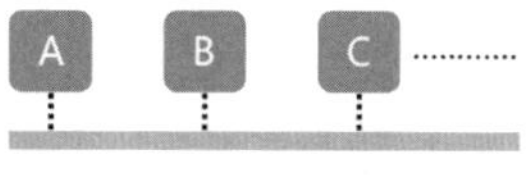 A B C<br>单侧鱼骨型连接 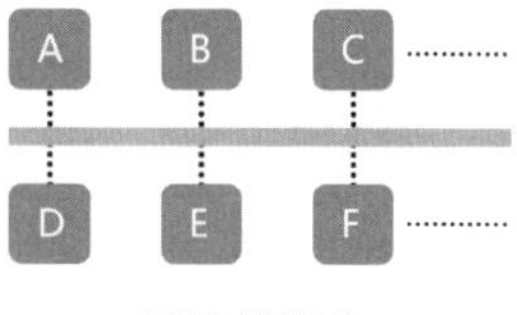<br>A B C D E F<br>双侧鱼骨型连接 | 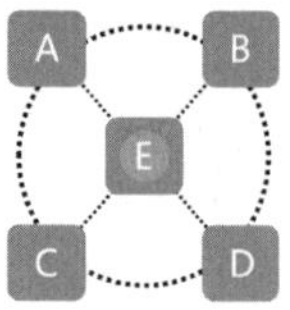 A B E C D<br>单核心连接 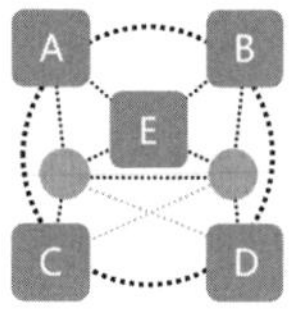<br>A B E C D<br>多核心连接 |

（续表）

| 连接形式 | 直线型连接 | 鱼骨型连接 | 核心型连接 |
| --- | --- | --- | --- |
| 适用范围 | 1）适用于两个功能互补的地块，紧密联系后能促进发展和创造价值<br>2）其中一地块为地铁站或公共交通站点，紧密联系后能为另一地块引入人流，带动发展 | 1）多地块协同开发的新建或城市更新项目，紧密联系后该区域资源整合功能齐全，能促进区域发展<br>2）其中一地块为地铁站或公共交通站点，相互连接后该区域共享人流，促进区域发展 | 适用于功能复合、开发强度较大的商业区、商办混合区、CBD等城市中心区域。此类区域具有多个强目的性场所，并且拥有多个地铁站点或公共交通站点，需要对人流进行有效梳理和整合 |
| 优点 | 1）造价较低<br>2）便于管理<br>3）运营成本低 | 1）连通地块数量较多<br>2）通道功能多样，能主动吸引人流<br>3）整合片区内的资源形成共同体 | 1）形成完整的地下空间<br>2）功能丰富，能形成独立的目的性动线<br>3）增强联系，促进较大范围区域发展 |
| 缺点 | 1）连通道功能单一，主要供通行使用<br>2）连通的地块数量有限 | 1）涉及地块较多，不便管理<br>2）运营成本较高 | 1）管理复杂<br>2）造价高<br>3）运营成本高 |

地下步行网络的类型需要根据地块特性、区域特性和发展规划来确定。就城市而言，建议根据区域规划来制定一对一的地下空间方案。城市核心区以核心型连接为框架，局部街区可使用鱼骨型连接与主通道结合，形成一个混合型的连接模式。地下步行网络类型的选择应因地制宜，在规划和城市设计阶段应开展交通专项研究，研究地下步行网络的可行性与规模、形式等，充分利用地下空间和地面、空中进行合理的交通组织，结合地下功能、规模、业态等，设置安全、通畅、可实施性强的地下步行网络，促进区域集约高品质发展。

### 5.2.2　复合界面系统整合

#### 1. 功能一体化开发系统整合

城市地下空间开发要以城市地面功能为基础，地下与地面统筹考虑，实现一体化开发区域系统整合。地下空间的横向、纵向布局设计要遵循统一规划、立体布局的原则。如地下交通、供水、能源供应体系，地下生活垃圾处理系统，地下排水及污水处理系统，以及地下综合管线廊道的建设要综合化、系统化、空间化，且具有一定的前瞻性。

苏州高新区狮子山改造提升及地下空间综合开发项目是狮山广场项目的重要组成部分，包含商业、车库、隧道、综合管廊、能源中心等功能。地下空间将三大场馆、公园景观、轨道交通及周边地下空间串联成一个统一、集约、高效的有机整体，进行一体化开发建设，建设成交通便捷、功能多元、空间宜人、环境舒适、地上地下统筹协调、具有活力和吸引力的综合性网络化空间体系。同时，地下空间也承载着整个项目的交通、停车、货运、垃圾清运、人防、能源供给等功能。狮山广场项目位于苏州高新区核心区狮山脚下，原苏州乐园旧址，以古城为轴心，与工业园区呈镜像关系，形成苏州“两翼”。项目总用地面积80.8万平方米，其中建设用地23万平方米，总建筑面积30万平方米，其中地上建筑8.6万平方米，地下建筑21.4万平方米，总投资48.1亿元。规划建设苏州博物馆西馆、苏州科工馆、苏州艺术剧院、地下空间、狮山公园等（图5-7）。

图 5-7　苏州狮子山地下空间鸟瞰效果

1）区域能源中心

满足 30 万平方米建筑供冷、供热等能源供应输送需求。在建设期，结合水蓄冷技术，工艺系统总制冷装机容量降低为 15 124 千瓦，减少空调装机容量率约 47%，极大降低了机房设备初投资；美化建筑环境，提高土地综合利用率，将占地面积由 7000 平方米减少至 4600 平方米。在运营期，冷却塔集中设于下沉庭院，采用超低噪声技术，避免噪声对场馆和环境的影响。

2）综合管廊

因地制宜设置结建式综合管廊，布置冷水、电力、通信、给水、消防等管线，为项目提供运营支撑和保障。综合考虑地下空间、景观、场馆等制约因素，创新性地设计了适用于大型地下空间的通风、逃生、吊装口等节点。

3）融合防淹设计

地铁出入口改造后正对超大型下沉广场，给地铁防淹造成一定安全隐患。采用融合防淹设计，在地下空间设置兼顾地铁和商业的防淹调蓄池，防止雨水流入地铁站及商业区。

4）整合地下车行隧道环路系统

西侧双层主环路将周边交通和地块停车串联成有机整体，形成高效、便捷的立体交通网。该案例将地块内的各种不同地下功能系统整体开发，结合地上地下功能打造立体融合效果。地下空间首层化，打造下沉广场，实现地下空间与地上体验的融合，土地开发功能上下渗透。融入交通流线，确保地上地下无阻碍连通和地下人车分流。上下衔接开放空间，确保高效的人行联通。

2. 空间一体化系统整合

城市地下空间难以脱离城市地上系统而独立存在，本身具有系统性，因此地下空间规划有必要与地上空间整体协调规划。

城市立体化开发同时包括向上与向下两个方向，且向下的复杂程度更高。城市通过立体化公共空间的开发，对轨道站自地下、地面至高空之间的垂直部分进行更为合理的功能分区，并利用步行系统形成功能与活动的水平延伸，带动立体化的交通建设与功能布局，将城市垂直面的功能重新分配，借此解决城市水平向的空间联系问题。

075 号地块位于上海普陀区规划桃浦智创城的中央绿地内，地面为公共景观绿地，地下一层作为商业及停车配套进行开发利用。为将中央绿地各个分散地块在地面层连成一个整体，075 号地块北侧的武威路在绿地范围内形成道路下穿，上部景观实现南北连通（图 5-8、图 5-9）。整个桃浦科技智慧城内还规划有综合管廊，拟近期实施 3.67 千米，局部路段与武威路下穿工程重叠，将 075 号地块围合起来。上述各项工程均为地下一层，埋深在 6～7 米。

图 5-8　上海桃浦智创城 075 号地块区位示意图

浅层地下空间的施工工艺以支护结构加明挖为主。根据 2011 年版《上海市城市规划管理技术规定》第 5 章第 33 条第 4 点规定："地下建筑物的离界间距，不小于地下建筑物深度的 0.7 倍；按上述离界间距退让边界，或后退道路规划红线距离要求确有困难的，应采取技术安全措施和有效的施工方法，经相应的施工技术论证部门评审，并由原设计单位签字认定后，其距离可适当缩小，但其最小值应≥3 米，且围护桩和自用管线不得超过基地界限。"此条规定旨在避免地下建筑在开挖过程中对城市道路管线及路面造成沉降损害，地下室退界距离作为地块的自用管线敷设空间。075 号地块地下开发退距红线 5 米，由政府对公共绿地下方的公益配套进行开发建设；东西两侧敦煌路、景泰路段 3.7 米宽度的综合管廊利用地下空间 5 米退距敷设。此举带来以下优势：第一，管廊随地块地下室合建后涉及地下空间建设时对

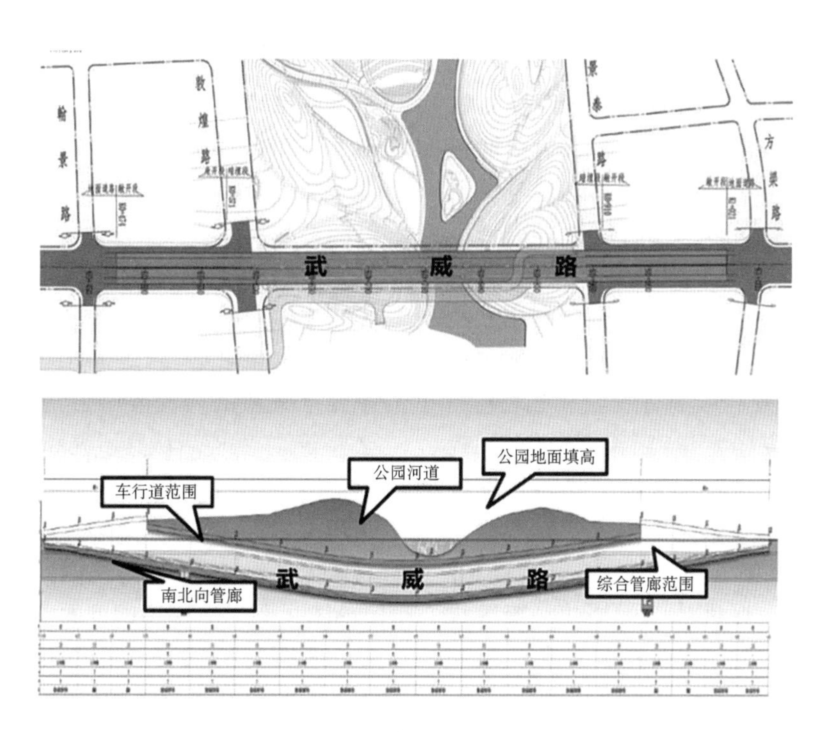


图 5-9　武威路下穿中央绿地与堆山结合

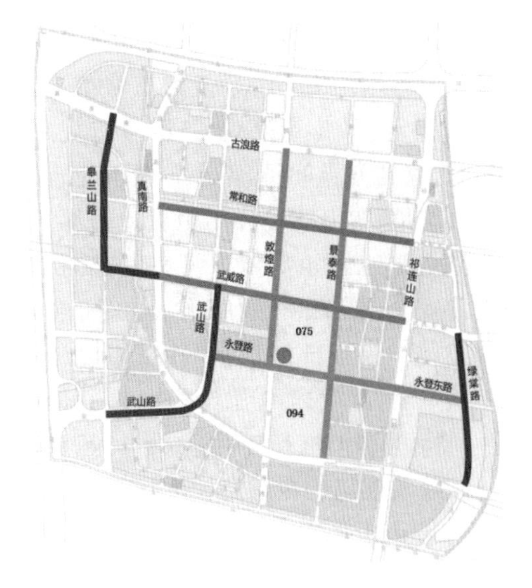


图 5-10　综合管廊位置图

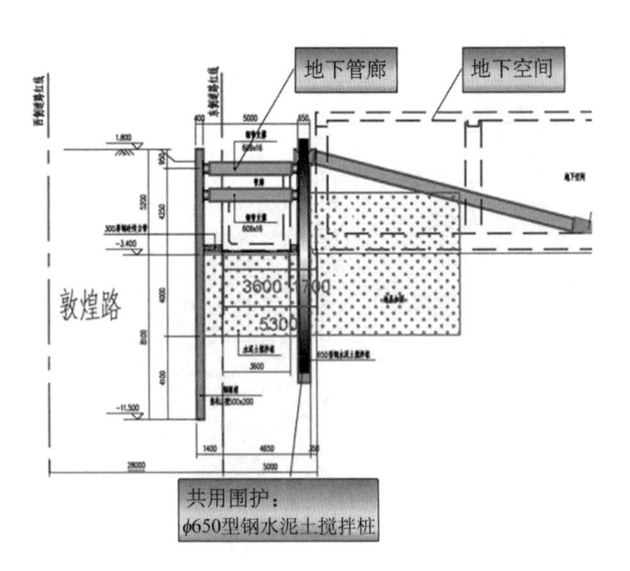


图 5-11　公共空间围护结构示意

相邻道路管线及路面的影响不再成为规划退距的制约因素；第二，工程建设时避免搬迁东西两侧道路下方既有市政管线以及组织临时交通疏解；第三，二者合一后相比原各自独立建设，省去分界面的围护结构共4道，降低造价、节省工期。该案例将地块内的各种不同地下功能系统根据不同的建设开发时序进行整合，共用围护结构，重复利用地块本身地下室退距空间，将市政功能整合进公共空间（图 5-10、图 5-11），以避免地上地下相互干扰，可以一定程度上解决城市热岛效应，实现彼此协调配合。

地下空间的复合界面系统整合利用已经发展到地上地下空间一体化的阶段。地上地下空间一体化开发利用能有效提升土地利用效率，拓展城市空间容量，完善交通组织、提升环境品质、实现可持续发展。借鉴近期实践经验，鼓励竖向分层立体综合开发和横向相关空间连通开发，对地下交通、安全、商业等功能合理安排，促进功能一体化。统筹设计地下不同层级之间的设施配备和功能布局，如将地铁车站与大型公共活动中心连接，在建筑群中营造敞开空间，实现地上地下功能的置换。同时，结合地面绿色生态设施布局，同步提升生态环境容量，构建更宜居的城市环境。通过空间一体化开发引导新城空间形态的优化，建立复合界面系统整合导向城市土地利用模式。

### 5.2.3　综合管廊与其他系统整合

1. 管廊与地下车道合建

在城市高度集约化发展的背景下，城市地下空间得到快速发展，但综合管廊与其他类型地下空间的分离导致城市发展遭遇诸多问题。为了实现城市地下空间的集约高效发展，必须将综合管廊纳入城市地下空间，实现一体化设计和建设。地下综合管线廊道对城市的现代化，以及合理利用城市地下空间有重要意义和巨大发展潜力。因此，只要具备必要条件，就应当认真研究和克服发展障碍。

图 5-12 为深圳市沿一线地下车道的剖面布局示意图。地下车道为双层单向车道，综合管廊上下分舱置于车道一侧。图 5-13 为北京通州核心区地下车道的剖面示意图，车道位于综合管廊上方，两者之间设置夹层用于管线的出入。两种方式均形成了整齐的断面，有利于一体化的施工与建设，同时也大大减少了施工费用。

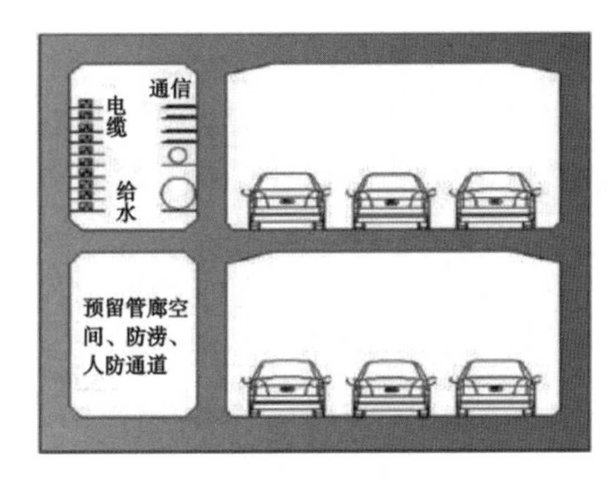


图 5-12　深圳市沿一线地下车道

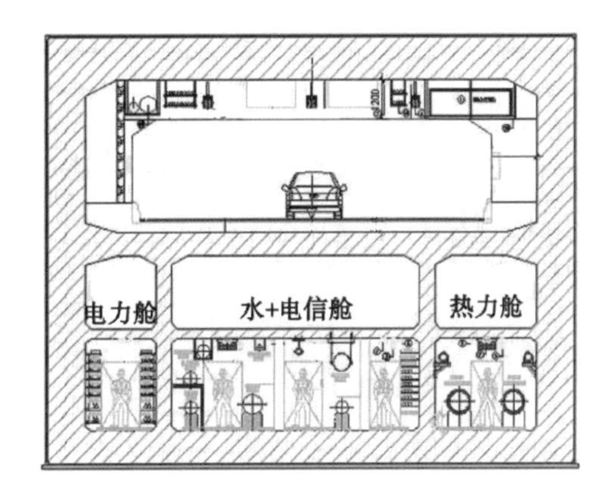


图 5-13　北京通州运河核心区地下车道

2. 管廊与地下商业、停车合建

图 5-14、图 5-15 为北京 CBD 核心区地下空间的布局示意图。整体开发为地下五层，其中地下一层为商业与连通空间，道路下方则设置夹层。在接近地面的位置设置综合管廊，道路下方地下二层为机动车道，地下三层为综合管廊空间，地下四层和五层则为地下停车和人防空间。这种地下空间的布局保证了地下商业的连通性，预留了足够的市政管线空间。其缺点在于地下一层空间层高太高，存在空间浪费的情况。

3. 管廊与地铁站、地下商业合建

如图 5-16 所示，南京下关综合管廊利用地铁和商业的开发将二者整合在一起，道路下方开发地下空间三层，鉴于地块内地下空间权属问题，在建筑下方的空间内仅仅开发一层(若在规划阶段，可增加层数用于地下停车空间)。道路下方地下一、二、三层分别为商业空间、地铁进站厅和地铁轨道层。管廊布置于站厅层侧方，轨道层为预留管廊空间，两侧建筑通过地下一层的商业空间实现连通。道路下的商业空间距地面 2.5 米，层高 5.5 米，建筑下的商业层高为 9 米。将商业置于地下一层，可以将两侧建筑连为一体，从而避免了人行道与地面车行道的冲突，也增加了商业建筑的经济效益。综合管廊置于地铁一侧，可以与地铁隧道同时建设，这既节约了成本，又避免了二次开挖。然而，地铁站厅与

图 5-14　北京 CBD 核心区地下空间剖面

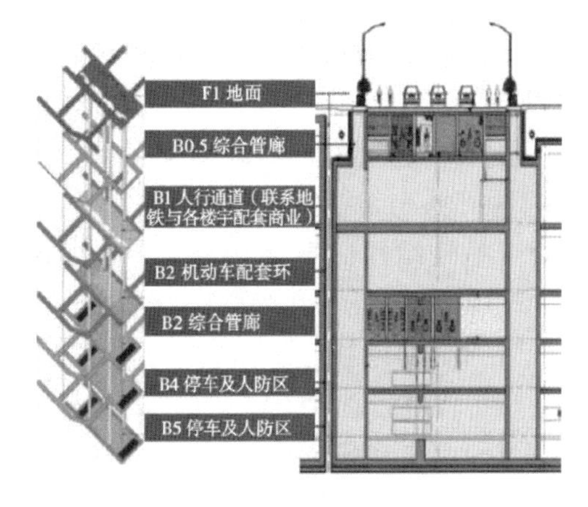


图 5-15　通州核心区地下空间剖面

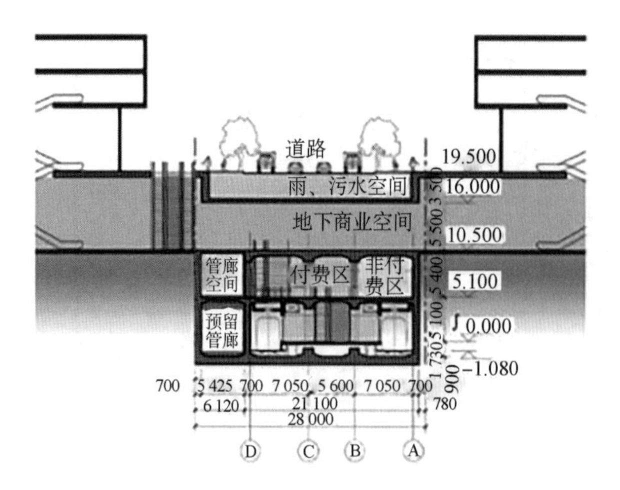


图 5-16　南京下关综合管廊与地铁、商业合建剖面

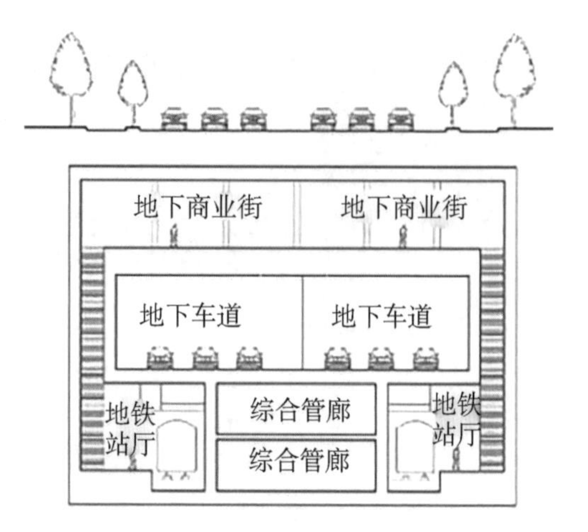


图 5-17　广州金融城综合管廊与地铁、车道剖面

地面相隔商业空间，虽然在某种程度上带来更好的商业价值，但进入地铁站厅的人流线路变长，不利于乘客的出行。

4. 管廊与地铁、地下商业、停车、地下车道合建

如图 5-17 所示，广州金融城综合管廊结合地下商业、地下车道和地铁一起建设。负一、二、三层分别为地下商业、地下车道和地铁站厅层。综合管廊位于地下车道下方地铁站厅层中间，商业部分层高 5 米，地下车道净高 7 米。人流进入地铁站厅时，需要穿过地下车道，从地下商业层两边进入，高差达 16.5 米。地下商业置于负一层方便与地面连接，从而带来最大的经济效益。综合管廊利用地铁轨道中间的位置，让空间得到良好的利用。但是在此情况下，进入地铁的人流路线不仅要穿过商业空间，还要穿过地下车道层，不利于乘坐地铁的人流出行。同时，综合管廊受地铁站厅的高度和地下车道的影响(图 5-17)，其剖面达到宽 13.5 米、高 8 米。

5. 管廊与地铁全线合建

城市轨道交通与市政地下综合管廊建设都是重大市政地下工程。为避免两者分别建设造成地下空间建设混乱、道路反复开挖、浪费建设成本，将二者结合同步规划建设已成为未来的一个重要发展方向。

深圳拟与轨道交通 16 号线共建综合管廊，根据深圳市轨道交通 16 号线走向，结合市政管线扩容及完善规划等需要而确定，起点位于黄阁路与龙岗大道交叉口，终点位于坪山外环高速，长度约 25.5 千米，其中龙岗段为 15.15 千米，坪山段为 10.35 千米。工程建设完成后，将对保障龙岗区、坪山区的市政管线供应，促进两区的开发建设，提升区域的公共基础设施服务水平，保障城市建设可持续发展起到重要支撑作用。

根据 16 号线共建综合管廊初步设计方案，施工工法方面，全线有 18 千米采用盾构法，7.5 千米采用明挖法。该共建综合管廊建设面临着诸多难题。首先，地铁隧道与共建管廊在建设过程中的相互影响关系是需要关注的重点问题。两者全线多处均有近接或竖向互穿关系，管廊与轨道的平面和竖向位置必须结合两者建设先后以及轨道主体与附属施工时序等统筹考虑，并采取必要施工措施减小两者的相互影响。同时，部分管廊综合井面临埋深大(40 米左右)、盾构接收和始发工况下超载大的风险，综合井结构存在安全隐患。因此，吊装井的结构计算需进行专项论证。另外，16 号线共建管廊穿越区域地质

条件复杂，岩溶强烈发育，影响场地稳定性。局部岩溶距离结构侧壁近，对基坑侧壁稳定性有较大影响。为了满足永久结构的承载力、变形要求，并降低施工期间突水事件发生的概率，需要研究适用的岩溶处理方案。此项目的建造有望成为国内城市地铁与综合管廊共建项目的示范性工程。

以深圳市轨道交通四期 12、13、14、16 号线与综合管廊共建项目为代表，对不同功能地下空间利用项目进行统一规划、同步开发，逐渐成为未来地下空间规划和开发的趋势。这样可以避免反复开挖，有效节约成本。

### 5.2.4 轨交站点与周边系统整合

在城市交通中，各种不同流线及其周边系统的整合是一个很重要的环节。人们在出行过程中都希望从起点直接到达终点，尽可能不经历换乘，同时在综合立体开发模式的帮助下享受丰富的城市功能。利用城市轨道交通站点带动周边地块地下空间的开发利用，是现代化城市地下空间一体化开发利用的发展方向。下文以深圳市岗厦北综合交通枢纽工程为例，分析城市轨道交通站点和周边地下空间一体化开发的关键问题与一体化模式。

岗厦北枢纽位于深圳市福田区深南大道与彩田路交叉口处，总体呈 T 形规划结构布局，包含城市轨道交通、地下空间物业开发、地面公交首末站及市政配套设施。岗厦北枢纽为既有 2 号、10 号线，在建 14 号、11 号线二期工程四线换乘枢纽。岗厦北枢纽自上而下共 4 层，包括地面层和地下 3 层，总建筑埋深约 30 米，总建筑面积约 24 万平方米。

将过街环廊设于地下，通廊端部连接核心区 4 个下沉广场并连接既有 2 号线换乘通道，共享地面场地条件，在满足城市过街功能需求的同时，避免了未来城市规划发展的限制。

岗厦北枢纽中庭大跨结构位于枢纽换乘节点区，东西向主跨 48 米，边跨 24 米；南北向主跨 51.2 米，边跨 10.4 米，顶板设有 10 米直径自然采光天井。大跨结构以梁板结构体系为主，为不起拱，双向梁板变截面梁；大跨主梁正交布设，采用高强度钢结构—混凝土组合结构；结构柱采用钢管混凝土柱，48 米×51.2 米主跨范围内不设柱。大跨范围顶板上方通过大跨结构与彩田立交桥合建，该结构跨度之大在国内尚属首例，其桥站合建结构设计难度大、安全风险高。

利用枢纽核心区域将地下步行系统与地上慢行车行系统进行空间整合，将单调的流动空间转变成不同立体层面展开的人性化场所。因此，大运量公共交通对于提高城市土地利用强度和城市内聚力具有重要作用，具备社会和经济双重价值，在可持续增强城市经济活力和文化传递方面具备独特优势。

### 5.2.5 地下交通系统整合

在交通枢纽、城市核心区等区域，由于交通量大，需要对地下交通系统进行立体组织，分离车行与人行，以提高车行效率，并使停车库连通形成共享。

广州珠江新城核心区地下综合交通系统的规划以立体开发、功能复合为原则，集约利用空间。地面人行，地下车行，竖向组织不同层次的交通系统。通过竖向分层设计，分隔过境交通干道和入境交通干道，在保证花城广场至海心沙地面步行空间完整性的同时，促进地下综合交通系统，尤其是车行系统的高效运转。

核心区地下综合交通系统在水平方向上根据交通流的特点，分离不同类型的交通流，以避免不同类型交通流在地下空间产生冲突。分离过境交通和入境交通、动态交通与静态交通、车行交通与步行交通，通过提高各子系统的效率来提升整体交通系统的运作水平。

珠江新城核心区积极引入城市中多样化的交通设施，通过分层立体设计合理安排不同交通设施的空间层次，避免不同设施之间的矛盾。根据实际开发需求，负一层开发强度最高，集城市道路、地下步行街与公交站场于一体；负二层、负三层开发强度较小，主要布置地下车库及 APM 线的站场和线路。通过综合性的交通枢纽高效连接不同层次的交通设施，提高核心区地下综合交通系统的整体运作效率。

### 5.2.6 人防低碳集约化整合

依据《上海市重点地区民防设施规划设计导则》(DB 31MF/Z 001—2022)所示，五个新城为上海市区级城市副中心和公共活动中心，为充分发挥人民防空平时利用和战时防空的多重功能，有效缓解城市发展与土地资源供应紧张的矛盾，提升人防工程整体效益，鼓励在新城落实人防工程统筹配建策略，重点保证民防骨干工程布局的合理性和建设的可行性，促进区域防护体系的完善和可持续发展。

人防工程统筹配建是城市地下空间及人防工程高效集约化、网络化建设的重要措施，应引导民防建设与地下空间开发双赢，使人防工程建设主动融入城市建设发展。人防工程统筹配建基于总量不变、布局优化、空间集中、互联互通、平战融合理念，以需求为导向，合理布局人员掩蔽工程。人防工程统筹配建鼓励人防设施与邻近地铁站点、下沉广场、城市应急避难场所直接连通。

1. 街坊单元式区域集约建设

以地下空间整体开发为依托，以 10 分钟人员疏散的距离半径为依据，以控规编制单元为单位进行民防统筹，高密度开发地块有效利用地下空间整体开发，借助街坊内及邻近的公共用地(绿地、道路等)下的地下空间进行人防工程的集约化配建。综合考虑地下空间连通方案，人防工程布置应尽量依托地下空间连通，实现互联互通。

统筹区域总体应满足人防工程配建要求，具体指标按照控制性详细规划中统筹区域地面总建筑面积进行核算。统筹区域内宜选择配建指标较大地块集中建设人防工程；人防工程应配建面积小于 1000 平方米的地块，按规定缴纳易地建设费后，可以不配建人防工程(骨干工程建设除外)。如图示地块采用了统筹配建措施，提高了片区人防工程建设的综合效益。(图 5-18)

对于换乘站防护单元划分，考虑相邻防护单元的防护密闭与自成体系，同时考虑先后期建设的车站人防设防级别的统一性。当换乘方式为车站内换乘时，该换乘站作为一个防护单元；当采用通道换乘时，各车站应作为独立防护单元设防。

2. 平战结合统筹一体化发展

在国家宏观政策引导下，我市人防工程建设正在走向与城市建设和社会经济建设融合发展、与地下空间融合发展之路。一方面继续向纵深发展，即进一步加强城市人防工程体系建设，特别是指挥通信工程、医疗救护工程、专业队工程等公共人防工程；另一方面是向横向发展，按照战术技术要求，结合房地产开发，规划建设量大面广、平战结合、结建式防空地下室工程。此外，为了充分挖掘普通地下空间工程设施的防空防灾潜能，提出了普通地下空间兼顾人民防空要求，达到以较少的投入提升城市战时综合防护能力的目的。此类空间可在战前短时期内快速转换，以最小的代价达到“战前迅速进入防护状态，战后快速恢复”的目的。

《上海市工程建设项目民防审批和监督管理规定》第八条对兼顾设防配建要求也予以明确，同时已先后出台兼顾人防设计的

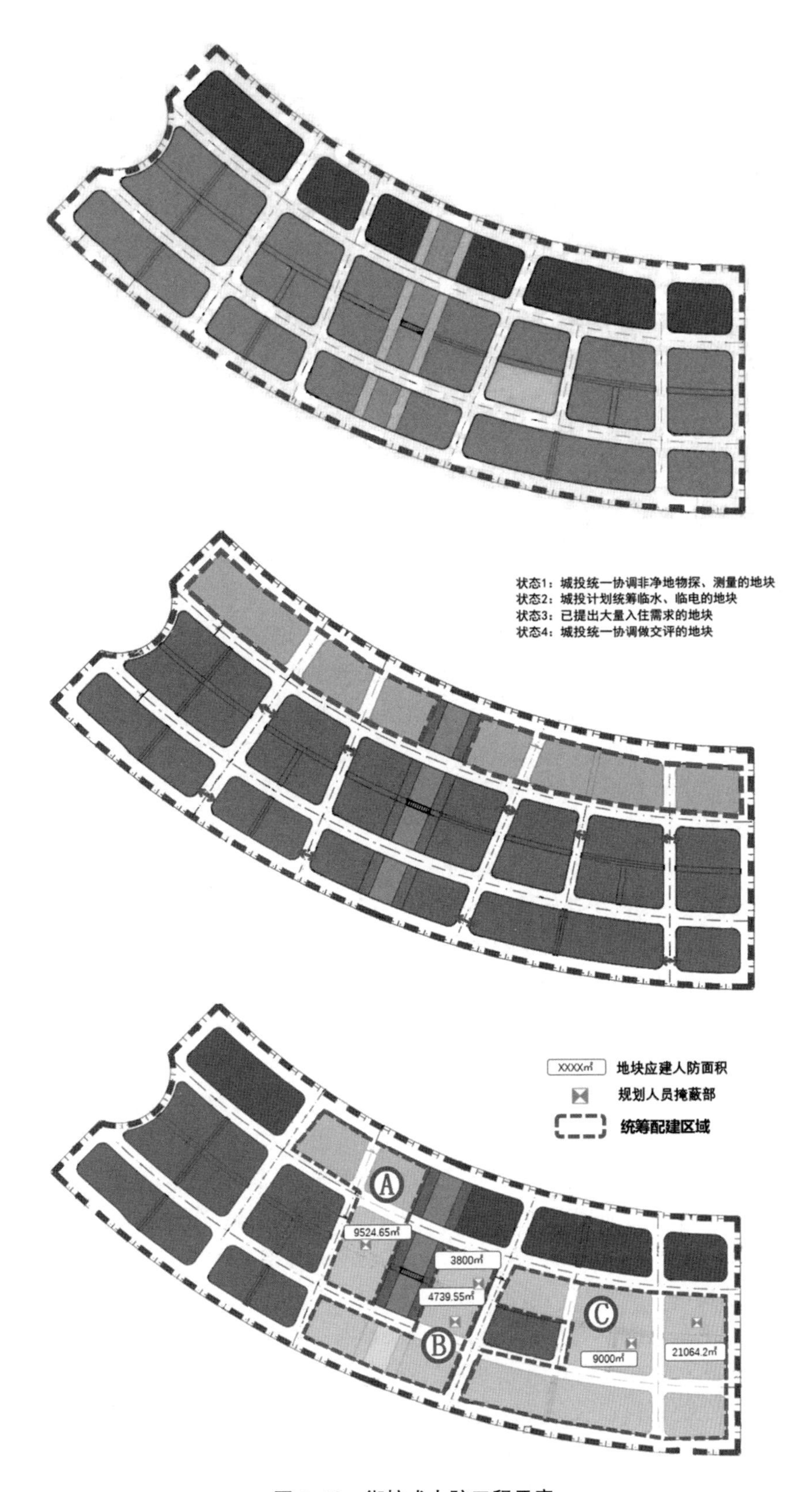


图 5-18　街坊式人防工程示意

各项规定和技术要求。针对本市浦东新区、“五个新城”列入市或区重大项目建设清单的建设项目，以及试点实施本市重点地区人防工程统筹规划建设的工程建设项目，上海市民防办公室发文《关于试点执行〈上海市二等人员掩蔽所民防工程技术要求规定(试行)〉的通知》(沪民防〔2021〕89号)中，针对本市试点范围内二等人员掩蔽所的人防工程执行技术要求(具体项目是否执行此要求需提前得到主管部门认可)的核心内容规定防护单元需结合平时防火分区设置，面积由原来2000平方米提高到4000平方米，能够更好地与平时功能相适应，有效解决人防工程建设、维护、管理实际问题，提升人防工程防护设备设施平战转换效率。

目前，对于地下空间的开发利用，在分析考虑防灾、人防等方面的要求后，贯彻统一规划、统一开发、综合利用等相应的发展原则，能够进一步将社会发展中的实用效益、经济效益、战备效益等方面相结合。尤其针对人防工程战时功能平战结合，要进行规划统筹安排，应根据地上建筑功能与周边环境做充分考虑，以此实现在短时期内快速转换。

例如，住宅小区内修建的地下车库，在考虑人防战时功能时，主要考虑其人员掩蔽功能。而当地面建筑为商业建筑时，不仅需要考虑人员掩蔽功能，还应结合商业建筑的特性，考虑设置物资储备功能等。又如，当地面建筑为医疗建筑时，通常地下人防战时功能相对应选择医疗救护工程。由于人防工程建设与地下空间开发规划保持协调一致，平战功能相适应，因此能够实现平战快速及时转换。

人防的平战结合也应注重与平时消防设计的结合。人防和消防之间既存在相互独立的部分，又是密不可分的。消防设计是指防止火灾发生、减少火灾危害，以及应急灭火的工程设计。其采用多种防火技术和专业消防装备组成一整套消防系统。整个人防建筑设计工程中，消防设计是必然也是必须存在的一项技术工程，它的存在就是人民财产和生命的保障。为达到人防平战转换与平时消防功能的互相协调，在人防、消防结合设计中应综合考虑多方面的因素，例如防火分区面积和防护单元面积的结合、疏散距离与出入口疏散的宽度和人防疏散宽度的结合、平时消防设备和人防设备的结合利用，等等。人防和消防的平战结合设计是人防设计中的重要部分，也是综合化设计的核心要求。

### 5.2.7 总结借鉴

目前，地下系统整合的实践在逐步开展，但相关研究尚未形成完整体系。从工程建设的角度来看，地下各类系统都是可以整合在一起的，即在一体化地下空间内，按功能分区布置不同类型的地下系统。需要兼容的系统可以在平面、纵向上紧密结合，而相互干扰的系统则进行分层分区避让设置。

地下空间的开发利用应坚持分层、有序开发的原则，统筹浅层、中层、深层三个深度，见表5-2。充分利用浅层和中层空间资源，做好深层空间的预留控制，为城市未来发展预留弹性空间。实施竖向分层管控与引导，提升地下空间复合利用效率。不同专项规划要充分整合协调，充分集约利用空间，分层分区设置。非同期建设可以采用工程预留的方式，避免先期工程给后期工程带来障碍。

由于专项工程规范标准之间存在部分条款差异，界面的整合存在规范之间的协调融合的要求，有待于研究出台地下空间一体化设计的标准。以消防设计标准为例，目前我国特别是上海的各类型地下空间涉及消防设计的专项规范已较为完善、成熟和齐全。

2020年7月，深圳前海地区正式出具《深圳前海地下空间消防设计指引》文件。该指引是在前海合作区地下空间消防设计专项研究相关成果基础上进行总结、提炼而成的，对

表 5-2　地下空间系统分层引导表

| 深度 | | 市政道路地下空间 | 地块地下空间 |
|---|---|---|---|
| 浅层（0～－15 米） | 0～－5 米 | 电力通信、给水排水、燃气能源管道、综合管廊 | 地下商业、下沉广场、停车库、仓储、设备机房、人防工程、市政场站、蓄水池 |
| | －5～－15 米 | 地下连通道、地铁车站、地下道路、物流通道、综合管廊 | |
| 中层（－15～－50 米） | －15～－30 米 | 地铁车站、地铁隧道、地下道路、桩基 | 桩基 |
| | －30～－50 米 | 桩基、城市物流系统 | |
| 深层（－50 米以下） | | 数据储备、防灾避难、防洪调蓄等特殊功能，以及远期战略空间资源 | |

于前海合作区地下空间消防设计总体要求、规划布局、安全疏散、消防设施、地下典型空间防火设计、建设时序等方面提出了建议。该文件的内容可供城市规划管理部门、项目建设单位及政府审批部门、后续运营管理部门在项目的各个阶段参考使用。

但该指引只是重点对各消防设计规范的相同点（如安全出口形式、人员疏散方式等）作出了一定的建议，并未涉及地下空间整合后，在建设方、产权方、运营方均不相同的情况下，如何最大程度整合节地，如何统一建设标准，在建设时序不一致时先行方如何预留、后建设方如何在不影响先行工程的情况下接入，如何在平时编制统一预案，如何在消防情况下紧急救援和运营指导自救和扑救，等等。这些问题尚浮于表面，有众多缺失且研究深度尚浅，未能对区域的管理方和建设方起到指导功能，仅有一定的参考价值。

针对五个新城复合型多系统地下空间整合后的消防设计，建议如下：

1）建议开展新城的地下空间专项规划，其中的消防专项规划相关内容，宜充分考虑地下空间的整合性通风采光和人员疏散需求。不同属性的地下空间之间宜预留一定的缓冲区域，为满足地下空间整合人员疏散需求，减少通风排烟设施出地面的用地需求，预留相应条件。

2）建议在新城的消防设计导则编制过程中，在类似《深圳前海地下空间消防设计指引》工作的基础上，进一步深化、细化相关内容。同时，与地下空间专项规划中的消防内容同步编制，确保消防布局和管理模式得以真正落实，将新城的消防设计指引形成手册式指导，降低审批管理、建设和运管难度，达成统一原则。

3）在消防规划中，宜结合地下空间规模、商业等人员密集场所布置等因素，优先考虑设置集中式下沉广场，用于不同区域防火分隔和人员疏散，进一步节约用地。

4）地下空间的规划宜考虑整合地面市政道路和地块消防车道及消防操作场地，以便消防救援人员进行区域救援，确保其进入地下空间时有良好视野和便利性。

5）在消防站的建设过程中，应预留轨道交通、综合管廊等具有特殊地下空间消防救援需求的设施空间，配备相应的救援装备和器材。

同时，不同整合模式之间的系统整合又能对整个城市产生不同的影响。其本质在于修复彼此割裂和分离的系统，补全缺失的节点，形成地上地下一体化、系统功能齐全的地下综合开发区。从目前已有的项目实践来看，主要是从以下几个维度进行引导和控制：首先是复合界面系统整合，其次是综合管廊与其他系统整合，最后是轨道交通站点与周边系统、地下交通系统整合，以及人防低碳集约化整合。从平面和竖向维度分别进行地下空间的开发控制，各整合维度互为依靠与补充。重点是协调项目与近期建设、轨道交通、公共服务设施、市政设施等各系统之间的关系。系统整合的目标在于实现地下空间的“高效、集约、宜人、节能”。

考虑到地下空间具有不可逆性，不能够像地上建筑一样通过拆除重建来解决问题，所以在进行系统整合的过程中应当遵循整体性和动态性两大原则。整体性原则就是强调各要素之间的相互关系与有机联系。交通系统各构成要素是互相关联和依存的，所以必须用多元统一、有机联系的思维来指导设计，实现整体效果大于部分之和。本章中的整体性原则体现在整合交通的同时也融入对城市其他因素的考虑。而动态性原则是指城市设计应与时俱进、动态生长，这样才能保证建设的时代性与创新性。因此需要将地下交通系统统筹规划、分期建设，并在保证交通系统大致形成的基础上留有必要的待开发空间，成为具有一定弹性的动态规划。

在五个新城规划建设中，更应注重开发利用和资源保护并重，实现人防各项资源的综合利用、高效利用、反复利用，夯实绿色低碳发展的基础。实现人防工程的“社会效益、战备效益、经济效益”的有机统一。

对地下空间各功能设施空间位置进行合理组织，当不同地下功能设施在相同的竖向深度范围内产生矛盾时，应以方便人行、提高土地使用效率、环境效益和社会综合效益最优为原则决定优先权，条件允许的情况下可考虑统筹合建。竖向避让遵循以下原则：

- 规划新建设施避让现有运营中设施；
- 工程技术难度低的地下设施避让难度高的地下设施；
- 节点型设施避让系统型设施；
- 综合管廊避让人行连通道；
- 小型设施避让大型设施；
- 压力管道避让重力管道；
- 市政管线避让交通隧道。

由于地下工程投资大、建设难度大，一般避让是工程建设难度小的避让难度大的，按重要性进行避让。具体规划控制还应结合实际情况判断。

加强地下空间重点开发地区的空间统筹，协调重大设施的同步实施和空间预控。统筹市政管线、市政管廊、轨道交通线路、地下道路、地下车库、地下商业服务业设施、人民防空设施联络道的通道布局，力争统一规划、同步建设。

# 5.3 新城地下系统整合

"十四五"是新城建设全方位发力、功能提升的关键时期。为加快推进五个新城地下空间建设、推动新城功能提升，应结合市委、市政府提出的重大战略指导思想，并结合实际情况制定地下系统的低碳集约、提质增效实施方案与路径。深入践行"人民城市人民建，人民城市为人民"重要理念，按照建设独立综合性节点城市的总体定位，坚持面向未来，加强统筹，坚持分类施策、彰显特色的开发建设原则。

五个新城地下系统建设及整合需要结合新城发展现状和规划情况，结合该区域对地下空间需求的共性和差异，形成新城各自的地下系统开发建设实施依据与建设引导。新城地下空间开发利用应首先摸清底数，与地面规划同步推动地下空间专项规划研究，并与交通、市政等相关专项规划充分统筹衔接，各类设施尽量整合一体化规划设计、分层分类设置，使地下工程经济集约与高效利用。

新城地下空间的开发利用应坚持分层、有序开发的原则，统筹浅层(0～－15 米)、中层(－15～－50 米)、深层(－50 米以下)不同深度的地下各类系统设置。目前，新城应充分利用浅层和中层空间资源，做好深层空间的预留控制。由浅至深一般为：地下一层设置市政管线、管廊、地下步行连通道、地下商业、地下文化娱乐、地下体育健身、地下能源站、地下环卫、地下变电站等；地下二层设置地下停车、地下车行连通道、地铁站厅、地下能源站、地下变电站等；地下三、四层设置地下停车、地下物流、地下能源站、地铁站台、隧道等。人防一般利用地下二层及以下空间。深层空间主要为新城未来生命线系统、深隧、深地科研系统等做好预留。

对地下各类系统经过综合平衡后，实施竖向分层管控与引导，提升地下空间复合利用效率。不同专项规划要充分整合协调，充分集约利用空间，分层分区设置。非同期建设可以采用工程预留的方式，避免先期工程给后期工程带来障碍。

五个新城的地下空间开发相对滞后，地下交通系统还未成体系，未形成有效的地下步行网络系统。部分区域控规有地下连通，但实施中未实现连通。现阶段新城的发展主要集中于地面，主要包括道路、住宅、CBD 商办区等常规地面建设，尚未把地下空间建设纳入考虑。对于新城来说，重点区域的开发首先要注重规划层面的控制引导，具体应体现规划的科学性、全面性和系统性。统筹目标、规模、布局三大方面并做好规划目标、发展策略、资源评估、需求分级、开发规模、总体布局、分类设施布局等方面的内容，绘制地下空间一张蓝图，整体引领地下空间开发利用。

现新城地下空间开发未充分重视地下交通系统网络化，地下步行网络稀缺。结合上海新城交通枢纽、CBD 等典型区域的步行联通模式，研究规模化地下空间步行网络提升活力的策略。通过对国内外地下城、地下街等进行实地踏勘调研、文献研究等，5.1 节提出了直线型、鱼骨型、核心型 3 种主要步行网络类型，以及不同类型的连接特点，本节将对应新城不同区域提出其适用类型。

地下步行网络的类型需要根据地块特性、区域特性和发展规划来确定。对于地块间简单地下连接、地块与地铁或交通枢纽的单一连接，适合使用直接连接的地下步行类型；对于区域内有多个商办地块但未形成商务区或CBD的地下连接，适合使用鱼骨型，尽可能将地铁或交通枢纽纳入连接，可将其置于尽端和中间部位，以激活整个地下通道，增强地下通道的目的性；核心连接适合中央商务区和城市中心区，或者拥有多个核心地铁站或交通枢纽站的区域，通过串联和并联的方式，以核心地块为纽带增强各个区域的联系。

### 5.3.1 嘉定新城

根据《嘉定新城"十四五"规划建设行动方案》，"十四五"时期，按照"四个高地"的发展目标，嘉定新城致力于打通长三角一体化和虹桥国际开放枢纽的连接通道，实施新城"北拓西联"扩区计划：向北，拓展至嘉定工业区北区，规划面积由122.4平方千米扩大至159.5平方千米；向西，联动安亭枢纽，以安亭北站和安亭西站为核心，形成2.2平方千米的交通枢纽功能联动区，有力推动嘉定新城空间结构和功能布局进一步优化，构建"一核一枢纽、两轴四片区"的新格局。

嘉定新城地下空间重点发展区域包括：枢纽地区的安亭枢纽和嘉定东站、远香湖中央活动区、西门历史文化街区，以及产业社区嘉宝智慧湾等，见表5-3。

**表5-3 嘉定新城重点区域地下空间系统及整合要点**

| 地下空间发展重点区域 | | 重点区域地下空间系统 | 地下空间系统整合建议 |
|---|---|---|---|
| 枢纽地区 | 安亭枢纽和嘉定东站 | 安亭枢纽目前是京沪高铁、沪苏通铁路进入上海的第一站，未来14号线(西延伸)也将接入<br>作为重要的新城综合交通枢纽，涵盖了各类地下空间系统，包括：地下轨道交通系统、地下道路系统、地下步行系统、地下停车系统、地下商业服务系统、地下仓储系统等 | 充分利用多条轨道交通带来的人流，充分发展地下步行系统，以实现地下步行网络为交通枢纽提供"发展流"<br>结合大型枢纽整合地下停车系统，以地下车库为功能组团基础，串联地下公共系统和地下商业系统，构建片区化、网络化、立体化、简洁化的空间形态 |
| 中央活动区 | 远香湖中央活动区 | 远香湖中央活动区规划突出了"城市融入自然、自然导入城市"的理念，持续提升远香湖和紫气东来景观带的生态优势，建设湖区地标建筑群、滨水文化景观和大型公共绿地。以文化内核赋能公共空间、文化空间、休闲空间建设，打造具有标识度、宜居度、美誉度的城市会客厅。区域涵盖了地下道路系统、地上/地下公共空间系统、地下商业服务系统、地下防灾系统、地下物流系统等 | 远香湖中央活动区作为功能高度复合的区域，需要实现三个系统的整合：文化环(环湖景观步行系统与地下慢行系统的整合)、未来塔(中心高强度集聚，地上地下一体化开发)、活力谷(创新空间街区与地下活动空间整合) |
| 老城区 | 西门历史文化街区 | 嘉定西门历史文化街区是嘉定新城重点打造的三大示范样板区之一，致力于打造品质居住、教化书香、时光街市、遗产酒店、佛禅栖心五大功能区域。该区域涵盖的地下系统可包括：地下停车系统、地下防灾系统、地下市政系统、地下环卫系统、地下通风系统等 | 利用城市历史街区改造的契机，建设地下通道，贯通地下交通衔接点。在特定历史节点和地下文物区域，可考虑结合地下文化展示系统等功能，例如地下博物馆、文化馆等。充分做好地下停车系统整合，充分利用好高密度历史文化区域，缓解静态交通问题 |

（续表）

| 地下空间发展重点区域 | | 重点区域地下空间系统 | 地下空间系统整合建议 |
|---|---|---|---|
| 产业社区 | 嘉宝智慧湾 | 作为嘉定新城三大样板区之一，嘉宝智慧湾未来城市实践区将围绕产城融合、绿色生态、未来城市三大示范亮点，发挥生态资源禀赋优势，创造舒适宜人的城市空间和内外渗透、无缝连接的公共活动空间，打造"生产、生活、生态"三生融合的嘉定新城样板。该区域涵盖的地下系统包括：地下商业配套、地下停车系统、地下市政系统，以及新型地下系统，如地下科研系统、地下能源系统、地下生态检测系统等 | 紧紧扣住产业社区融合的特点，将产业社区垂直面的功能重新分配。在建筑群中营造敞开空间，实现地上地下功能的置换，结合地面绿色生态设施布局，同步提升生态环境容量，构建更宜居的组团重点整合地下公共服务系统、地下商业服务系统。充分结合产业社区特征，考虑地下科研系统整合 |

以嘉定安亭枢纽的地下空间整合为例，安亭枢纽是京沪高铁、沪苏通铁路进入上海的第一站，未来 14 号线（西延伸）也将接入，定位为上海西部枢纽城、嘉定新城协同区和嘉定城市副中心。安亭枢纽规划形成新一代站城一体枢纽，实现地下公共空间与轨道交通枢纽的一体化开发。站点附近的区域，可开发地下商业承接站点客流，形成地下商业—客流交通互补的良性格局。

按照安亭枢纽城市设计，地下规划包括：地铁 14 号线、市域线、宝安公路下穿、下沉广场、地下商业、地下停车、枢纽换乘大厅等，形成安亭北站、PRT、14 号线、市域铁路地上地下一体化交通枢纽核心区。规划采用"立体化交通"的设计理念，结合"少车化""公交优先""慢行优先"的理念，通过构建中轴空中走廊，合理组织地区交通接驳。通过地下慢行通道、地下商业街的建设延长轨道站点的触角，提升公共交通的便捷性及商业空间的可达性。通过公共物业接口、下沉广场、竖向交通核的设置，将地下空间延伸至地面人行、空中走廊，构建地面、地下、二层与周边商业、开敞公共空间的无缝衔接，形成多维一体的核心区步行体验系统，步行系统独立、人车分离。规划还包含了地下智慧物流系统。

安亭枢纽地下系统建设及整合的重点是交通系统立体复合、公共空间集约复合、城市功能拓展复合。结合安亭高铁站、地铁 14 号线、市域铁路和其他公交的换乘，把交通枢纽的换乘空间与地下步行系统、公交以及停车等系统紧密联系起来，通过下沉空间、活力平台等与地下商业、广场等公共服务系统实现空间的无缝衔接，使地上地下公共空间集约共享、不同流线立体分层分区，形成立体 TOD，使交通枢纽的换乘更便捷、体验更舒适，并通过地上地下步行、车行网络与周边地块紧密连接。

**地下步行系统**

以安亭枢纽为例，由于安亭枢纽拥有两座高铁站，即安亭北站及安亭西站，且两座高铁站之间还横穿一条城市级主干道——宝安公路，交通情况复杂，人流量巨大。为了更好地引导人流，解决现阶段人车混流的问题，建议在现阶段的区域规划中将地下人行空间纳入其中，统筹考虑。

地下人行空间的设置可以有效实现人车分流，并且通过引导和分流，将大量人流快速、直接地分配到各个地块，提高枢纽周边地块的有效客流，促进区域发展。根据安亭枢纽的规模和地块条件，建议使用鱼骨型连接。

可在宝安公路设置一级地下步行空间，汇集安亭北站和安亭西站的人流，先将人流输送到附近商业地块，提升周边商业价值。再通过次级地下步行空间，将人流引导至次一级的商业和办公地块。最后，可根据地下空间的活跃情况决定是否延伸至周边住宅区。若将周边住宅区内的人流引入，可以进一步丰富地下空间的人流组成，使地下空间和周边地块能长久发展。（图 5-19）

重点区域地下步行网络建议，见表 5-4。

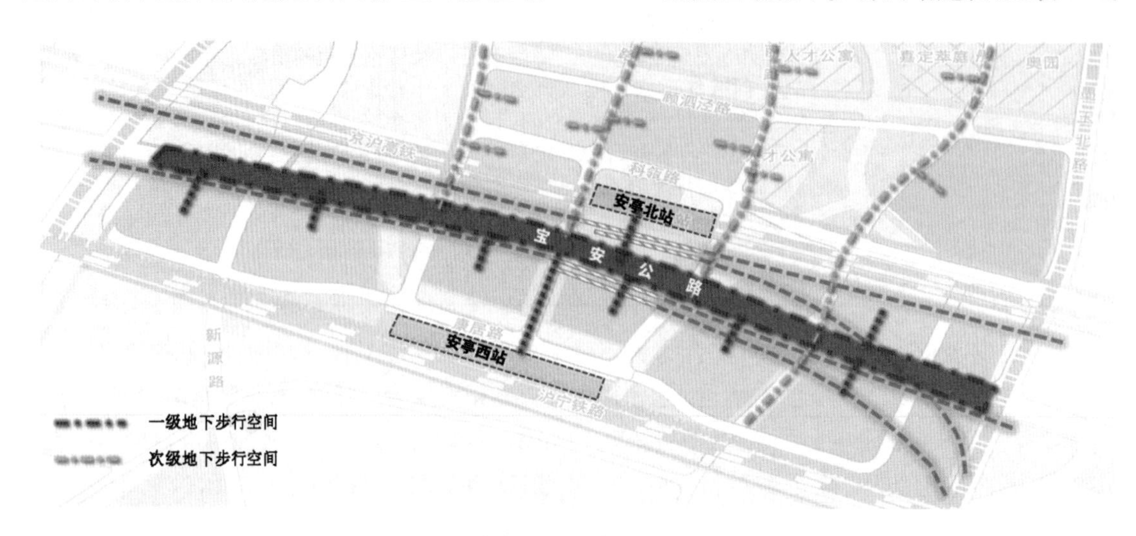


图 5-19　安亭枢纽地下步行空间布置示意图

表 5-4　嘉定新城重点区域地下步行网络类型建议表

| | 区域 | 规划面积、功能 | 开发模式 | 地下步行网络类型 |
|---|---|---|---|---|
| 三大样板示范区 | 远香湖中央活动区 | 规划面积 4.5 平方千米，规划总建筑规模约为 510 万平方米，居住建筑约为 110 万平方米，其中新建约 30 万平方米，公共建筑约 400 万平方米，其中新建约 180 万平方米 | 整体综合开发模式 | 以核心型连接为主，辅以鱼骨型连接。以核心建筑或地块为圆心进行多核心的核心型连接，局部连接薄弱的区域增设鱼骨型连接，加强片区联系 |
| | 嘉宝智慧湾未来城市实践区 | 规划面积 6 平方千米，可开发建设用地约 1 平方千米，总建筑面积约为 134 万平方米，其中居住建筑面积约 47 万平方米，公共设施建筑面积 87 万平方米，智慧型产业社区，创建生态型科创产业融合特色小镇 | 整体综合开发模式为主，辅以分系统开发模式 | 以核心型连接为主，辅以鱼骨型连接。以核心建筑或地块为圆心进行多核心的核心型连接，局部连接薄弱的区域增设鱼骨型连接，加强片区联系 |
| | 西门历史文化街区 | 规划面积约 16 万平方米，为旧城改造区 | 多点统筹开发模式 | 该街区为旧城改造，不适宜核心型连接，根据现场实际情况和人车分流要求对需要连通的地块采用直线型连接，局部核心区域或大范围更新可采用鱼骨型连接 |

（续表）

| | 区域 | 规划面积、功能 | 开发模式 | 地下步行网络类型 |
|---|---|---|---|---|
| 重点发展区域 | 东部产城融合发展启动区 | 规划面积3.8平方米千米，规划总建筑面积约450万平方米，其中居住建筑约80万平方米，公共设施建筑约290万平方米，工业仓储约80万平方米，实施站点TOD开发和沿线周边发展 | 整体综合开发模式 | 以核心型连接为主，辅以鱼骨型连接，以TOD站点为圆心进行多核心的核心型连接，局部连接薄弱的区域增设鱼骨型连接，加强片区联系 |
| | 北部科技驿站 | 规划面积6平方千米，新建总建筑面积345万平方米 | 分系统开发模式 | 以核心型连接为主，辅以鱼骨型连接。以核心建筑或地块为圆心进行多核心的核心型连接，局部连接薄弱的区域增设鱼骨型连接，加强片区联系 |
| | 安亭枢纽功能联动区 | 规划总用地面积2.2平方千米，规划建筑面积约170万平方米 | 线网开发模式 | 主要以安亭枢纽为核心的核心型连接，建议辅以鱼骨型连接 |
| | 嘉定老城历史风貌区 | 规划占地面积3.9平方千米 | 多点统筹开发模式 | 该街区为旧城改造，不适宜核心型连接，根据现场实际情况和人车分流要求对需要连通的地块采用直线型连接，局部核心区域或大范围更新可采用鱼骨型连接 |

结论：

嘉定新城要抓住轨道交通建设和管廊建设等机遇，抓紧编制地下空间开发利用规划及建设方案。在枢纽地区和中央活动区等重点发展区域，制定地下空间详细规划及城市设计方案，综合协调地上地下各类规划，统筹地下各类系统，实现工程一体化建设以及空间预留。通过先期规划，避免后期工程浪费。对深层地下空间进行预留，以保障地下物流系统、地下能源系统等新型系统的未来实施。交通枢纽区域要加强交通专项研究，保障立体交通网络规划与实施，以及地下步行网络的实施。

地下商业空间应预留与地铁的连接条件，充分利用公共出行便利性，将地铁人流吸引到地下商圈，助力商业人气提升，以提升商业价值。在重要节点设置下沉广场和中庭等空间，以提升地下公共空间的商业氛围和舒适度。

### 5.3.2 青浦新城

根据《青浦新城"十四五"规划建设行动方案》，青浦新城立足于虹桥与示范区两大国家战略高度，融入"双向开放"的区域格局。按照"十四五"时期发展目标的落地要求，构建"一心引领、三片示范、两带融城、水环串联"的总体格局。综合交通枢纽区域规划位于青浦新城中心位置，整合"城际铁路、市域铁路、城市轨道"三网，实现沪苏嘉（青嘉吴）城际线、嘉青松金线、轨交17号线同站换乘，打造面向长三角城市群、支撑青浦独立节点城市发展的“区域辐射”综合交通枢纽。吸纳虹桥商务区、长三角示范区、嘉善、吴江、松江等区域性人流叠加，构建区域性节点城市中心。

青浦新城地下空间的四个重点发展区域分别是：枢纽地区、上达创芯岛中央商务区、老城厢江南新天地，以及未来新城样板区，见表 5-5。

**表 5-5　青浦新城重点区域地下空间系统及整合要点**

| 地下空间发展重点区域 | | 重点区域地下空间系统 | 地下空间系统整合建议 |
|---|---|---|---|
| 枢纽地区 | 汇金路站<br>青浦新城站<br>盈港路站<br>淀山湖大道站 | 青浦枢纽地区主要为新城中心区若干主要地铁站点以及周边开发区域。枢纽地区涵盖了各类地下空间系统，包括：地下轨道交通系统、地下道路系统、地下步行系统、地下停车系统、地下商业服务系统、地下仓储系统等 | 建议不同地铁站之间形成连贯贯通的地下步行系统，根据条件促成地下步行空间网络，进一步发挥枢纽地区的整体效益。形成一个泛“TOD”群集系统<br>结合大型枢纽整合地下停车系统，以地下车库为功能团基础，串联地下公共系统、地下商业系统，构建片区化、网络化、立体化、简洁化空间形态 |
| 中央商务区 | 上达创芯岛 | 上达创芯岛要重点发挥“生态绿色新实践、融合创新路径引领、多元活力中心塑造”的作用。在青浦新城中央商务区示范样板区，顺应人的天性，构筑“步行生活圈”和“密路网、小街区”的空间布局。区域涵盖了地下道路系统、地上/地下公共空间系统、地下商业服务系统、地下防灾系统、地下物流系统等 | 强调生态系统和地下空间系统的整合。探索水岸岛状空间与地下公共空间系统的整合。注重青浦新城的“水特色”，可综合考虑地下生态监测系统的整合 |
| 老城区 | 江南新天地 | 江南新天地以老城厢的保护更新为核心，结合艺术岛、南门地区的综合整治与更新，建设江南文化研究院，挖掘青浦文化精髓，继承江南水乡特有的灵韵，打造满载江南记忆的城市会客厅与特色文化体验区。该区域涵盖的地下系统包括：地下道路系统、地下步行系统、地下停车系统、地下防灾系统、地下市政系统、地下环卫系统、地下通风系统等 | 贯通地下交通衔接点，在特定历史节点和地下文物区域，可考虑地下文化展示系统等功能的结合，例如地下博物馆、文化馆等，充分展示青浦的历史底蕴<br>做好地下停车系统整合，处理好高密度历史文化区域下的静态交通问题，提前预留地下停车空间<br>探索水岸岛状空间与地下公共空间系统的整合方式 |
| 产业社区 | 未来新城样板区 | 未来新城样板区是“江南韵、现代风”的特色风貌城区，也是彰显城绿共融的生态城市发展典范。该区域涵盖的地下系统包括：地下商业配套、地下停车系统、地下市政系统，以及新型地下系统，如地下物流系统、地下能源系统、地下生态监测系统等 | 未来新城样板区以打造 15 分钟社区生活圈、实现数字化转型、推广绿色低碳、增强安全韧性为主要目标。重点整合地上地下公共服务系统、地下商业服务系统、地下物流系统，形成产城融合的支撑体系，体现社区级别地下空间更好地为社区使用者服务的目标<br>注重青浦新城的“水特色”，可综合考虑地下生态监测系统的整合 |

以上达创芯中央商务区为例，该区域作为青浦新城区域职能和公共服务功能最集中的片区之一，是面向未来的、产业链与创新链深度融合的引领片区，致力于构建集约高效、弹性灵活的创新空间布局。围绕综合交通枢纽的站城融合开发，高标准构建地上地下一体化开发示范区，高规格建设智能平台运行信息支撑系统，高水平打造地下公共服务设施及市政基础设施，示范新一代城市中心区的新形态。

根据规划，地下空间规划了嘉青松金线路、示范区联络线、高铁换乘枢纽、17 号线、地下连通道、下沉式广场、地下连通通道等地下系统。结合“三站合一”的建设，遵循 TOD 发展理念，针对本地区建设“枢纽中心”的目标，鼓励促进公共交往、交互体验的系统融合模式，营造多尺度、高密度、立体性高层群落的复合空间体系。

上达创芯中央商务区地下系统及整合要点包括：地下轨交枢纽与商业服务空间的整合、地下停车系统与地下公共服务配套系统的整合、生态系统和地下空间系统的整合、水岸岛状公共空间与地下公共空间系统的整合。同时，要注重青浦新城的“水特色”，综合考虑引入地下生态监测系统等。

**地下步行系统**

青浦新城地下步行系统主要集中在中央商务区和周边相邻的多个次级核心区域内。以中央公园城市绿心和示范区城际线、嘉青松金线、地铁 17 号线三线换乘枢纽为主的中央商务区拥有巨大的人流量和齐全丰富的社会资源与功能，对于新城内的人群而言有极大的吸引力。示范区的功能定位较为明确，与中央商务区相比，目标人群以固定人流和附近住宅区人流为主。由于示范区距中央商务区有 3～4 个街区的距离，地下步行空间可利用其间的地铁站点和公共交通站点对节点进行连接，以中央商务区为人流输送核心，示范区为次核心，核心共联，实现相互促进的目的。(图 5-20)

青浦新城重点区域地下步行网络建议，见表 5-6。

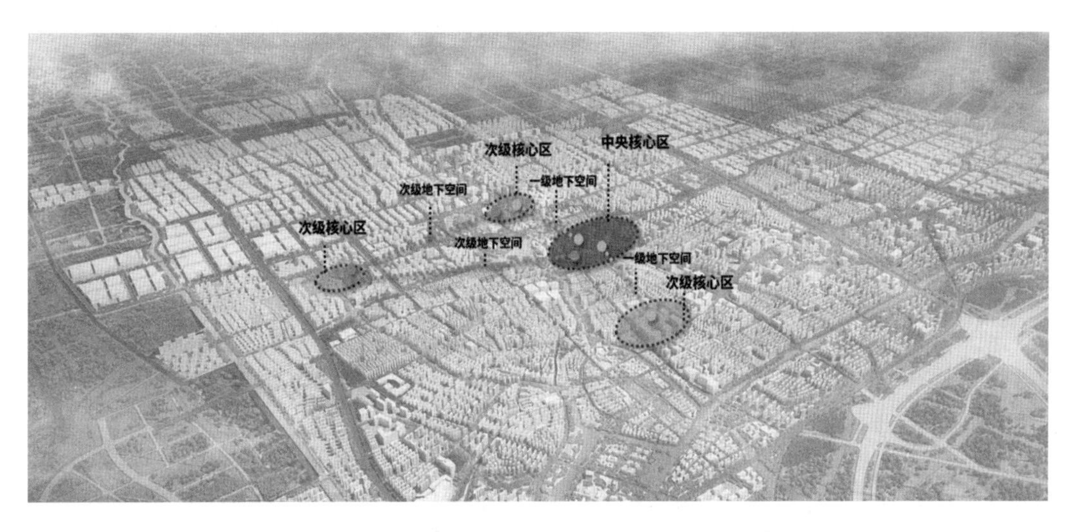


图 5-20 青浦新城中央商务区地下空间布置示意图

表 5-6　青浦新城重点区域地下步行网络类型建议表

| | 区域 | 规划面积、功能 | 开发模式 | 地下步行网络类型 |
|---|---|---|---|---|
| 一个中心 | 青浦新城中央商务区 | 面积约 6.5 平方千米，作为青浦新城区域职能和公共服务功能最集中的片区之一，发挥“生态绿色新实践、融合创新路径引领、多元活力中心塑造”的作用 | 整体综合开发模式为主，辅以分系统开发模式 | 以核心型连接为主，辅以鱼骨型连接。以核心建筑或地块为圆心进行多核心的核心型连接，局部连接薄弱的区域增设鱼骨型连接，加强片区联系 |
| 三个片区 | 城市更新实践区(江南新天地) | 面积约 3.2 平方千米，以老城厢的保护更新为核心，结合艺术岛、南门地区的综合整治与更新，将城市的节奏感与水乡幽静感融合在一起，打造文化体验区，引领文化创意新经济业态的发展 | 线网开发模式，辅以多点统筹开发 | 此为旧城改造，不适宜核心型连接，根据现场实际情况和人车分流要求对需要连通的地块采用直线型连接，局部核心区域或大范围更新可采用鱼骨型连接 |
| | 未来新城样板区 | 面积约 1.3 平方千米，作为青浦新城对接示范区发展的中药衔接版块，连接朱家角镇的中药功能片区 | 整体综合开发模式为主，辅以分系统开发模式 | 新城地下空间可考虑统筹规划，建议以核心型连接为主，辅以鱼骨型连接。以核心建筑或地块为圆心进行多核心的核心型连接，局部连接薄弱的区域增设鱼骨型连接，加强片区联系 |
| | 产业创新园 | 氢能产业园：面积 2.4 平方千米<br>人工智能产业园：面积 3.38 平方千米<br>生物医药产业园：面积 3.65 平方千米<br>综合保税区：面积 1.58 平方千米<br>电子信息产业园：面积 4.62 平方千米 | 线网开发模式 | 公共服务核心区以核心型连接为主，辅以鱼骨型连接。一般区域可采用直线型连接 |

结论：

青浦新城应充分发挥紧靠虹桥枢纽的交通优势以及水面率为新城之最的生态优势，在枢纽地区和中央活动等重点发展区域开展地下空间专项规划，综合协调地上地下各类规划，统筹地下各类系统，实现工程一体化建设以及空间预留，通过先期规划避免工程浪费。对深层地下空间进行预留，保障地下生态监测系统、地下能源系统等新型系统的未来实施。交通枢纽区域要加强交通专项研究，保障立体交通网络规划与实施，以及地下步行网络的实施。

### 5.3.3　松江新城

根据《松江新城“十四五”规划建设行动方案》，新城着眼融入新发展格局，按照独立的综合性节点城市定位，松江新城将增创“一廊一轴两核”的空间发展优势，着力打造未来发展战略空间和重要增长极。根据规划，松江枢纽门户将加快启动高铁枢纽站房、广场等地标建筑和公共空间的设计和建造；加快推动枢纽经济发展，优先引进总部项目、高品质商业综合体项目，并对高铁沿线各地块的地下空间开展立体化研究。同时，以站城融合为目标，优化与枢纽关系紧密的北侧三个重点地块及西侧两夹心地块的空间形态设计。研究站城融合区域内主要节点公共空间体系及地下空间与慢行交通系统相适应的立体空间体系，通过立体织补的缝合手法达到片区融合的目标。

松江新城地下空间的四个重点发展区域分别是松江枢纽核心区、上海科技影都核心区、老城历史风貌片区，以及产城融合示范片区，见表 5-7。

**表 5-7 松江新城重点区域地下空间系统及整合要点**

| 地下空间发展重点区域 | | 重点区域地下空间系统 | 地下空间系统整合建议 |
|---|---|---|---|
| 枢纽地区 | 松江南站枢纽 | “上海 2035”规划将松江南站确定为新建铁路沪苏湖高铁的首发站，同时定位为“城市级枢纽”，场站规模将从现在的 2 台 4 线扩大至 9 台 23 线，成为仅次于虹桥站和上海东站的上海第三大高铁站。枢纽涵盖了各类地下空间系统，包括：地下轨道交通系统、地下道路系统、地下步行系统、地下停车系统、地下商业服务系统、地下仓储系统、地下物流系统等 | 充分利用多条轨道交通带来的人流，充分发展地下步行系统以及枢纽联系，实现地下步行网络为交通枢纽提供“发展流”<br>结合大型枢纽整合地下停车系统，以地下车库为功能团基础，串联地下公共系统和地下商业系统，构建片区化、网络化、立体化、简洁化的空间形态 |
| 特色商务区 | 上海科技影都核心区 | 得益于松江优越的区域地理位置、深厚的人文历史底蕴和影视产业要素集聚等基础，松江影视产业迎来了历史性的发展机遇。围绕影视之都，继续细化科技影都核心区总体规划和重点区域城市设计，推进玉阳大道、华阳湖“一路一湖”建设，打造具有显示度、成熟度的影视文化新地标。区域涵盖了地下道路系统、地上/地下公共空间系统、地下商业服务系统、地下防灾系统、地下物流系统等 | 作为科技影都核心区，需要紧密围绕“影视”“科技”“文化”的主题。针对华阳湖核心区域建设，做好环湖步行系统、地上地下慢行系统的整合。进行文化空间地下化、一体化的整合，科技实验场所作为地下空间的整合。未来充分打造集影视综艺、音乐文化为特色、后期制作、文娱消费、音乐教育为一体的地上地下多功能综合生态圈 |
| 老城区 | 老城历史风貌片区 | 松江被誉为上海之根，松江老城历史风貌片区更浓缩了松江深厚的历史文化。该区域涵盖的地下系统包括：地下道路系统、地下步行系统、地下停车系统、地下防灾系统、地下市政系统、地下环卫系统、地下通风系统等 | 利用城市历史街区改造契机，建设地下通道，贯通地下交通衔接点。在特定历史节点和地下文物区域，可考虑地下文化展示系统等功能的结合，例如地下博物馆、文化馆等，充分展示松江的历史底蕴<br>充分做好地下停车系统整合，充分利用好高密度历史文化区域，缓解静态交通问题 |
| 产业社区 | 产城融合示范片区 | 松江产城融合示范片区产业基础较好，同时拥有良好的人口支撑。重点考虑产业发展与生活服务配套的融合。该区域涵盖的地下系统包括：地下商业配套、地下停车系统、地下市政系统，以及新型地下系统，如地下物流系统、地下能源系统、地下生态监测系统等 | 产业社区融合的特点也应该体现在地上空间系统与地下空间系统的整合上，将产业社区垂直面的功能重新分配，结合地面绿色生态设施布局，同步提升生态环境容量，构建更宜居的组团。重点整合地上地下公共服务系统、地下商业服务系统、地下物流系统，从而形成产城融合的支撑 |

以“两核”中的松江枢纽核心区为例，“十四五”期间将基本建成沪苏湖铁路和松江枢纽，该枢纽不仅是松江新城未来发展的关键核心，还将被构建成一个内联外通、城市级的综合性交通枢纽和综合型智慧物流港。它旨在推动国铁通道与城际铁路的规划建设，以实现松江枢纽能够通达长三角地区 80%以上的主要城市的目标。松江枢纽核心区的具体范围北至金玉路、南至申嘉湖高速、西至毛竹港、东至大张泾，面积约 2.47 平方千米。该区域被规划为面向长三角的上海西南综合交通门户枢纽，包含高端商务、地区商业中心和配套居住功能的站城一体开发示范区。

松江交通枢纽拥有巨大的人流，而周边商业区域密集、功能丰富，对人流也有较强的吸引力。建议使用核心型连接对地下步行空间进行规划和设计，即以松江枢纽为核心，周边商业地块建立次核心实现地下空间的连接，从而起到人流引导和分流的作用。(图 5-21)

规划构建便捷高效的枢纽交通集散系统，使地区交通与枢纽交通适度分离，设置交通中心实现站内一体化高效换乘，并预留快速专用道缓解地面交通压力。地区路网以加强连通、增加密度、紧凑开发为导向，实现优化提升。规划构建多元立体的魅力开放空间，依托轨道交通 9 号线沿线绿地构建中央活力绿轴，融合周边城市功能，打造“公园候车厅”。规划高架连廊系统串联公园绿地、广场、屋顶花园、滨水绿带等，塑造舒适宜人的城市公共环境，激发地区活力。

**地下步行系统**

松江南站枢纽地下系统及整合的要点包括：多层次公共空间体系与多元立体慢行系统的整合、不同层次区域交通换乘系统的整合、地区交通与枢纽交通适度分离，强化一站换乘，通过系统整合实现“出站即中心”的规划目标。重点区域地下步行网络建议，见表 5-8。

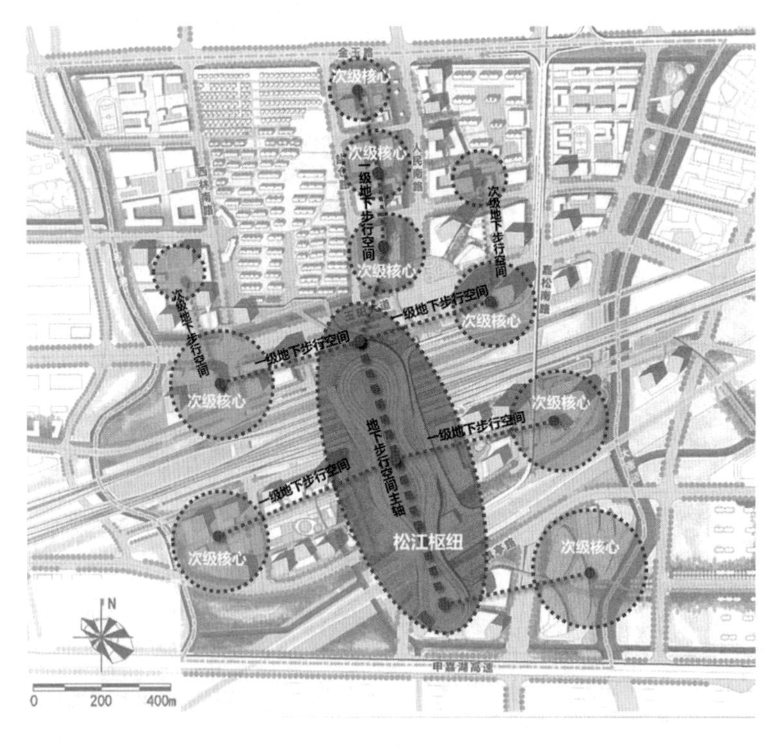


图 5-21　松江枢纽地下空间布置示意图

表 5-8 松江新城重点区域地下步行网络类型建议表

| | 区域 | 规划面积、功能 | 开发模式 | 地下步行网络类型 |
|---|---|---|---|---|
| 四大重点地区 | 松江枢纽核心区 | 面积约 2.47 平方千米。规划将该地区打造成面向长三角的上海西南综合交通门户枢纽，集高端商务、地区商业中心和配套居住功能的站城一体开发示范区 | 整体综合开发模式为主，辅以分系统开发模式 | 以核心型连接为主，辅以鱼骨型连接。以核心建筑或地块为圆心进行多核心的核心型连接，局部连接薄弱的区域增设鱼骨型连接，加强片区联系 |
| | 上海科技影都核心区 | 面积约 1.37 平方千米，培育影视产业功能，营造影视特色氛围。引入总部型、服务型、体验型影视产业，环湖打造立体复合的影视产业体验环，构成一个国际化的影视中央服务区 | 分系统开发模式，辅以线网开发模式 | 以核心型连接为主，辅以鱼骨型连接。以核心建筑或地块为圆心进行多核心的核心型连接，局部连接薄弱的区域增设鱼骨型连接，加强片区联系 |
| | 老城历史风貌片区 | 面积约 3.62 平方千米 | 线网开发模式，辅以多点统筹开发 | 此为旧城改造，不适宜核心型连接，根据现场实际情况和人车分流要求对需要连通的地块采用直线型连接，局部核心区域或大范围更新可采用鱼骨型连接 |
| | 产城融合示范片区 | 东部产城融合示范区，包括：中山工业园区重点区域，面积约 2.69 平方千米；新效路园区重点地区，面积约 0.41 平方千米<br>西部产城融合示范区，包括：经开区西区重点地区，面积约 3.55 平方千米；综合保税区，面积约 1.70 平方千米；永丰街道都市产业园区，面积约 1.55 平方千米 | 分系统开发模式辅以线网开发模式 | 以核心型连接为主，辅以鱼骨型连接。以核心建筑或地块为圆心进行多核心的核心型连接，局部连接薄弱的区域增设鱼骨型连接，加强片区联系 |

结论：

松江新城应充分发挥科技和交通枢纽方面的优势，在枢纽地区和中央活动等重点发展区域开展地下空间专项规划，综合协调地上地下各类规划，统筹地下各类系统，实现工程一体化建设以及空间预留。对深层地下空间进行预留，保障地下物流系统、地下能源系统等新型系统的未来实施。交通枢纽区域要加强交通专项研究，保障立体交通网络的规划与实施，保障地下步行网络的实施。同时，还应特别注重松江新城特有的文化底蕴，在恢复历史风貌方面，开展架空线入地和合杆整治，推进地下综合管廊系统建设。

## 5.3.4 奉贤新城

奉贤新城总面积约 67.9 平方千米，现有的常住人口约 41 万，至 2035 年，规划人口约 75 万人。“十四五”期间，按照“四城一都”的发展目标的落地要求，构建“绿核引领、双轴带动、十字水街、通江达海”的总体新格局。

奉贤新城根据其总体定位提出了“面向

**表 5-9　奉贤新城重点区域地下空间系统及整合要点**

| 地下空间发展重点区域 | | 重点区域地下空间系统 | 地下空间系统整合建议 |
|---|---|---|---|
| 枢纽地区 | 奉浦大道站<br>望园路站<br>环城北路站 | 奉贤枢纽地区主要为新城中心区若干地铁站点以及周边开发区域。枢纽地区涵盖了各类地下空间系统，包括：地下轨道交通系统、地下道路系统、地下步行系统、地下停车系统、地下商业服务系统、地下仓储系统等 | 不同地铁站之间建议形成连贯贯通的地下步行系统，根据条件促成地下步行空间网络，进一步发挥枢纽地区的整体效益。形成一个泛“TOD”群集系统。注重该区域与中央林带的生态整合关系 |
| 中央活力区 | 奉贤新城中心中央活力区 | 奉贤新城中心中央活力区依托轨交枢纽，聚集城市功能，重点布局高能级商业商办和保障性租赁住房，以形成具有特色的城市副中心为目标。高标准打造交通便捷高效、空间明亮舒适、功能创新复合、设施先进集成的地下空间，实现地下空间整体连通<br>区域涵盖了地下道路系统、地上/地下公共空间系统、地下商业服务系统、地下防灾系统、地下物流系统等 | 注重交通系统立体复合、公共空间集约复合、地下公共服务配套系统的整合，以及地下步行空间系统的网络化联系。强调生态系统和地下空间系统的整合<br>探索奉贤中央林带区域与地下公共空间的系统整合可能性<br>可综合考虑地下生态监测系统的整合 |
| 老城区 | 南桥源 | 奉贤新城城市更新项目南桥源，依托昔日江南水乡古镇南桥的历史文脉，结合浦南运河水街，重构生态系统与生活系统，打造一片有历史传承、有城市温度的复合社区<br>该区域涵盖的地下系统可包括：地下道路系统、地下步行系统、地下停车系统、地下防灾系统、地下市政系统、地下环卫系统、地下通风系统等 | 城市旧区的地下空间要注重互联互通，形成网络，而网络构建的主体则主要依托道路下方的公共地下空间。要注重地下公共空间系统的整合。同时，也要做好地下停车系统整合，处理好高密度历史文化区域下的静态交通问题，提前预留地下停车空间 |
| 产业社区 | 东方美谷、数字江海 | 以东方美谷大道为产城融合发展轴，加快打造东方美谷科技创新核心功能区，优化科技创新功能布局，建设创新资源融合高地<br>该区域涵盖的地下系统可包括：地下商业配套、地下停车系统、地下市政系统，以及新型地下系统，如地下物流系统、地下能源系统、地下生态监测系统等 | 东方美谷是大量医美类科研机构集聚区，需要综合考虑科研等大型实验工作空间<br>应注重东方美谷的产业研发，可综合考虑地下科研系统、地下能源系统的整合 |

独立城市发展目标，打造湾区客厅，公园新城”的总目标愿景，和“公园新城全样本”“南部枢纽会客厅”“世界美谷新高地”“未来城市示范区”四个目标。其地下空间的四个重点发展区域分别是枢纽地区、中央活力区、南桥源老城以及东方美谷、数字江海产业社区，见表 5-9。

以枢纽地区为例，其地下系统及整合要点是：交通系统立体复合、公共空间集约复合、地下停车系统与地下公共服务配套系统的整合，以及地下步行空间系统的网络化联系。同时，奉贤新城枢纽地区应该综合考虑周边动态交通与静态交通的需求，合理设置地下环路连接商务地块地下停车库；依托轨道交通枢纽，合理设置 P+R 停车场，便于换乘轨道交通，减少高峰时段进入市中心的车流，缓解中心城区拥堵，引导高效出行方式。

**地下步行系统**

区域内地下步行系统整合要点：公共空

**表 5-10 奉贤新城重点区域地下步行网络类型建议表**

| | 区域 | 规划面积、功能 | 开发模式 | 地下步行网络类型 |
|---|---|---|---|---|
| 五大重点地区 | 新城中心 | 面积约 8.6 平方千米，建筑面积约 450 万平方米。依托中央绿心，发挥生态价值，推动创新空间、文化空间与生态空间融合，植入高等级公共服务设施，优化公共空间环境，突出展现新城建设风貌 | 整体综合开发模式为主，辅以分系统开发模式 | 以核心型连接为主，辅以鱼骨型连接。以核心建筑或地块为圆心进行多核心的核心型连接，局部连接薄弱的区域增设鱼骨型连接，加强片区联系 |
| | 数字江海 | 面积约 1.2 平方千米，以美丽健康生物医药和智能网联汽车为主导，建设形成环境优美、产业引领、高能级、高科技的产业社区样板 | 分系统开发模式，辅以线网开发模式 | 区域范围较小，以鱼骨型连接为主，加强片区联系 |
| | 国际青年社区 | 面积约 3 平方千米，充分发挥新片区制度政策优势，以高服务能级、高建设标准、高环境品质打造知名国际社区 | 整体综合开发模式为主，辅以分系统开发模式 | 以核心型连接为主，辅以鱼骨型连接。以核心建筑或地块为圆心进行多核心的核心型连接，局部连接薄弱的区域增设鱼骨型连接，加强片区联系 |
| | 南桥源 | 面积约 2 平方千米，高标准的南桥源及浦南运河两岸城市更新，改善环境品质，提升综合服务能级，结合水上交通，打造具有特色的水上生活体验 | 线网开发模式 | 以河岸景观为主，建议以鱼骨型连接为主，加强片区联系 |
| | 东方美谷大道 | 面积约 7.8 平方千米，根据产城融合发展理念，由东至西形成门户区、文化区、交通主导示范区、产业区的功能布局 | 整体综合开发模式为主，辅以分系统开发模式 | 以核心型连接为主，辅以鱼骨型连接。以核心建筑或地块为圆心进行多核心的核心型连接，局部连接薄弱的区域增设鱼骨型连接，加强片区联系 |

间集约复合、地下公共服务配套系统的整合，地下步行空间系统的网络化联系。区域内核心功能地块地下空间实现跨街坊相互连通，适当布置地下公共服务功能，人防工程统筹建设，片区指标不变，各街坊内统筹协调。重点区域地下步行网络建议，见表 5-10。

结论：

奉贤新城应充分发挥产业优势以及生态优势，在枢纽地区和中央活力区等重点发展区域开展地下空间专项规划，综合协调地上地下各类规划，统筹地下各类系统，实现工程一体化建设以及空间预留。同时，也应该重点考虑东方美谷、数字江海等重点发展的产业区域。结合地下科研系统的整合，对深层地下空间进行预留，以保障地下新型系统的未来实施。

### 5.3.5 南汇新城

南汇新城规划范围总面积约 343.3 平方千米。新城现有的常住人口约 30 万人，至 2035 年，规划人口约 144 万人。南汇新城是中国(上海)自由贸易试验区临港新片区的主城区，是临港新片区建设具有较强国际市场影响力和竞争力的特殊经济功能区和现代化新城的核心承载区。南汇新城定位为离岸在岸业务枢纽、开放创新高地、宜业宜居城区的滨海未来城。通过强化空间集聚，推进产业能级提升，打造具有显示度的滨海未来城形象，南汇新城将形成“轴向带动，一核引领，海陆相汇”的空间结构。南汇新城地下空间的三个重点发展区域分别是枢纽地区、环湖自贸港、世界顶尖科学家社区，见表 5-11。

以枢纽地区为例，滴水湖核心片区为主体，形成地下空间开发核心区，包括中央活动区、地区中心及其他商业办公集中地区。将地下轨道交通枢纽站点半径 500 米范围内的区域打造成为功能集约复合、站城一体的立体城市地标，打造以人为本、注重品质的未来活力城区。结合公共通道设置，确定合理的地块尺度，优化局部交通组织；深化开放区枢纽站点设计，提出常规公交、中运量公交、出租车、私人机动车等多种交通方式换乘组织

**表 5-11　南汇新城重点区域地下空间系统及整合要点**

| 地下空间发展重点区域 | | 重点区域地下空间系统 | 地下空间系统整合建议 |
| --- | --- | --- | --- |
| 枢纽地区 | 滴水湖站<br>临港大道站<br>书院站 | 南汇枢纽地区主要沿中央主轴发展，包括新城中心区若干主要地铁站点以及周边开发区域。枢纽地区涵盖了各类地下空间系统，包括：地下轨道交通系统、地下道路系统、地下步行系统、地下停车系统、地下商业服务系统、地下仓储系统等 | 沿 16 号线临港大道地铁站点，根据条件促成地下步行空间网络，进一步发挥枢纽地区的整体效益，形成一个泛“TOD”群集系统。注重该区域与中央林带的生态整合关系，重点考虑地下道路系统的整合 |
| 中央活动区 | 环湖自贸港 | 临港环湖自贸港定位为中央活动区示范样板，起示范引领作用，核心位于 105 TOD 中央商务区<br>区域涵盖了：地下轨道交通系统、地下道路系统、地上/地下公共空间系统、地下商业服务系统、地下公共管理服务系统、地下防灾系统、地下物流系统等 | 根据规划，环湖自贸港要突出立体复合的布局：打造标志突出和肌理融合的立体城市，结合中央绿轴，面向滴水湖形成环抱之势。塑造生态智慧先锋体验的未来城市试验场。构建智慧出行 MASS 系统，使定制化数字出行更好地服务枢纽周边社区居民的出行需求。综合考虑地下道路系统、地下物流系统、地下智能系统的整合 |
| 产业社区 | 世界顶尖科学家社区 | 世界顶尖科学家社区定位为产业社区示范样板，是全方位满足顶尖科学家工作与生活需求、聚焦国际科研创新协同的世界级重大前沿科学策源地。该区域关注科学家生活需求特质，基于智慧市政、智慧交通、智慧生活等完善住区指挥系统设计。该区域涵盖的地下系统可包括：地下商业配套、地下停车系统、地下市政系统，以及新型地下系统，如地下物流系统、地下能源系统、地下生态监测系统等 | 世界级的产业社区服务的对象是世界顶级科学家和与之相关的科研服务人员<br>地下空间的安排应特别注重地下系统对这一特殊客群的支撑与服务。综合考虑地下科研系统、地下能源系统的整合，地下智慧物流系统与地上物流系统的整合和一体化管理，还需要整合地下公共管理服务系统。同时在生态环境较好的公共区域可以整合地下水(生态)监测系统等 |

方案；站点区域交通组织方案应充分考虑不同轨道交通建设实施时序，做到近远期结合。注重公共空间序列，注重连通广场、公园、街道、空中连廊、地下空间等系统，强调地上地下统一规划、统一开发、分层利用、优化立体空间开发。

**地下步行系统**

南汇新城地下步行系统主要集中在国际创新协同区、现代服务业开放区等多个区域。以前沿科技产业区为例，该区域要创造定制化的科学研究城市地下空间，充分体现科学特色和场所氛围，因此要打造全景式生态步行系统，创造全域型交互空间。重点区域地下步行网络建议，见表 5-12。

结论：

南汇新城应充分发挥三大优势：交通优势、产业优势、人才优势。在枢纽地区和环湖自贸港等重点发展区域开展地下空间专项规划，综合协调地上地下各类规划，统筹地下各类系统、工程一体化建设，以及空间预留。在世界顶尖科学家社区等人才重点发展区域，做好高品质支撑和服务，保障地下空间新型系统的推广和实施。

**表 5-12　南汇新城重点区域地下步行网络类型建议表**

<table>
<tr><th></th><th>区域</th><th>规划面积、功能</th><th>开发模式</th><th>地下步行网络类型</th></tr>
<tr><td rowspan="4">四大重点地区</td><td>国际创新协同区</td><td>面积约 6.1 平方千米，围绕科创总部湾、世界顶尖科学家社区和临港科技城，以创新策源功能为核心，完善专业化科创研发配套和国际化、定制化的高端生产生活服务配套</td><td rowspan="4">整体综合开发模式为主，辅以分系统开发模式</td><td rowspan="4">以核心型连接为主，辅以鱼骨型连接。以核心建筑或地块为圆心进行多核心的核心型连接，局部连接薄弱的区域增设鱼骨型连接，加强片区联系</td></tr>
<tr><td>现代服务业开放区</td><td>面积约 12.04 平方千米，围绕一环带总部湾区、中央活动区城市航站楼枢纽地区、科技产业总部集聚区，以提升全球资源要素配置能力为目标，发挥中心核心功能，打造国际化城区</td></tr>
<tr><td>洋山特殊综合保税区（芦潮港区域）</td><td>面积约 11.62 平方千米，依托特殊综合保税区政策优势，构建充满活力的制度创新高地、高能级国际化的产业体系、更高开放度的功能型平台，打造“特殊政策先试先行区”</td></tr>
<tr><td>前沿科技产业区</td><td>面积约 45.79 平方千米，打造产业聚合、宜居宜业、低碳绿色、空间复合的“产业突围产城融合区”</td></tr>
</table>

# 06 全生命周期低碳技术

# 6.1 低碳设计

1966 年，哈佛大学雷蒙德·弗农(Raymond Vernon)教授在研究论文《产品周期中的国际投资和国际贸易》中首次提出了全生命周期理论，即将某种产品的生命周期划分为几个典型的阶段，并总结归纳各阶段的利润增长点。这一创造性概念的提出很快就在技术、环境与社会等诸多层面发挥重要作用，有助于对各类项目进行计划、组织、指挥、协调和控制等专业化活动。在此社会背景下，生命周期评价方法(Life Cycle Assessment，LCA)应运而生，该方法将目标对象定义或划分为多个明确的有机联系部分，然后辨识和评价各阶段物质、能量的消耗及对环境的影响。

雷夫·古斯塔夫松(Leif Gustavsson)等研究学者将该评价方法引入建筑工程领域，将建筑的全生命周期划分为原材料生产、定点建设、运行、拆除及材料处理 4 个阶段，以此详细统计和分析各阶段的能源消耗与碳排放强度。当然，最初的划分肯定存在考虑不足之处，忽略了材料运输以及建筑维护等过程。目前，依据主流学术观点及理论依据，建筑工程的全生命周期被划分为建筑材料的生产、运输、建筑施工、运维等多个阶段(图 6-1)，且这一概念已经被社会各界、各个行业广泛接受。

随着经济高速发展，城市化进程越来越快。短时间内城市数量攀升，城市规模急剧增大，势必使与不协调的城市化相伴而生的“城市综合征”越来越严重。城市人口超饱和、交通拥堵、建筑空间拥挤、绿化面积减小、城市污染加剧、环境质量下降、城市抗灾自救能力降低等问题困扰着人们的生活。城市的高速发展以及相继涌现的城市问题，迫使人们开发利用地下空间。在现代城市地下空间开发方面，发达国家普遍起步更早(日本、英

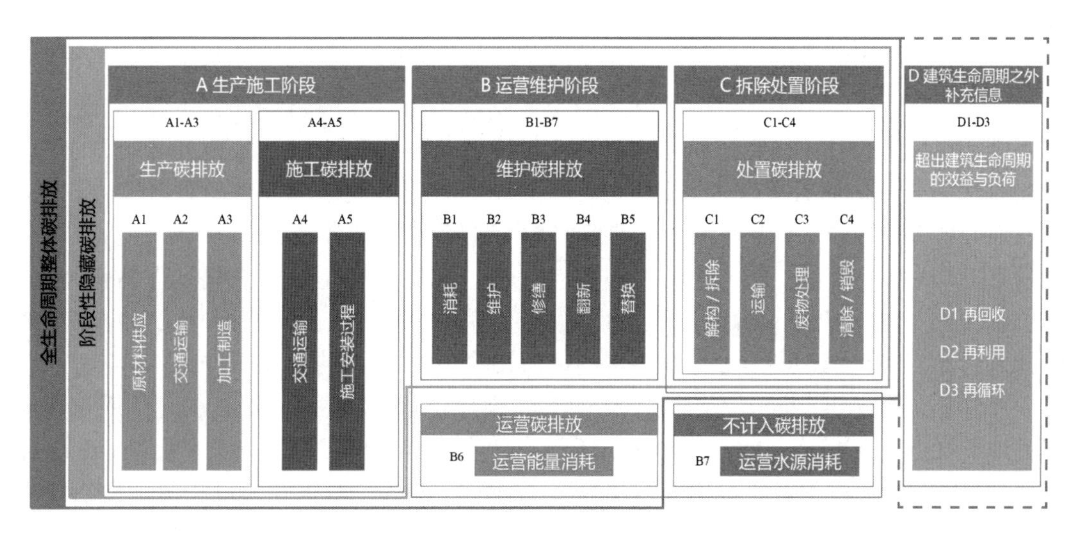


图 6-1 全生命周期碳排放计算内容

国、新加坡、芬兰等),积累了丰富的实践经验。但国内外从业者极少以生态自平衡为目的,直接提出以绿色低碳为切入点的地下空间支撑政策或实施框架。即便总结了可持续性城市规划建构要点,也仅从地上建筑及场所的系统性优化维度,如利用土地、发展经济、协调交通、补给能源等方面,提出些许能够直接或间接发挥作用的建议。当然,随着气候变化、能源紧缺以及可持续发展理念深入各行各业,国外也逐渐开始一系列探索。以芬兰赫尔辛基地下空间开发为例,在保持常规开发建设质量的前提下,规划层面还要求结合低碳生态理念,通过水资源利用和固废回收技术减少能源消耗,提升城市系统运转过程中的节能减排效果。我国学者也陆续展开研究。季翔在其研究成果中明确提出在地下轨道交通连通空间引入自然通风的可行性(在充分考虑了地下建筑独有特性的前提下),并系统地讨论了暖通空调系统的节能应用技术。上述研究对于建设开发可持续地下空间具有重要的借鉴意义。

国外地下空间大规模开发利用具有150多年的历史,在此过程中不同国家、地区形成了基于问题、目标导向的现代城市地下空间规划及建设体系,积累了丰富的理论成果与实践经验。可持续发展思维在人类经历了各种发展"阵痛"后已经深入生活的方方面面。不过,依旧有学者指出,要充分利用城市地下空间这一被低估的天然资产,既需要集约高效地开放共享发展,也需要绿色低碳地协同约束。

总结国内外的实践案例可以发现,由于整体缺乏引导,没有构建可持续的地下空间环境的绿色低碳技术准则及评估体系,不同区域的地下更新或开发无法与能源效率或环境舒适度良性结合。根据各级政府公开文件整理,截至2022年年底,中国共颁布有关城市地下空间的法律法规规章、技术规范性文件693份。虽然上海地下空间开发利用已经走在全国前列,但由于缺少系统性战略谋划,国内在地下空间开发利用以及技术规范编制体系方面整体起步较晚,建设水平参差不齐。新城片区地下空间的高品质开发要对标碳排放先进水平合理设置指标,结合建设动态实时反馈指标调整,提升指标引导建设的合理性。

在过去的近十年内,我国地下空间建设标准化工作已经日趋形成国家标准(比如《城市地下空间规划标准》)、行业标准(比如《城市地下空间内部环境设计标准》)和地方标准(比如《杭州市重点区域地下公共连通空间设计导则(试行)》)的三级技术标准主体。通过深入分析上述三级标准可以发现,其存在的主要缺陷使其无法满足新城地下空间低碳规划的三点基本要求,即合理性、完整性和科学性。缺点突出体现在以下几个方面:

1) 各标准纵向覆盖面窄,范围分布不均匀,总体发展不协调。我国地下空间现行标准化体系中,有的领域发展较快,规范标准较多;有的则很少,甚至存在空白。标准之间横向过于交叉、重复,不同行业部门自编自用,体系庞杂,与实际需求脱节。

2) 部分标准技术内容较为陈旧,不能充分反映新材料、新技术、新工艺,且绝大部分散落在各个层级设计规范的各个章节中,部分指标生搬硬套地面建筑设计参数,无法形成科学的框架体系。

站在工程建设标准化工作的整体高度,以科学发展观统领全局,相关研究建议并尝试提出一种低碳生态导向的新城地下空间设计技术标准(图6-2)。构建体系完整的地下空间低碳规划设计技术标准,既是对国家、行业已经颁布的大量相关标准系统进行梳理和分类,又填补了地方规范中相关领域的空白。

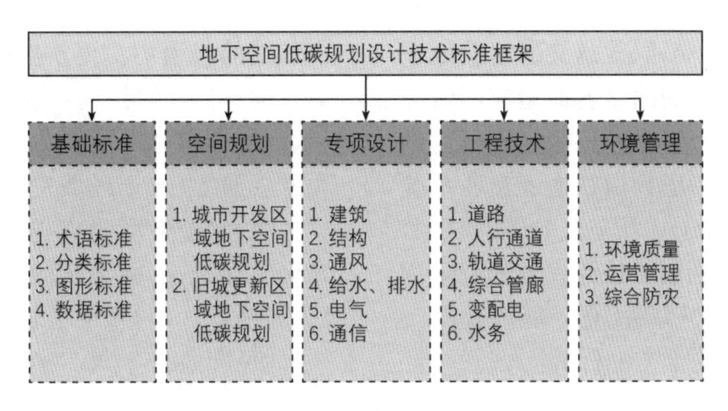


**图 6-2　新城地下空间低碳规划设计技术标准框架**

### 6.1.1　低碳规划

上海新城地下空间低碳规划的总体要求在于构建低能耗的空间形态，规划便捷可达的公共交通、连续舒适的慢行系统，以减少居民出行和建筑能耗产生的二氧化碳排放量。此外，还需要绿色安全的低碳交通设施降低对环境的负荷，塑造绿色低碳的城市空间。

1. 空间规划

许多发达国家在实践中逐步形成了地上空间和地下空间协调发展的城市空间构成新概念。而充分利用地下空间是城市集约化立体开发理念的主要组成部分。基于以"紧凑城市与精明增长"为核心的城市可持续发展路径，以其研究理论为切入点，回溯建成环境全生命周期碳排放组成部分之一的隐性碳排放(其余则归类为显性碳排放)，不难发现城市可持续发展路径中设定的核心碳排放要素与建成环境全生命周期碳排放优化参数有高度相似之处。低碳生态城市空间的结构特征集中体现为"要素聚集、形态紧凑集约，功能混合、空间互补平衡"，在拓宽容纳社会经济发展用地需求"理想路线"的基础上控制土地的粗放利用，改变城市浪费资源的现状，提高综合防灾能力，在促进城市健康发展的过程中同步实现生态系统的自组织平衡。

1）紧凑集约规划

总体而言，紧凑(compact)的语义是"承载更多内容的同时利用更少的空间"，在土地利用上主要突出高效率的内涵。集约(intensive)表示在相同范围或领域内，通过改善经营要素质量、增加要素含量以及提高要素集中程度等调整方式来优化效益的生产或经营方式。对于城市层面，紧凑集约规划主要侧重于充分发挥聚集作用，以尽可能少的资源，创造出尽可能多的社会财富和综合效益。通过相关概念的解读，基本认定城市地下空间低碳开发的规划布局策略要点在于尽可能地将"紧"和"集"两项特征嵌入各子系统中。(图 6-3)

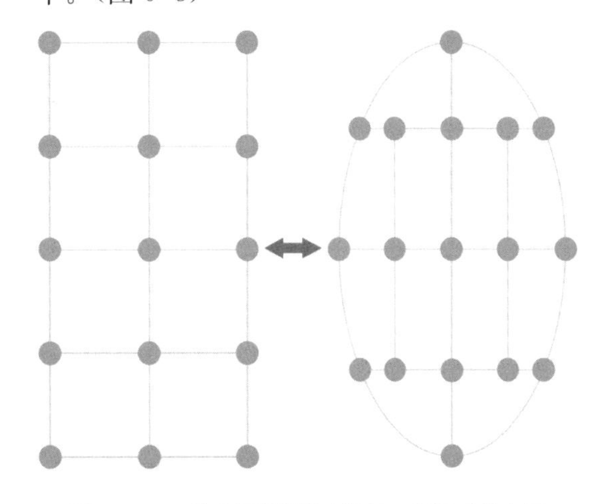

**图 6-3　两种典型性"紧凑"地下交通系统布局**

交通能耗和交通环境污染是建设低碳城

市必须解决的首要难题之一。发展地下公共交通系统(包括步行交通、轨道交通以及地下停车),可以减少由于交通堵塞而造成的能源浪费,也能有效消除车辆尾气排放从而达到双重降碳的目的。考虑到以往地下交通系统设计中出现的无序、干扰甚至低效等问题(实质上间接造成开发利用可持续程度低),采用紧凑的交通系统组织方法,充分展现其交叉性和高效率空间布局形态的价值:

(1) 紧凑空间规划本身有利于建立交叉型地下公共交通及空间集群。在不同的情况下,紧凑布局的模式将会衍生出与之对应的"点—轴—网"整体空间交通网络体系,以减少高能耗交通行为的间隔距离、使用频次为前提,降低相关排放指标。

(2) 以"紧凑度"为量化分析指标和参考依据开发的城市区域各层级公交站点、枢纽及连通空间将使公共交通系统提质增效,使地下交通系统满足漫长的城市区域演化过程所应具备的系统性和针对性。以提高空间公共交通可达性为前提,降低相关排放指标。

为了对抗恶劣的自然气候,加拿大蒙特利尔地下城自 1962 年创建以来经历了交通枢纽扩建、大型城市事件(世博会)、区域重大项目开发等各有侧重点的发展阶段,在历经 60 余年的发展后最终形成了目前规模庞大且具有卓越特质的地下空间网络。整个地下城由五个街区组成,步行网络将街区内民用建筑的地下层与临街建筑的地下层连接起来,再由连续的廊道把两条并行的地铁线路联系在一起。其空间规划的中心指导原则在于确保建筑和室内步行网络连接的同时维持与地下街道之间的紧凑联系,以便最高效地设置地下与地面贯通的人行道开口。

目前,与该系统关联的大型建筑有近 60 座,地下城出入口多达 150 处,步行者不必外出就可以漫步在 32 千米长的走廊、地道和购物中心之间。这样一个有着防护功能的大尺度交通网络对城市中心商业和旅游活动具有较强的吸引力。更重要的是,不断完善公共交通可达性的各项举措在鼓励人们绿色出行、降低城市总体能耗方面有着无可比拟的贡献。通常,出于区域发展的整体可持续特性考虑,实施适度紧凑规划布局无法确保城市同时在宏观、中观和微观三个维度上保持"多元融合",即"水平层面紧凑"并不意味着"纵向尺度混合"。单一性尺度不能决定城市各子系统之间的有序衔接,也不能促使城市与环境负担保持良好平衡发展的状态。部分学者建议将城市土地利用从二维平面上升到三维空间,并对其加以探讨和落实,正是受到了经济学中"集约增长"概念的启发。

因开发的时序差异及不可逆性而带来的诸多潜在冲突与矛盾,恰好是引入集约化地下空间设计的内外动因。同样以地下公共交通系统为例,首先,城市不同区域(老城与新城)对于公共交通总量、交通方式换乘间隔、客流转换效率等需求有显著差异,因而需要线路结构清晰、空间组织合理、集中程度适宜的复合利用交通体系。其次,地下交通打破了传统城市明确的地上与地下、室内与室外等建筑空间边界。基于此,在本体空间定形设计过程中,要综合分析城市地下交通系统、城市地下公共设施系统、城市地下市政管道设施系统、城市地下防灾设施系统等,综合考虑城市经济、安全及环境。既要进行地下空间功能要素的有机集中,还要基于功能相关性原则,对功能进行优化组合,理顺复杂的功能内在秩序。其目的是保证城市地下空间的各个功能可以有效应用,最终彻底扭转以往私家车为主的出行方式,并完全确立地下空间高速快行、中速慢行和健康步行的整合性低能耗或零能耗的包容多元出行机制。

深圳前海合作区以深化港深合作及推进国际现代服务业发展为核心功能,产业形态以高端服务业和总部经济为主,被称为珠三角地区未来的“曼哈顿”。规划主管部门综合考虑当前发展状态和空间布局，从纵向角度结合相邻区域地下空间的整体功能定位及重点产业规划，提出了结合不同功能设施的湾区地下空间三级分层集约发展战略。规划将地面设施的功能与地下设施的功能相结合，整合地下物流、地下综合管廊、地下道路，构建一小时地下交通圈，实现湾区物资、能源、人力、资金、信息的互联互通。其发展蓝图一共分为三个阶段：

(1) 积极科学规划阶段，已于 2022 年基本完成设定目标。上述阶段，地下空间的开发和利用以积极和科学的方式进行，当大量设施被转移到地下后，市区交通得到了改善。基本建成包括地下交通系统、地下市政系统、地下医疗系统在内的综合性地下综合体。

(2) 生态和深层地下开发阶段，目标计划于 2030 年实现。在这一阶段，地上污染较少，地下空间应该已经发展成为一个良好的城市环境。此外，应初步建立地下空间生态圈，为地面提供更多资源。

(3) 智能管理阶段，有望于 2050 年实现。地面上遍布蓝天、白云和绿地等自然风景。地下空间通过提供具有高效交通网络、智能信息网络和绿色低碳特征的高度集成的城市环境，服务地面空间。

此外，为实现紧凑集约规划，还应塑造绿色高碳汇的公共空间环境。通过构建完整连续的蓝绿空间系统、提升绿化覆盖率、提升绿地乔灌草复层绿化比例及本土植物种植比例、鼓励建设垂直绿化、保障场地原生生态环境等措施，全面提升区域的碳汇能力。

雄安新区在此方面提供了非常宝贵的开发探索经验。例如，雄安新区容东片区河西 110 千伏输变电站项目采用了下沉式庭院的形式设计，将主体埋置在地面层之下，而地表则覆盖城市景观设施。可以肯定的是，未来新城城市地下空间的低碳开发将反映紧凑性、集约化、立体深度开发、生态化、信息化、人性化等特点。依据这些特性，保障地下空间开发的有序兼容、便捷高效、质量兼优，真正突显空间效益。

2) 功能空间耦合

就地下空间这一特定区域而言，碳排放降低可以通过紧凑集约规划，即提高效率、降低消耗来实现。功能空间耦合，即与周边空间及生态环境系统实现有机融合，是建构低碳地下空间的重要手段之一。纵观近现代城市地下空间系统的发展演变可以发现，城市地下空间从来都不是独立于城市系统而存在的。城市系统中各功能空间存在高度关联和相互依存的耦合关系。例如低密度开发的住宅区域一般会配套地上停车设施用地，而高密度住区则大多会配套地下停车设施。上述功能空间耦合关系的作用和影响贯穿于城市各级空间系统发展演变的全过程，是决定系统发展演变的重要内在机制。

关于耦合(coupling)，这个术语或概念的解释最初来源于物理学领域，指代两个系统因相互作用而产生的一种彼此依赖且动态平衡的现象。国内城市和交通规划领域的专家在他们的研究课题中赋予了耦合全新的定义和解释。有学者将轨道站点地区与城市公共中心区之间的耦合关系定义为两者在经济层面及社会层面的良性互动结果。基于此，这种耦合又逐步催生了城市空间各个层面相互融合、协调发展的状态或过程。

在当前紧迫的能源需求时代背景下，建筑设计领域也有类似的“议题”——建筑形体或功能布局与节能指标之间的耦合。实践者们称之为气候适应性耦合设计方法。在“双碳”目标的驱动下，新技术、新理念已经赋予了建筑学语境中环境或空间布局与可持续性能指标之间耦合的可能性。不同功能的城市地下空间及其周边地上、地下功能空间同样应该产生类似的密切联系和相互作用，通过持续的竞争和协同,逐渐形成井然有序、统一协调、紧密联系的共生关系。

以此为契机,在新城地下空间开发建设过程中,应当鼓励以节能减排为目标对地下各层空间进行包括功能、规模、强度等各类要素的布局与形态、组织与联系耦合规划。譬如,可以在新城开发中充分利用地下空间原本具备的恒温、恒湿等特点,将符合城市规模等级需求的仓储设施或其他与物理环境特性匹配的市政站场设施转入地下,并统筹安排配套的地下物流、综合管廊等子系统,从而达到提高设施整体运行效率和可靠度、降低能量消耗的目的。地下空间开发模式与用地属性、交通布局等要素的耦合互动是目前学术界的研究热点。来自同济大学和深圳地铁集团的联合研究团队开发了一个基于第二代帕累托强度算法的地铁周边用地规划多目标优化模型。以商业空间、停车场、公共空间和市政设施等功能用地为优化对象,在多个参数的协同下共同完成开发强度和用地兼容性的约束,并且同时保证了地块的连通性、紧凑性和便捷性。这在某种意义上也是低碳的规划策略。随后研究团队在上海的人民广场做了仿真对比实验,证明了该方法的可行性。

基于功能耦合理念的城市地下空间规划实践,既不会对已有的城市地下空间规划内容、方法和体系全盘否定,也不会简单套用已有城市规划研究成果,而是在对城市地下空间内在功能耦合潜力深入研究和理解的基础上,把城市地下功能空间的规划设计与城市空间整体功能的规划设计相结合,嵌套提高系统能效的规划目标,重新调整城市地下空间的规划策略,重新设定城市地下空间体系的规划重点。

2. 节点设计

从整体推动五个新城地下空间建设成为资源节约型、环境友好型城市空间的实施路径来看,空间布局与土地利用的规划控制目的在于,从系统论的层面,利用结构优化,把控能源效率和实施节碳减排措施。正如前文所述,地下空间环境与地面建筑相比较,有着显著独特的物理环境及热工性能特点,如隔热隐蔽、温湿度恒定、不易受到外界条件影响等。但是在一些节点位置,这些优势又会转换成导致能耗增加的劣势。正因如此,在实施过程中要从打造品质优良的绿色工程和示范性低碳技术两方面入手,依据特定的空间范围、位置、规模、类型等进行预见性的节点设计。以被动优先、主动协调的理念提升城市自然生态调节能力,最大限度地实现自然环境的和谐共生。

1) 被动措施优先

被动设计策略是遵循气候适应性开发思维,顺应自然界的阳光、风、气温、湿度等变化来改善和创造舒适的环境,减少对常规机械电气设备和化石能源的使用。同时,辅以高效利用建筑材料的物理性能、科学合理划分功能等手段,共同实现低碳可持续的目标。由中外学者组成的联合研究团队针对北京、南京、上海以及福州发起了一项关于城市地下空间建筑感知、热舒适性参数的调查研究。结果表明,城市气候与该区域地下空间热舒适特征以及能源性能之间有极为紧密的相关性。依据所在城市的气候环境要素主导的地下空间设计在节能效率、使用者行为偏好等方面有着巨大的潜力和优势。

由于位置和气候适应能力的优势,商业空间、地下通道与地铁站或其他附属设施的结合可以极大地提高社会及经济价值。由此引发的连锁反应则涉及更高的室内环境质量标准(照度、换气效率等)。数据表明人工照明及机械新风是地下建筑能源负荷比重最大的两项开支。为减少相关方面的能耗,将自然光照引入地下场所是当前业界内的研究重点。其中,较为常见的设计手法之一就是结合场地周边景观设计一个下沉式采光中庭。

在过去一段时间中，大多数关于研究中庭照明参数的研究都集中在中庭尺寸、中庭形状和天窗面积上。这些研究使用的实际测量方法具有很大的局限性，因为它们受到场地条件和气候条件等的限制，也很难在中庭参数的变化和能源消耗之间建立相关性。重庆交通大学和华南理工大学联合团队采用正交分析模拟了 4 类设计变量（形状、位置、轮廓倾斜角、天窗高宽比）组合对地下商业空间照明环境造成干扰的差异性（图 6-4）。最后成果显示，3 个方形中庭横向排布、5°～10°的轮廓倾斜角和 1∶6 的天窗高宽比这几个参数组合所得到的设计方案将具有最好的下沉式中庭采光性能。

相比地下空间采光环境节能设计，自然新风优化同样是众多被动式措施中比较重要的环节之一，具有极其重要的研究价值。由于地下空间较为特殊的封闭特性，从室外环境带来新鲜空气的机制只有自然通风（风压或热压通风）以及空调系统（HVAC）。地下商场、地下步行街区以及地铁枢纽等几类特定的场景对于自然通风节能减排的需求显著，而这几类场所又以地铁站场或枢纽最为特殊。首先，停留时间较短是地铁车站人流的典型特征。其次，相对僵化的机械通风温控方式及温度阈值不仅无法适应动态变化的季节性需求（夏季、冬季以及过渡季节），甚至对乘客形成潜在的健康风险。东南大学研究学者设计了一种以空间内外温差及压力差为动能的地铁站活塞通风系统（图 6-5）。整套系统包括区间风井、活塞井、活塞通风管道、迂回风道、气动拔风帽等。由列车运动引起的活塞通风存在较大温差时，车站内会形成复杂的混合通风。将这一环境气流加以“捕捉”并组织起来，能有效提高过渡季节地铁站内环境的舒适性，且充分利用被动通风还能极大降低因调节空调设备季节性开启而消耗的能源。

除了这两种节能措施以外，采用装配式建造工艺以及新型低碳建筑结构体系和高性能建筑材料，提高节能减排新型材料在建筑中的使用占比（后续章节展开讨论），都能达

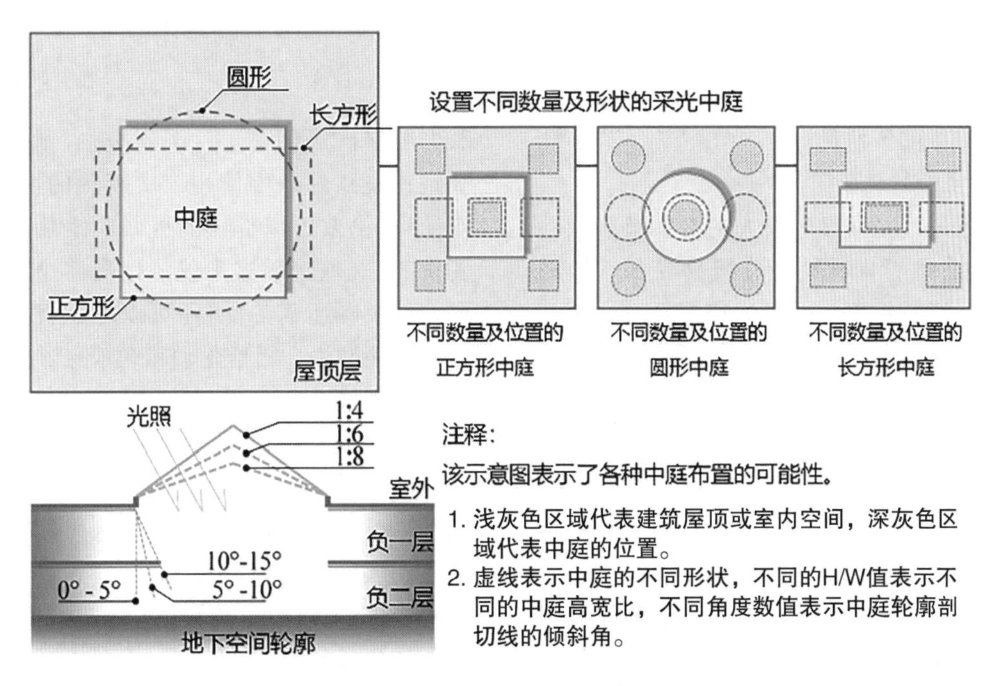


图 6-4　不同参数组合的中庭形式

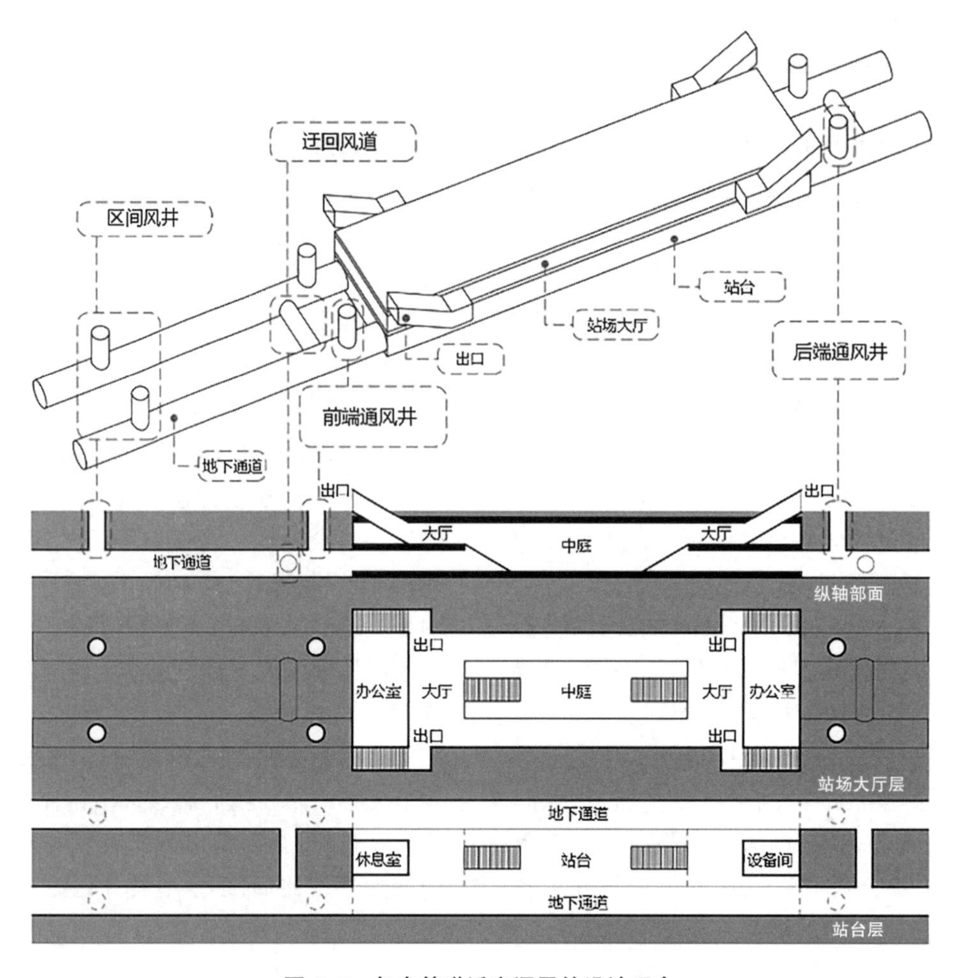


图 6-5　复合管道活塞通风的设计理念

到低碳减排的效益目标。

2）主动措施协同

即使地下空间具有极大的被动节能减碳潜力，也必须考虑被动措施极易受到气候环境的干扰以及地下空间与建筑能耗密切相关的其他不可避免的弊端。城市环境是碳排放的主要来源，但也有可能引发能源利用方式的范式转变。利用自然资源的被动节能措施是需要优先考虑的重要环节之一，同时，当然也不能忽视城市中还有很多可以被回收和再利用的能源，这就是所谓的主动协调措施。

为了实现未来的排放目标，英国政府提出了一项减少未来供暖和制冷碳排放的战略——地下铁路余热回收。实际上，伦敦市长办公室已经编写了一系列报告，调查了主要地铁线路站点中使用二次废热的可能性。据统计，伦敦可以提供的可回收废热总量约为 71 太瓦时/年，这不仅可以覆盖全市地铁站全年供暖所需热能，还可以考虑将其并入区域供暖网络。目前伦敦市政府已经开始在皮卡迪利线（Piccadilly Line）上安装都市综合制冷和供暖设备（MICAH）系统，使用靠近竖向通风井道端部的风机盘管换热器，其中包括一个可逆风机，使其能够在送风和排风模式下切换使用。在这种情况下，热量可以从流经冷水、换热器盘管的空气中提取出来，以水体作为转移热量的介质，从而提高水的温度。水在回路中再循环，将热量从风机盘管、热回收热交换器输送到热泵的蒸发热交换器，在那里热量被吸收。无论是在送风还是排风模式下运行，换热器的设计容量都为900千瓦。

2010年夏天，上海举办了主题为"城市，让生活更美好"的世界博览会。这次盛会推广了可持续的城市发展理念，成功实践和创新了众多高科技绿色环保技术。在规划设计之初，世博轴地下空间工程被视为起到整个世博园区"城市催化剂"的作用，因此集中运用了当时的多项创新技术，其中最引人瞩目的一项就是雨水回收利用及排水系统。在世博轴上，利用张拉膜结构设计了轻量化装置"阳光谷"，利用下拉膜收集雨水，部分雨水汇集在构筑物底部的水渠（用于回收和排水），部分雨水汇集在地下一层分布式水坑附近进行汇流，其余雨水通过重力排入城市雨水系统。

在主动节能减碳技术方面，还有高效LED照明系统等常规手段可以与其他被动技术协同使用。在今后的研究与实践工作中，决策者应提高认识，多加关注地下资源之间的互易机制，特别是低碳城市发展中地下空间利用与浅层可再生能源开发的相互关系，因为它与城市的可持续性密切相关。"被动优先、主动协同"的综合低碳技术体系确保城市地下空间能够真正实现控能节碳开发运营。

### 6.1.2 低碳交通

工业化和城市化的问题之一就是城市交通日益恶化，由此带来交通拥堵、空气和噪声污染等问题。仅凭有限的地面城市用地已经难以改善恶劣的交通现状，地下交通设施的开发利用成为实现低碳绿色可持续交通发展的必然选择。作为地下空间的重要组成部分和支撑体系，地下交通设施的规划建设可以内涵式提升城市交通容量、增加核心区城市绿地、提高环境质量、减少城市碳排放，从而促进城市可持续发展。

根据《城市地下空间规划标准》，地下交通设施包括轨道、交通场站、道路、停车、人行通道等。下面主要选择其中低碳或减排效果明显的部分地下交通设施进行案例分析。

1. 地下快速路

地下道路是解决大城市中心区交通问题、提升城市景观和环境品质的有效措施，是地面道路系统的补充和完善。由于地下道路造价较高，一般仅在中心城区等土地资源稀缺地区进行建设。

波士顿是美国历史古城，也是交通最繁忙的城市之一，其城市交通问题严重制约了城市的发展，导致城市中心区活力降低，经济增长缓慢，城市环境质量下降。其中，波士顿中央大道的问题尤为突出。波士顿中央大道建成于1959年，为6车道高架，它直接穿越城市中心区，设计交通量为75 000辆/天，而实际交通量达到200 000辆/天，成为美国最拥挤的城市交通线。这条道路每天拥堵时间超过10小时，交通事故率是其他城市道路的4倍，据估计，每年由于堵塞、事故、油料浪费、尾气污染、时间延误等因素造成的损失高达5亿美元。此外，由于设计时间早，未考虑到高架道路对周围地区的割裂，中央大道高架的建设将原来的波士顿北区及相邻滨水区与老城中心区分割，限制了这些地区在城市经济活动中发挥的作用。

波士顿中央大道改造工程是道路地下化的典型成功案例，该工程在原有中央大道下面修建一条8～10车道的地下快速路，替代原有的6车道高架桥，原高架用地替换为绿地和可适度开发的城市用地。项目实施后减少了交通拥堵和污染，更新了市政管廊，在中心区新增40英亩（约162 000平方米）的公园绿地，道路拥堵时间减少了80%，一氧化碳排放减少了12%。

2. 地下环路

地下环路系统一般连接重要商业区、商务区地下停车场，实现地下停车资源共享，是近几年城市重点功能区、CBD区域建设中普遍兴起的一种方式。杭州未来科技城地下环路是未来科技城CBD核心区地下空间项目的重要组成部分，已于2021年9月开通运行。该地下环路由4条地下道路围合而成，全长约4.5千米，全线限速20千米/时，限高3米，并设置4进5出共9个出入口匝道，整体设计呈“井”字形。地下环路预留了15个连通口，可以直接进出周边商场、写字楼及小区住宅。通过地下环路系统实现核心区地下空间的互联互通，可以有效减少地下出入口数量；其次，地下环路系统可以有效疏导未来地面巨大的交通量，避免交通拥堵产生；最后，地下二层提供的723个停车位可以有效缓解周边停车压力，避免“停车巡游”现象的产生。总之，地下环路系统优化了地下出入口的位置和数量，缓解了交通拥堵，达到施工及运营全过程“低碳减排”的目标。

3. 地下交通枢纽

交通枢纽是国家或区域交通运输系统的重要组成部分，是不同运输方式的交通网络运输线路的交会点，是由若干种运输方式所连接的固定设备和移动设备组成的整体，共同承担所在区域的直通、中转、枢纽及对外交通等作业功能。我国城市交通枢纽建设因受土地资源及道路交通状况等条件制约，难以达到其应有规模并实现其应有功能，故应以大力开发地下空间为契机，建设地下客运交通枢纽，合理利用城市中心区现有地下空间资源，缓解地上道路资源供给的不足。

上海静安寺地区位于上海中心城的西侧，被称为“上海中心的中心”。该地区商场林立，三条轨道交通线路（2号、7号、14号）在这里交会，并且地面上文物古迹丰富，各种交通需求旺盛。此类地区的空间利用彻底改善，往往受制于极高的城市再开发成本。因此，在现有基础设施之上，开辟新的空间（尤其是地下空间），以容纳行人与更多商业空间，成为这些地段再造与重生的新机遇。静安寺地下交通枢纽是国内商业中心地铁站地下空间开发的成功案例。其中，地下一层为公共活动空间，设有地铁进出站口、商业设施和人行通道，并与静安寺下沉广场相连；地下二层为三条轨道交通线路换乘厅。静安寺地下枢纽作为城市节点，采用地上地下一体化设计，形成了连续的立体交通系统，不但减少了集散客流的换乘距离，实现了“零换乘”，而且缓解了地面道路交通压力；同时，交通设施入地后，不但增加了地下公共空间的面积，而且增加了地面公园绿化的面积，使中心区生态更加绿色可持续，中心区土地利用更加集约。（图6-6）

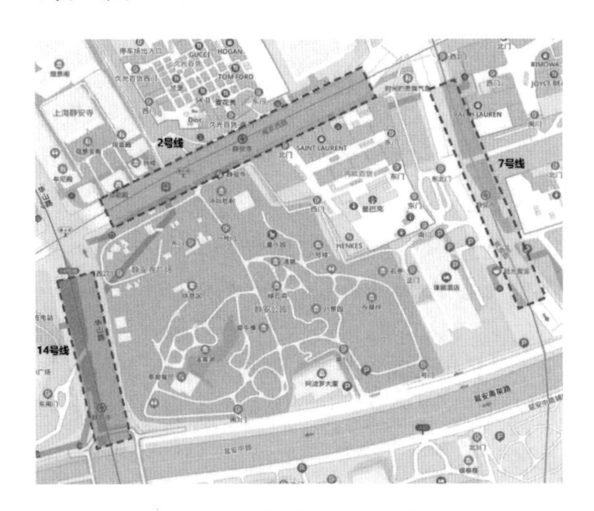


**图6-6 静安寺地下交通枢纽**

### 6.1.3 创新趋势

在众多关于地下空间开发利用的研究和实践中，会被反复强调并提及的总体战略思想是制定一个完备和长期的计划，以更广泛地应用城市范围和区域内的地下空间对于提供能源、水资源供应、保持城市环境卫生以及安全等方面的有效价值。随着可持续发展目标的确立，工程师需要不断审查城市系统对于气候变化的适应能力。因此，将地下空间置于更广泛的背景下进行集约规划、技术创新和综合权衡，是社会各界产生的共鸣。本小节旨在介绍迄今为止正在进行的研究探索趋势，特别关注为推进市政设施地下化和地下储能而正在制定的举措，介绍一些国内外值得注意的创新案例以及创意策略所具备的优势。

伴随着城市低碳集约化发展，地下空间的开发在这一城市转型关键时期逐渐突显出其带动土地集约开发与价值提升的关键作用。同时，开发规划也对城市各类综合性基础设施提出了更高、更加严苛的条件，促使其达到净化空气、保护水源、降低噪声等环境保护方面的要求，从而引发了市政设施地下化的创新趋势。如此，有利于提高城市绿化覆盖率、助力落实公园城市建设理念，在提高城市碳汇能力的同时还改善了城市中心区域微气候。这种将基础设施置入地下综合管廊的方式最早出现在二战期间，出于对战时安全的考虑，地下解决方案被优先考虑(图6-7)。随着战后岩石挖掘方法和设备的迅速发展，成本随之降低，地下开发很快就成为较为经济的解决方案。

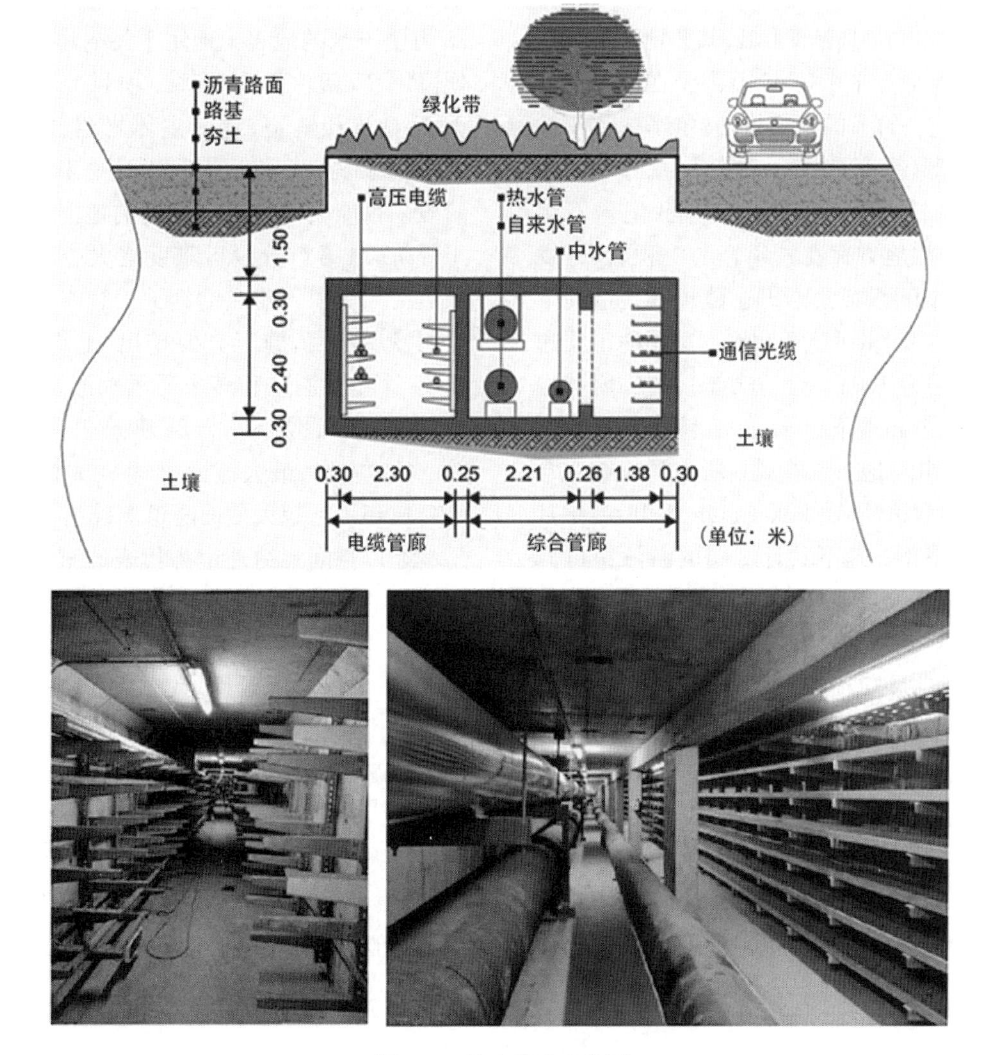


图6-7 综合管廊示意图

在过去的半个世纪中，北欧国家挪威开展了大范围的隧道与洞穴挖掘工作。如今，挪威铁路隧道数量约为750条，最长为14千米，公路隧道数量约为1200条，最长为24.5千米。在水力发电行业，挪威拥有200个地下发电厂和长度总计4000千米的隧道。跨度达61米的约维克奥林匹克山礼堂(Gjøvik Olympiske Fjellhall)是目前世界上最大的公共洞穴，可以容纳5500人，能够用于音乐会、展览、手球比赛等各类活动。

截至2021年，芬兰拥有309个独立市镇。首都赫尔辛基是芬兰最大的城市，其面积只有214平方千米，包括许多海湾、半岛和岛屿。内城区位于南部半岛，某些地区的人口密度高达每平方千米1.65万人。在世界上所有人口超过一百万的城市中，赫尔辛基位于地球的最北部(纬度最高)。赫尔辛基的地形相当平坦，基岩主要由古老的前寒武纪岩石组成，只有少数地方存在较年轻的沉积岩，开发成本较低，因此非常适合开凿隧道和建造地下空间。2014年，芬兰隧道和地下空间的工程建设平均价格为100欧元/立方米(包括开挖、岩石加固、灌浆和地下排水)。在赫尔辛基的地下空间规划中，地下设施规划所占的比重非常大，地下游泳馆(Itäkeskuksen uimahalli)就是其中的经典案例。地下共计2层的游泳馆可同时容纳约1000名顾客，该馆每年吸引了约40万名顾客。从坚硬的岩石中挖出来的大厅，在必要时可以被改造成一个可容纳3800人的紧急避难所。

维京麦基(Viikinmäki)的地下污水处理厂是另外一处经典案例，它取代了原本建于地面服务半径范围内的大大小小近10座污水处理厂，从而使这些场地可以被划分为公共绿地等更有价值的用途。处理后的废水通过岩石隧道排入大海，排放口距离海岸线约8千米(隧道同时容纳了其他多种管线)。

中国香港是一座世界级城市，以其城市地区的现代化发展而闻名。尽管它具有标志性的城市景观、地标建筑、发达的交通系统，但陡峭的自然山坡的地形环境大大限制了城市扩张的范围，导致香港只有约四分之一的土地被开发。土地成分主要是得天独厚的坚固的结晶火成岩，非常适合开发地下隧道与岩洞。覆盖面广泛的应用设施地下化满足了社会发展需求的多种用途，一个突出的例子是位于沙田的污水处理厂地下搬迁工程。为了改善污水处理厂周边人居环境，释放沿线28万平方米的地表土地用于住宅建设等其他便民用途，新建污水处理厂项目分为土地平整、兴建连接隧道、建造主体岩洞、修建污水处理设施以及上游污水收集系统工程等多个阶段。目前项目进行到关键的地下洞穴建造工程阶段(第二阶段)，难度之大令特区政府肩负巨大压力。建成的地下工程将会是最大岩洞发展项目，施工方要挖出“七纵四横”共计11个主要洞室和多条通风廊道，总占地面积超14万平方米，岩洞建筑群体积约为230万立方米，最大截面可达900平方米，属于建成环境下超大截面隧道爆破施工。

在以空间集约理论为代表的三维城市规划体系的基础上，考虑时间维度对空间维度的影响，同时为了满足绿色低碳的城市发展要求，贯彻提质增效理念，需重新梳理现有开发建设技术策略，并结合创新趋势提出多维度协同的新城地下空间规划设计策略。最终，通过地下生态物质即能量循环圈层的建立，形成舒适且人性化的地下城市，并共同发扬区域经济、能源、人才、信息等方面的优势，促进区域内各功能体集约高效发展。

# 6.2 低碳材料

## 6.2.1 概述

在全球经济一体化迅猛发展的浪潮下，城市人口规模急剧扩张，城市交通与环境问题日益凸显。为应对这些挑战，众多发达国家的大中型城市正逐渐聚焦于深度开发和利用城市地下空间资源，将其视作解决人口、环境和资源危机的有效对策。这不仅是医治“城市综合征”、实现可持续发展的重要途径，也是提升城市生活质量的必然选择。随着“十二五”和“十三五”计划的实施，我国地下轨道交通和市政设施的建设迅速崛起，相关技术和装备已达到国际先进水平，我国已然成为地下空间开发的领军者。在追求碳中和目标的背景下，合理开发地下空间成为土地集约化、科学化利用的关键。绿色地下空间工程的设计旨在实现地上地下的协调发展，通过节能、节地、节水、节材等手段，推动城市的立体化发展。其中，低碳材料的应用尤为关键，当前地下建筑主要采用的混凝土材料因其高碳排放和低热传导效率而受到挑战。因此，研发新型低碳工程材料成为地下空间开发领域的迫切需求。

本节从开挖机械材料、支护材料以及环境保护材料三个维度，结合当前施工材料的现状和未来发展趋势，进行综合分析。首先，探讨主流材料在地下空间开发中的不足，如盾构刀具的易磨损、钢筋混凝土管片的易破损、传统支护方法的环境影响等。其次，介绍新型材料的研究进展及其未来趋势，如粗晶硬质合金刀具、纤维混凝土管片和环保注浆材料等，为地下空间的绿色开发提供新的可能。

## 6.2.2 开挖机械材料

盾构机作为地下工程的核心施工机械，其刀具性能直接关乎工程效率和质量。刀具按切削方式分为滚刀和切刀，其性能和寿命是影响盾构进程的关键因素。然而，刀具磨损、刀圈崩裂等问题频发，严重影响施工效率。因此，高性能的滚刀刀圈、切刀刀头及堆焊材料的研发至关重要。

1. 刀圈材料

盾构机刀圈在作业时需承受巨大推力和扭矩，同时需面对岩石冲击和地下环境腐蚀。现有刀圈虽具一定韧性，但难以兼顾高硬度和耐磨性，需要频繁更换。株洲硬质合金集团推出的新型可锻硬质合金刀圈，表面硬度超 60 HRC，冲击韧性≥15 焦耳/平方厘米，性能卓越。其淬透性、淬硬性和红硬性优良，硬度梯度分布合理，耐磨、抗冲击性能俱佳，为盾构施工提供了有力保障。

2. 刀头材料

硬质合金作为盾构刀具的常用材料，其性能受冲击、冲击疲劳和热疲劳裂纹等因素制约。理想的刀具材料应具备高屈服强度、高硬度、耐磨性及优良的冲击韧性。新型球状碳化钨刀具采用改良的 H13 模具钢，通过增加碳含量和微量稀有元素，形成 DG-2 和 DC53 等高性能钢材，显著提升了材料的淬火硬度和冲击韧性。相较于传统刀具，新型刀具具有优越的耐磨性和抗冲击性，适用于多种复杂地层，为地下空间的绿色施工提供了有力支持。

### 6.2.3 支护材料

在盾构施工过程中，预制管片扮演着关键的衬砌结构角色。为确保工程的安全稳定，管片必须达到抗压、抗变形、抗渗防漏以及持久服役等多重标准，而管片材料的选择则是实现这些要求的关键因素。目前，盾构管片主要以钢筋混凝土管片为主，但其存在若干不足：运输安装过程中易损坏边角，易出现裂缝影响结构耐久性，耐火性能不佳，且钢筋配置过程繁琐，生产效率较低。此外，传统支护方式的水泥用量巨大，不仅造成资源浪费，还易引发环境污染。因此，研发新型绿色支护技术及材料显得尤为迫切。

1. 预制管片材料

1）纤维混凝土

一般而言，混凝土中常加入的纤维材料主要分为两类：金属纤维材料和合成纤维材料。金属纤维材料以钢纤维为代表，而合成纤维材料则包括聚乙烯、聚丙烯纤维等。纤维的掺入及配比对混凝土性能至关重要，不同纤维类型影响混凝土的主要性能，而不同的配比则决定其性能优劣。鉴于钢纤维出色的拉伸性能，学者们在混凝土中掺入钢纤维并配以其他纤维材料，形成混杂纤维混凝土，旨在提升混凝土的抗拉伸性能。

通过对比实验，学者们分析了混杂混凝土与普通混凝土的抗拉伸能力。结果表明，混杂混凝土的抗拉伸能力显著优于普通混凝土，且柔韧性更佳。除了力学性能的提升，复合纤维混凝土还具有经济优势：节省钢筋水泥用量，简化钢筋加工流程，降低设备磨损等。目前，纤维混凝土在国外已得到广泛应用，而在我国，关于纤维管片的研究尚处于试验阶段，如上海地铁 6 号线和北京地铁 10 号线等工程均有涉及。鉴于混杂纤维管片在工程效果和经济效益上的突出优势，应加大研究力度，推动其在工程中的实际应用。

2）自愈合混凝土

近年来，学者们提出了多种关于水泥基材料自愈合的理论。尽管目前尚未形成统一的材料分类命名，但根据愈合机理，自愈合材料大致可分为管状载体自愈合材料、微胶囊载体自愈合材料、形状记忆合金自愈合材料和微生物自愈合材料等。其中，前两者在混凝土拌合过程中加入含修复剂的特殊复合材料，如胶囊或玻璃管。微胶囊—催化剂体系的工作原理是将液态环氧树脂封装在微胶囊中，并与固态催化剂一同埋入环氧树脂基体中。当裂纹扩展至微胶囊时，微胶囊破裂释放液态环氧树脂，在催化剂的作用下固化，填补裂纹。双微胶囊体系则是将液态环氧树脂和固化剂分别封装在两个微胶囊中，一同埋入基体中。当裂纹同时触发两种微胶囊时，环氧树脂和固化剂混合固化，实现裂纹修复。这些修复机制能够有效阻止裂缝扩展，恢复材料性能，甚至在某些情况下还能提升性能。

多数学者认为，甲基丙烯酸甲酯(MMA)和硅胶是理想的微胶囊载体自愈合材料和壳体材料。管状载体自愈合材料通常采用空心玻璃纤维结合环氧树脂或聚氨酯等粘结材料制成。相较于其他材料，管状载体在裂缝作用下更易破碎，从而实现高效裂缝修复。然而，由于粘结材料的存在，将管状载体掺入混凝土的搅拌成型过程较为复杂，给施工带来一定挑战。

混凝土微生物自愈合技术利用微生物的新陈代谢产生具有胶结作用的矿化产物来修复裂缝。研究表明，将微生物及营养物质填充至破碎岩石中，微生物诱导产生的矿化物质能有效填补岩石缝隙，提升岩体的抗渗性能。然而，微生物自愈合技术仍面临诸多挑战：如何确保微生物在混凝土恶劣环境中的存活率、如何保持细菌胞内酶的活性以实现持续修复、如何克服微生物固载内掺法反应速度慢、操作难度大、成本高等问题，以及如何提高微生物矿化作用的修复能力和修复产物的产量等。这些问题的解决需要经过进一步深入研究和大量实验验证，才能有望在实际工程中得到应用。

3）其他类型混凝土

通过向混凝土中添加高效减水剂，可实现无需振捣的自密实效果。这种混凝土泌水性较低，因此其表面不易形成乳皮层，新老混凝土接触面连接性能卓越，整体协调性更为出色。纤维自密实混凝土不仅显著提升了混凝土的流动性，减少了泌水性，同时还继承了纤维混凝土的多重优势，包括出色的抗冲击性能、抗拉伸性能、耐腐蚀性、抗火性能以及耐疲劳性能等。

2. 环保型支护材料

桩锚支护加降水技术是城市地下空间开发的主流工程形式，虽然应用广泛，但由此产生的资源浪费与环境污染问题亦不容忽视，有时甚至会对地下工程的后续施工造成阻碍。为了克服这些难题，学者们积极研发了一系列环保型技术与材料。例如，采用长螺旋压灌水泥土桩墙实现止水防渗，该方法利用水泥土浆在地面进行搅拌，原位取土，有效避免了资源浪费。此外，在水泥土桩墙内插入型钢与可回收锚索，构成坚固的围护结构。基坑支护工作完成后，这些型钢与锚索钢绞线均可回收再利用，进一步减少了资源浪费。也可使用钢管内支撑替代传统的混凝土内支撑，以进一步推动绿色施工。

这些绿色支护材料在贯彻“四节一环保”工作要求的背景下，不仅有助于节省资源、保护环境，而且能够更好地满足邻近建筑物施工的需求，为城市地下空间的可持续发展贡献力量。

### 6.2.4　环境保护材料

在地下工程的防渗堵漏过程中，注浆和使用防水材料是常用的技术手段。然而，传统的注浆材料如水泥类、水玻璃类和化学类，均存在明显的缺陷，如注浆性能不佳、强度低、有毒或耐久性差等。防水材料则主要分为柔性和刚性两大类，各有特色。地下工程防水设计通常遵循“预防为主、刚柔结合、多重防线、综合治理”的原则，各类防水材料各具优势，发展空间广阔。

1. 注浆材料

1）超细水泥注浆料

超细水泥通过先进的超细粉磨技术制备而成，过程中加入了性能调节剂，并利用球磨机、振动磨等设备进行精细化处理。其注浆性能优越，渗透性强，可注入细砂，注入能力与化学浆材相当，同时不会腐蚀钢筋；悬浮液稳定，可避免设备损坏和管道堵塞；析水时间延长，析水率降低；抗压强度和早期强度均较高；抗渗性能出色；凝结时间可调，适应性强，可根据施工要求灵活调整配比。

超细水泥注浆技术虽发展较早，且在大型工程如三峡工程中已有所应用，但生产成本较高，储存和运输难度大，限制了其广泛使用。此外，超细水泥的生产技术和设备尚需进一步升级，超细颗粒的特性研究也有待深入。

2）碱激发注浆材料

碱激发注浆材料以工业废渣为原料，经过碱激发后制得。这种胶凝材料成本较低，无需高温煅烧，因此能减少二氧化碳排放和能源消耗。其固体颗粒细小，颗粒级配合理，主要包括粉煤灰、炉底渣等种类。

碱激发注浆材料具有出色的耐久性、高强度和耐酸碱腐蚀性能，抗渗性和抗冻性均佳，且不会产生碱集料反应。然而，其干缩性能较水泥注浆材料敏感，需在使用中加以注意。

粉煤灰作为煤炭燃烧的副产品，来源广泛且价格低廉。其化学组分与水泥相似，但粘结性能较差，导致力学性能不佳，尤其是早期强度低。因此，常需与其他材料混合使用，以提高其性能。

矿渣富含二氧化硅、三氧化二铝等化学成分，化学活性高且有助于减水。将工业废渣进行双掺或三掺处理，可以制得无水泥熟料的双液注浆材料，具有更合理的颗粒级配和更高的固结强度。

使用碱激发工业废渣不仅出于性能考虑，更体现了环保理念，有助于减少二氧化碳排放。

2. 防水材料

1）防水卷材

防水卷材主要包括高聚物改性沥青基和高分子防水卷材两大类，种类繁多，选择丰富。

高聚物改性沥青卷材包括 SBS 改性沥青、APP 改性沥青等多种类型，主要由聚酯胎、玻纤胎等材料制成。高分子防水卷材则包括三元乙丙橡胶、聚氯乙烯等多种材料，具有优异的耐腐蚀、耐老化性能和良好的柔性及延展性。与改性沥青材料相比，高分子卷材在耐腐蚀和耐老化方面表现更佳，同时具有较好的柔性和延展性，适用于各种复杂的施工环境。

2）防水涂料的应用

（1）丙烯酸盐喷膜技术

丙烯酸盐喷膜，其核心在于不饱和羧酸盐水性单体的应用。通过与水的混合，加入适量的填料和助剂，再借助引发剂，喷射混合后引发聚合反应，从而在材料表面形成一层厚度约 2～3 mm 的复合防水膜。这种膜不仅具备防水和隔离功能，而且克服了传统防水板系统的诸多不足。其特点在于与围岩的紧密贴合，能够有效封闭围岩的裂隙，防水效果显著。同时，施工迅速方便，无裂缝问题，且材料断裂伸长率高达 500%，能适应混凝土基材的伸缩变化。遇水时，喷膜材料具备自愈能力，即便受损，仍能保持防水性能。然而，值得注意的是，在强碱环境下，其性能会大幅下降，因此，对填料的深入研究仍在进行中。

（2）喷涂聚脲防水材料

喷涂聚脲弹性体（SPUA）作为一种新型无溶剂、无污染涂料，其问世是对环保需求的积极响应。该材料由多异氰酸酯、聚醚多元醇、端氨基聚醚和扩链剂组成，其性能卓越，克服了传统防水材料的诸多缺陷。其优点显著，具有良好的工艺性能，固化速度快且无需催化剂，可轻松喷涂于任意曲面，无流挂现象；对湿度不敏感，可在潮湿环境下施工；耐候性和耐老化性能出色；物理性能优越，如粘结力、伸长率、耐磨性和抗碾压性能均表现优异；涂层紧密坚韧，无接缝，粘结力强，能牢固覆盖结构表面，适用于迎水侧和背水侧的防水工作；此外，其环保性能远胜于传统防水涂料，无溶剂、无有毒有害物质，不挥发有机物。鉴于这些特点，喷涂聚脲防水材料特别适用于地下隧道的施工和维修。然而，其粘结力有待加强，且易出现针眼气泡，这仍需要通过深入研究来解决。

（3）水泥基渗透结晶防水材料

水泥基渗透结晶防水材料，作为一种刚性防水材料，以硅酸盐水泥或普通硅酸盐水泥、石英砂或硅砂为基材，通过添加带有活性功能基团的化学复合物、填料和外加剂等成分制成。该材料通过涂刷、喷涂或刮涂法应用于混凝土基材表面，其核心机理在于活性化学物质与混凝土中的氢氧化钙和碱性金属氧化物发生化学反应，产生不溶于水的结晶体，填充细微裂缝和毛细孔道，从而提高混凝土的致密性和防水性能。其防水功能主要体现在裂缝填充和表面收缩补偿两方面，同时还具备耐水压、抗腐蚀、抗冻、渗透深度大、防水时间长、无毒环保等优点。该材料不仅可单独作为防水层使用，还可与其他材料结合形成高效的复合防水层。尽管在我国多个工程中得到了应用，但其机理研究和产品自主研发能力尚需加强，目前仍主要依赖进口。

3. 降噪材料的选择与应用

在城市地下空间中，特别是地铁隧道和公路隧道等半封闭空间，交通噪声和风机噪声经壁面多次反射叠加，形成混响声场，对乘客的舒适度和周边环境造成不良影响。在降噪材料的选择上，隔声材料可能会恶化空间内的噪声环境，因此吸声材料成为首选。通过在道路、立壁和顶板安装吸声材料，构建立体的吸声体系，实现有效降噪。根据吸声原理，吸声材料可分为多孔吸声材料和共振吸声材料。

1）多孔吸声材料

多孔吸声材料具有大量深入内部的细微孔隙，这些孔隙与外界相通，形成复杂的内部结构。当声波进入材料内部时，孔隙中的空气运动使声能转化为热能，从而达到吸声的效果。随着声波在材料内部传播，不断与孔壁和空气相互作用，声能逐渐消耗，实现降噪。近年来，多孔吸声材料的研发与应用不断增多，且正朝着环保型新兴复合材料的方向发展。

2）共振吸声材料

共振吸声材料的结构类似于多个并联的亥姆霍兹吸声共振器。在声波的激发下，材料产生振动，通过内摩擦和与空气间的摩擦将声能转化为热能，从而大量损耗声能，降低噪声。常见的共振吸声材料包括波浪吸声板、铝合金穿孔吸声板等，这些材料已广泛应用于南京、北京等地的地铁工程中。

# 6.3 低碳工艺

五个新城地下空间应根据各区域不同的实际情况合理制定降碳目标，推进新城新建大型工程设施高品质、可持续发展，其中最重要的一点是依赖低碳建造工艺。从安全耐久、健康舒适、生活便利、资源节约、环境适宜五个方面进行施工工艺的选择，确保气候适应性和工程实用性。

## 6.3.1 建造工艺进展

地下空间开发主要有明挖法和暗挖法两种工艺形式。明挖法是一种先将地面挖开，在露天情况下修筑地下结构，然后再覆盖回填的地下工程施工方法；当地面交通和环境允许时可采用该法，尤其是有宽阔的场地、修建空间较大时要优先考虑。然而随着城市规模不断扩大，受限于地下管线繁多、地上交通密集等，应用明挖工艺进行地下空间开发弊端凸显。

此工艺在应用过程中对周边环境影响极大，施工的临时结构多、废弃混凝土量大，导致地下空间开发建造过程中的碳排放量大，与现行的城市绿色低碳建设理念相悖。相对于明挖工艺，暗挖工艺能够有效规避对地下管线、地上交通等的干扰，同时显著降低对周边环境的影响，逐渐成为城市地下空间开发利用的施工首选。

作为苏州市“八纵八横”板块间主干路系统和苏州工业园区“十二横十二纵”主干路系统的重要组成部分，金鸡湖隧道一次性融合了2条3车道隧道以及地铁，被列为苏州市城建重点项目。经反复论证，项目采用明挖施工，工程建设富有挑战性。(图6-8)苏州轨道交通6号线金鸡湖段隧道位于金鸡湖隧道北侧，采用共通道建设形式，按照四孔一管廊断面布置，采用围堰明挖法施工，四个独立舱位结构空间完全独立，较大程度上减少隧道在湖底所占用的面积和对生态环境的影响，也节省造价。

图6-8 苏州6号线金鸡湖段隧道

暗挖法是一种可以直接在土体内部开挖施工的工艺方法，不需要从地面一直挖下去。暗挖法包括盾构法、浅埋暗挖法、新奥法、顶管法等施工方法。目前，常用的暗挖工法包括浅埋暗挖法、顶管法、管幕法和盾构法等。浅埋暗挖法是近二十年逐渐发展起来的一种暗挖工法，已在轨道交通及其他地下工程施工中得到大量应用。但此类工法多适用于位于土类—软岩类等地质条件良好且地下水对施工影响较小的工程，因此不推荐在富水饱和软土地层中采用。盾构法在国内主要用于区间隧道施工。若采用盾构法扩挖形成地下车站，需要拆除部分管片，使原管片结构变成一个开口状的非稳定结构，从而产生较大位移和变形，影响结构安全。目前，采用盾构法建造地下车站还处于理论研究阶段，其相关工艺尚不成熟。相比于浅埋暗挖法和盾构法，顶管法和管幕法具有不影响地面交通及地下管线、地层适应性强、环境扰动小等特点，可用于富水饱和软土地层地下空间的暗挖施工。

### 6.3.2 新型地下连续墙

深基坑支护技术是岩土工程领域的重要课题，随着建设规模的扩大和地下空间资源的开发利用，该技术得到了进一步发展。其中，地下连续墙以刚度大、防渗效果好等优点，在超深基坑工程中应用广泛。为了满足工程建设的需求，新型材料、工艺和技术如TRD工法、CSM工法、CRW工法等被越来越多地应用于地下连续墙结构中。

1. TRD工法

TRD工法作为一种创新的地下连续墙施工工艺，通过主机带动链锯式切割箱切割地基并灌注水泥浆，形成可靠的水泥土地下连续墙。该工法自2009年从日本引进以来，在中国多个省市得到成功应用，其优点包括机械设备高度降低、施工精度高、适应地层范围广、造价低、环保性能优良等。

然而，值得注意的是，在复杂地层中，TRD工法的施工能力和效率可能受限。因此，在施工过程中需要优化切削刀具、工序及施工参数，以确保施工效率和质量。不断的技术创新和工艺优化将有望推动地下空间开发的低碳化进程，为城市的可持续发展贡献力量。

2. CSM工法

CSM工法通过底部配备的两组铣轮的水平轴向旋转，深入土体至预设深度，随后提升并进行喷浆操作。在这一过程中，固化剂被注入已松化的土体中，通过强制性旋转搅拌，形成矩形的水泥土槽段。这些槽段经过接力铣削作业，相互连接，构筑成等厚度的水泥土连续墙。此墙体不仅可充当防渗墙，还可插入型材，形成集挡土与止水功能于一体的结构。CSM工法在复杂地层中已成功应用，其特点如下：施工场地占用小，适应复杂环境，施工迅速高效；墙体尺寸、深度、注浆量等参数控制精准；防渗性能优越；铣削能力强劲；墙体质量上乘；低噪声、低振动，对环境影响小；适用于软黏土、密实砂土等各类地层；设备高度自动化，信息化系统控制施工质量；360°旋转履带式底盘，便于转角施工，实现零间隙作业；型钢在基坑施工完成后可回收再利用。

3. CRM工法

CRM工法采用挖掘机械挖掘沟槽，以挖掘出的土砂为主要材料，在施工现场制备水泥与土的混合浆体，随后通过导管在地下进行浇筑，构建地下连续墙体。CRM工法起源于日本，但在中国尚未广泛普及。其特点主要体现在施工精度高、墙体均匀性好、止水抗渗能力强等方面，特别适用于场地狭窄、临近施工等场景，以及市区地下工程，能满足各种土层条件（特别是以砂砾、粗砂为主及含大量有机质的地基土层）和深度施工的需求。

### 6.3.3 顶管法

顶管法的工作机理为利用始发井中顶进油缸的顶推力，将顶管机从始发井顶入土层，顶管机顶进过程中切削前方正面土体。与此同时，预制管节依次与顶管机或前一节管节连接，并利用顶推力从始发井顶入土层，直至顶管机到达接收井，吊出顶管机，预制管节在始发井与接收井之间形成一段连续的暗挖结构。该工法无需开挖施工区域上部土体，即可穿越河流、道路、建筑物及管线等，因此在城市中心轨道交通车站暗挖施工领域具有极大的优势。由于在软土地层中尚无采用顶管法建造地下车站的工程案例，其实施效果还不明确，需依托相关试验性工程进行验证。

为了降低施工对周边环境的影响，在现今交通拥挤、客流量大且周边管线复杂的路段开展地下车站施工时，多采用盖挖逆作法。上海轨道交通 14 号线静安寺站位于华山路与延安中路交叉口沿华山路南北向布置，为地下三层岛式站台车站，与已运营的 2 号线、7 号线静安寺站形成三线换乘枢纽。车站主体结构下穿延安路高架桥，东侧为静安寺主变电站、静安寺广场、伊美广场、静安公园，西侧为会德丰大厦、国际贵都大饭店，周边环境非常复杂，建设难度极高。若采用传统的分段半幅盖挖和局部框架逆作法进行施工，需要进行多次管线搬迁和道路翻交，严重影响华山路、延安路 2 条主干道的交通通行；同时，管线搬迁费用较高，且高架桥低净空条件下开展超深地下连续墙施工风险较大。鉴于上述苛刻条件，工程决定综合采用盖挖顺作法和顶管法进行 14 号线静安寺站的施工。

静安寺站工程沿华山路分为 A、B、C 三区。其中，下穿延安路高架桥路段即 B 区采用顶管法施工，A、C 区采用盖挖顺作法施工，同时 A、C 区主体结构兼作顶管暗挖施工的始发接收井。静安寺站工程 B 区分为站台层和站厅层。站台层由 2 条顶管法隧道组成，长 82 米，断面尺寸为 8.7 米×9.9 米，2 条隧道间设置 4 条联络通道，隧道埋深为 15.17～15.37 米。站厅层为 1 条顶管法隧道，长 82 米，断面尺寸为 4.88 米×9.50 米，埋深为 4.84～5.01 米。B 区站台层、站厅层均与延安路南北两侧 A、C 区站台、站厅连接。顶管顶进时，先从 C 区始发顶进东侧站台层顶管，至 A 区接收并在井内掉头，再从 A 区始发顶进西侧站台层顶管和站厅层顶管，至 C 区接收完成顶管施工作业。

### 6.3.4 束合管幕法

为了节省施工作业时间、减少管幕工程造价，在自由断面管幕法基础上提出了束合管幕法。该工法利用顶管机完成标准管节和转角管节的拼装，待标准管节内部及管节接缝处填充混凝土后，在转角管节内张拉预应力钢绞线来对标准管节施加环向预应力，从而使各管节协同受力，达到优化管幕结构力学性能、规避土体开挖前支撑安装作业、减小管幕结构挠度和地面沉降的目的。该施工工法存在以下明显优点：

(1) 适用于超浅覆土暗挖施工，可紧贴道路实施，显著提升空间品质；

(2) 适用于任意暗挖断面，突破设备限制，实现多层多跨；

(3) 取消内撑设置，施工方便高效；

(4) 束合结构永临合一，工艺绿色环保。

### 6.3.5 装配式竖井工艺

21 世纪是开发利用地下空间的世纪，城市空间发展逐步由地面及上部空间向地下延伸。如何科学、合理、高效开发地下空间，特别是如何利用地下深层空间开发来实现城市更新，是全世界城市必须解决的课题。

近年来，我国出台了一系列开发利用深层地下空间的战略规划，深层地下空间开发需求最为强烈的核心城区规划了一系列深层地下空间的应用场景，但实现这些应用场景需要可靠的建造技术作为载体。现实的问题是中心城区建筑密度较大、可利用空间较小，在狭小空间内进行立体空间开发，存在较大局限性：一是场地狭小，往往需要往深度方向发展，小断面大深度地下空间的开发是必然趋势；二是常规的地下连续墙、桩基等施工设备往往受周边建筑物的限制而不能采用，发展新的施工设备与工艺是关键；三是周边的建筑物通常是人员密集的场所，如何减小地下空间的开发对建筑物的影响是难点。

基于特定垂直竖井挖掘机（例如 VSM）的超深装配式竖井建造技术是解决以上问题的全新选择。该工法施作的竖井结构形式简单、施工速度快、开挖深度大、对周边环境扰动小,可被广泛用于城市深层地下空间的点状开发。该工法在国外有大量成功应用的案例,已在欧洲、中东、美国、新加坡等地的 80 多个竖井工程中得到实践,主要应用于地铁通风井、盾构/顶管工作井等,最大开挖深度 115.2 米,总计开挖深度超过 4630 米。

一个完整的装配式竖井施工流程包括:地基加固及场地平整、圈梁基坑施工、刃脚及圈梁制作、初始环悬吊和拼装、设备安装及调试、掘进及管片拼装、封底混凝土浇筑、置换砂浆、沉井抽水、底板施工。

国内,南京启动了试点工程——沉井式停车设施建设项目工程(一期),并于 2021 年底顺利完工。(图 6-9)此项目实际施工围场面积仅为 1430 平方米。

图 6-9　装配式竖井施工场地

竖井最大开挖深度为 68 米,平均下沉速度约为 1.54 米/天。单个竖井仅仅耗时 28 天即完成下沉。同时根据监测结果,周边地层沉降量小于 5 毫米,影响较小。

竖井掘进设备为高度集成化的机械设备,结构采用预制管片拼装而成,刃脚采用钢结构形式。超深装配式竖井工法施工占地面积小,在保证精度的同时大大提高工效,是复杂地层深层竖井施工的趋势。

装配式竖井工法具有广泛和良好的应用前景,除了地下停车库工程,未来必将在地铁风井、盾构工作井、调蓄储水井等工程中发挥更大的作用。

# 6.4 低碳运维

为实现上海服务、辐射长三角的战略支撑点这一目标，五个新城要围绕城市数字化转型“整体性转变、全方位赋能、革命性重塑、统筹发展和安全”的战略要求，积极引导新城地下空间全生命周期加快构建数据驱动的智慧城市基本框架，使新城成为探索城市数字化转型建设最佳路径的“先行区”。地下空间结构的设计越来越复杂，在工程进度、成本、安全、管理等方面遇到的挑战也越来越大，采取低碳智慧运维技术的地下空间高效、智能管理方案已成为智慧城市建设的重要组成部分。通过各类联动技术，实现低碳化、精准化运维，也将是上海新城地下空间低碳发展的重要方向。

## 6.4.1 一体化智慧运维平台

近年来，各地已规划或已建的商业综合体、地下车库联络道、地下综合管廊、轨道交通、停车场等地下系统增长迅猛，引起了人们对于地下空间建设及管理的精细化、长期经济价值和协调发展等问题的关注。目前的地下空间设施建设运营存在平台分散建设、管理和运营资源协同困难、智慧化程度不高、管养业务传统等问题。传统地下基础设施平台“一隧一平台、一廊一平台”的分散建设模式，存在多个监控中心重复建设、多套信息系统协同困难、耦合风险大、多支管养队伍管理成本高等问题。另外，传统的机电监控系统存在功能单一、自动化和智能化程度较低、无法实现自动化响应和智能化分析、决策分析和智慧调度支撑不足、欠缺对数据的整合和挖掘分析等问题。随着信息技术的发展、管养业务能力和政府监管要求的提升，采用先进的网络通信、物联网、可视化、仿真模拟等技术，可以对庞杂的安全信息进行综合动态管理，提高数据实时采集、关联处理和智能分析能力，从而使复杂的城市地下空间透明化，真正实现安全闭合管理和智能决策。复合型地下基础设施集约化建设管理、集中式运营的“智慧统一运营管控模式”对于提升运维管养效率、节约投资、强化监管水平的意义日益凸显。

1. 综合管理平台架构

综合管理平台架构分为四层，包括基础层、数据层、核心层（智慧地下大脑）、应用层（综合管理平台）。其中，基础层构建智慧地下空间云底座，提供云承载服务。数据层主要采用多样化的数据采集手段、强大的多源异构数据融合技术以及先进的数据挖掘分析来构建智慧地下空间一体融通的数据资源中心。核心层基于业务中台、数据中台、技术中台、公共支撑能力等核心中枢部件，为前端应用更新迭代提供强大的中枢支撑。应用层集成地下空间弱电系统和智能化系统，打造地下基础设施统一综合管理平台，深化监测可视展示、系统集成、综合运管等应用，同时对接起步区城市建设运管平台，提升地上地下治理能力。

2. 三维模型建构

基于一体化平台的服务对象和平台定位，要想平台能够全面实现面向专业研究提供基础数据管理与分析应用、面向管理者提供三维可视化辅助决策、实时系统运行状态信息监测、资料汇交与共享等功能，则还需要完成关键性环节——三维模型构建。三维模型包括地面建筑、城市地质、地下空间设施数据(包含地下管线管廊、地下服务设施、地下工业及仓储设施、地下交通设施)等,通过数据采集、数据成图、数据检查和数据入库,形成地下空间数据库。

3. 集成数据管理与三维表现

数字空间与物理空间(包含城市时空位置、城市要素和城市生态环境)和社会空间(包含城市中的组织、活动、关系以及逻辑)相关,用于描述城市社会中个体与个体、个体与群体、群体与群体等关系和活动的总和。通过对城市物理空间和社会空间所包含城市要素实体的全域历史及实时数据的采集、汇聚、建模、分析以及反馈,实现城市多维仿真、智能预测、虚实交互、精准控制。

通过地上地下全空间多源、多时、海量、异构的矢量、影像、模型等数据的一体化组织存储模型,把具有多元、多尺度、多语义、多模态等特征的地上地下全空间大数据映射到统一空间,构建统一时空基准下的时空对象关联关系;同时确定地上地下一体化模型融合的基准面,并以此为基础,通过布尔运算等技术,将地上模型、地表影像、地下空间设施模型、地质模型按照统一坐标系、统一比例尺进行模型装载与融合,实现地上地下数据的无缝融合。基于立体空间网格模型和分布式计算技术,支撑地上地下全空间可视化,满足城市规划、建设、运营和管理过程中数据查询、更新、统计、模拟分析和预测评价的需要。同时,利用平台的地上地下全空间一体化三维引擎,融合大数据存储、计算机可视化等技术,结合智慧城市行业特性,创新可视化交互方式,实现城市各个领域的数据场景化以及实时交互。

4. 智能监控与预警

通过在地下空间关键位置部署多种类型的传感器,实时采集地下结构的物理状态、环境条件和安全状况等原始数据,利用人工智能和机器学习算法,自动识别数据中的异常模式和潜在风险。根据历史数据和实时监测结果,设定各种监控参数的安全阈值,一旦监测到的数据超过这些阈值,系统会立即发出预警信号。根据风险的严重程度和紧迫性,提供应急响应的决策支持,包括可能的故障原因分析、推荐的最佳应对措施,以及协调相关部门和资源进行快速响应。

5. 设施维护与管理

传统的维护模式往往是响应式的,即在设施出现故障后才进行修理。而数字化运维使得预测性维护成为可能。通过安装在设施上的传感器实时收集数据,结合大数据分析和机器学习算法,可以预测设施的故障趋势和维护需求,从而提前安排维护工作,避免意外故障的发生。数字化运维系统可以根据设施的使用频率、运行状态和历史维护记录,优化维护计划和资源分配,根据维护工作的详细记录和成本分析,合理安排人力资源和备件采购,提高运维效率,降低运维成本。

6. 能源管理与智慧降碳

数字化能源管理系统通过部署智能传感器和计量设备,实时监测地下空间的能源消耗情况,包括电力、水、燃气等各类能源的使用数据。这些数据被传输至中央处理系统,通过人工智能算法进行深入分析,从而识别能源消耗的模式和趋势。系统能够根据能源使用数据,制定和调整能源使用策略,通过智能调度,在能源需求较低的时段自动降低能源供应。通过对地下空间内不同区域和不同设备的能源使用情况进行细分,为每个区域或设备制定个性化的能源管理计划,实现能源的精细化管理。能源消耗的可视化界面使运维人员和管理人员都能够直观地了解能源使用情况,生成能源使用报告和建议,从而提高能源精细化使用意识。

同时，嵌入各个结构及设备中的传感器会不断地将新数据上传至云端，通过人工智能技术对收集到的海量数据进行管理、分析来挖掘、整理出有价值的信息。这种技术能够快速得出地下空间各项基础设施及设备的运维需求，从而找到各体系间精细化分控的高效运营模式，从另一个维度实现能源的高效利用与碳排放的有效降低。

7. 环境监测与协同控制

地下空间的环境质量监测包括空气质量、温湿度、照明、噪声等多个方面，通过部署一系列高精度传感器，实时采集这些环境参数，并通过大数据分析技术进行深入分析和处理。数字化运维系统可识别环境质量的变化趋势，预测可能的环境问题，并及时提出应对措施。智能控制系统根据监测数据和预设的环境质量标准，自动调节地下空间的照明、空调、通风等设备，以维持最佳的环境条件。

8. 空间韧性与应急管理

地下空间的韧性提升与治理主要体现在综合和单项防灾两个维度。一种方式是通过完善地下空间防灾减灾法规体系和技术规范，构建精细化防灾减灾策略。另一种方式是构建适合城市地下空间综合防灾抗疫的韧性评估框架，对城市地下空间及既有抗疫设施进行韧性评估，通过对比分析获得地下空间在城市抗疫韧性层级的权重。以现有理论方法为基础，以"韧性城市"理念为研究视角，进一步完善地下空间规划理论方法，针对地下空间网络在灾时可以作为避难疏散通道的功能特点，提出高密度地区地下空间网络的复合可达性评价框架，结合避难行为特点，提高地下空间网络的全局可达性、交通枢纽可达性和地面防灾空间可达性三个指标。

此外，应从水文地质条件、地形地貌及城市地下空间排水防涝系统等方面探讨罕见汛期城市地下空间的主要致灾因素，从极端天气情况下的地下空间致灾风险评估、灾害防控规划及灾后城市恢复规划等方面归纳城市地下空间灾害防控体系构建方略。针对城市地下空间面临的复杂多样性挑战，需要综合思考生态型城市地下空间规划、科学构建地下空间防控体系及完善地下空间灾害应急救援措施。

通过地下空间安全监测设备实时检测结构完整性，及时识别和评估潜在的安全威胁，从而采取预防措施，避免安全事故的发生。利用物联网技术，实现地下空间内各种安全设备的互联互通，通过智能控制系统实现消防系统、紧急疏散指示系统、通风系统的集中管理和协调运作。在紧急情况下，系统将自动启动应急预案，如关闭电源、启动紧急照明、打开安全出口等，确保人员安全撤离。同时，通过虚拟现实和增强现实技术，还可以为运维人员提供模拟的应急响应训练，也可以通过移动应用和在线平台，向公众提供安全知识和应急疏散指南，提高公众的安全意识和自救能力。

9. 国内外运营系统

在全球范围内，日本是较早开展智慧城市建设的少数国家之一。在整个社会体系的智慧化建设过程中，一个显著的日本模式浮现出来，即政、企、民、学、科等多方共同参与，由该国大型企业(包括日立、丰田、松下、三井不动产等民营企业)牵头的民间资本作为建设主体，达到可建设、多元化、可运营、都得益的建设效果。通过与日立株式会社开展技术合作，日本政府及零售、制造、航空和交通等行业正在实施物联网智能空间整合行动，以改善健康和安全，提高效率并增强客户体验。(图 6-10)为了帮助人们在城市之间更安全、更舒适地旅行，日立智慧城市解决方案为铁路机车运营管理、监测和控制、信息服务和维护以及道路和机场管理控制提供了先进的解决方案。

**图 6-10　地铁线路运营系统传输命令控制台**

此外，由于某些特殊原因（早期设计图纸、施工记录的缺失或者预埋管线穿插而条件复杂），每年在进行地下管廊运营维护时都会发生多起损毁事故。为了尽可能减少事故发生概率及由此造成的经济损失，东田建设株式会社和富士通株式会社于 2021 年 6 月开发了一种基于人工智能模型的地埋监测与勘探系统，同年 11 月试运行并验证了有效性。该系统的操作原理是利用富士通提供的地面雷达波横截面分析技术，读取探测器所收集不同频段的反射波并加以解码，并定位不同深度、方位埋设管道的各项数据，从而在 3D 模型中标识输出。与传统方法相比，该运营维护系统具有多项技术优势。

此前，我国地下空间的规划建设及运营管理普遍采用传统方式，权属复杂，各部门各自为政，难以合力，管理技术落后，资源浪费严重。因此，在中央城市工作会议上，习近平总书记明确指出，城市工作是一个系统工程。会议强调，一定要抓住城市管理和服务这个重点，将其不断完善，彻底改变粗放型管理方式，着力打造智慧城市。

自 2016 年阶段性开展智慧运维和创新试点以来，深圳地铁一直在不间断地进行技术储备工作。2018 年年底开始实施顶层整体功能规划与布局，2020 年结合集团公司按照自身需求制定的整体数字化转型战略目标，全面推进智慧地铁建设规划。按运营业务全流程划分，深圳地铁运营智慧平台架构可以概括为一个平台集成系统，囊括“智慧运维、智慧车站、智慧出行、智慧行车、智慧段场、智慧调度、智慧经营”七大板块（图 6-11）。此外，依据所属权限和使用要求，各层级、单位管控界面也有所区分。列车控制和管理系统通过车地无线传输将列车各子系统的实时状态及故障信息传递至智慧运维后台，可以对列车速度、载荷、运行位置、客室温度及牵引、制动、车门等子系统的实时状态进行远程监控。同时，通过对 3600 余条信息进行故障等级分类，并在后台导入故障处理指引，实现在线所有列车故障实时报警及故障处理。

**图 6-11　深圳地铁智慧运营平台操作界面**

要解决现阶段城市地下空间在运营维护阶段中暴露的管理低效、管理成本高等问题，为上海五个新城地下空间的运营维护业务提供值得借鉴的发展方向，具体的操作层面可以分为以下几个步骤：

1）充分利用物联感知与数字孪生等技术，便于协助各类地下空间完成设备管理、空间管理、安全管理和能源管理等多个方面的工作。推动数字化地下空间管理模式创新，提升对地下空间的高效率资源利用和高水平运维能力。

2）推动数字化管理转型，构建数字赋能的服务生态体系，持续提升新城数字化转型的生态支撑力。可以在地铁、管廊、枢纽等重要地下设施，率先实现数字底座的建构，并依托 BIM、CIM 平台探索虚拟现实城市功能。构建地下空间与地上空间全面感知、实时反馈、便捷高效、绿色低碳的新城数字化运营管理体系。

3）加强地铁、管廊、隧道、地下公共空间、地下能源等地下设施的数字化建设运维，打通不同系统之间的数据壁垒，以适度超前、多规合一的数字城市设施为底层支撑，加快建设“网连接、智通达”的网络通信设施、“端感知、全透明”的物联感知设施、“云计算、边协同”的算力基础设施、“全方位、强韧性”的城市安全设施，落实地下设施体系数字化监测管控，提高地下空间一体化运维水平和韧性建管水平。

### 6.4.2　地热能利用

地热能是一种来自地球内部的可再生清洁能源，早在 3000 多年前，人类已经将地热能应用在沐浴、医疗等方面，但是直到 20 世纪中期，人类才开始对地热能进行大规模的开发利用。目前，人们的环保意识日渐增强，能源日趋紧缺，在这种情况下，合理开发利用地热资源已越来越受到人们的关注。城市是能源消耗的主体，伴随着城市地下空间的建设，地热能作为城市能源的重要来源之一，也逐渐被广泛应用到高层建筑基础、地下综合管廊、隧道及市政管道等地下结构中。本节将对目前我国的地热能利用现状进行介绍。

1. 地热资源储量及分布

地热能主要分布在构造板块边缘地带，世界地热能主要分布在环太平洋地热带、地中海—喜马拉雅地热带、大西洋中脊地热带、红海—东非裂谷地热带等区域。世界地热能的基础资源总量为 $1.25\times10^{27}$ 焦耳，约合 $4.27\times10^{8}$ 亿吨标准煤，是当前全球一次能源年度消费总量的 200 万倍以上。我国地热能资源丰富，但资源探明率和利用程度较低，我国 336 个主要城市探明年可开采量为：

1）浅层地热能可采资源量折合 7 亿吨标准煤；

2）水热型地热能年可采资源量折合 18.65 亿吨标准煤；

3）埋深 3000～10 000 米干热岩型地热能基础资源量约折合 856 万亿吨标准煤。

2. 地热资源利用方式

对于埋深在 400 米以内的浅层地热能，采集的地热能以直接利用为主，主要开采方式包括开放式的水源型地热开采以及封闭式的钻孔地埋管或能源地下结构。目前最常用的开采方式为钻孔地埋管，而能源地下结构由于其具有占地面积小、建设成本低等特点，近年来也得到了迅速的发展。

对于 400 米以下的中深层—深层地热能，可像浅层地热能一样进行直接利用，而更多的深层尤其是干热岩型地热能，则以发电为主。针对不同温度，主要的地热能发电方式包括：直接蒸气发电、闪蒸发电、双循环式发电和全流循环式发电。

地热能发电的技术难度较高，且不适于在城市地区进行开发利用，所以我国的地热能开发主要集中在对浅层地热能的直接利用上。目前,我国的直接利用地热能总量已超过 40 吉瓦,位居世界第一,其中 80%以上都用于城市地区的建筑供暖或制冷。

3. 我国地热能开发政策

为了促进我国地热能开发利用,2017 年,国家发展和改革委员会、国家能源局、国土资源部联合发布《地热能开发利用"十三五"规划》,提出了我国地热能开发利用的重点布局方向,包括浅层地热能利用、水热型地热供暖、中低温地热发电、中高温地热发电和干热岩发电五个方面(图 6-12)。规划中明确在"十三五"期间,新增地热能供暖(制冷)面积 11 亿平方米,新增地热发电装机容量 500 兆瓦。至 2020 年,地热发电实际完成量不到预期目标的 4%,而浅层地热能和水热型地热能的供暖(制冷)累计面积达到了 13.9 亿平方米,完成了目标的 87%。

2021 年,十三届全国人大四次会议通过的《中华人民共和国国民经济和社会发展第十四个五年规划和 2035 年远景目标纲要》也提出了因地制宜开发利用地热能资源的目标。2021 年 9 月,国家发展和改革委员会、国家能源局等 8 部委联合发布《关于促进地热能开发利用的若干意见》,指出"在京津冀晋鲁豫以及长江流域地区,结合供暖(制冷)需求因地制宜推进浅层地热能利用,建设浅层地热能集群化利用示范区;宜采取地热区块整体开发的方式推进地热能供暖,调动企业保护资源、可持续开发的积极性,鼓励推广'地热能+'的多能互补供暖形式"。关于地热能开发利用目标,对于浅层地热能,至 2025 年供暖(制冷)面积比 2020 年增加 50%,至 2035 年供暖(制冷)面积比 2025 年再翻一番;对于地热能发电,至 2025 年装机容量比 2020 年翻一番,至 2035 年比 2025 年再翻一番。

上海市规划和自然资源局于 2021 年 6 月制定了《上海市浅层地热能开发利用管理规定》,提出"五大新城、绿色生态城区、低碳发展实践区等区域优先利用浅层地热能,鼓励新建、改建、扩建的大型公共建筑及国家机关办公建筑利用浅层地热能"的指导意见。2023 年 1 月 29 日,上海市发展和改革委员会、上海市规划和自然资源局、上海市住房和城乡建设管理委员会、上海市科学技术委员会、上海市财政局、上海市生态环境局、上海市水务局联合发布了《上海市促进地热能开发利用的实施意见》,针对上海市的地热能开发利用明确了指导思想、基本原则、发展目标、重点任务以及保障措施等相关内容,以推

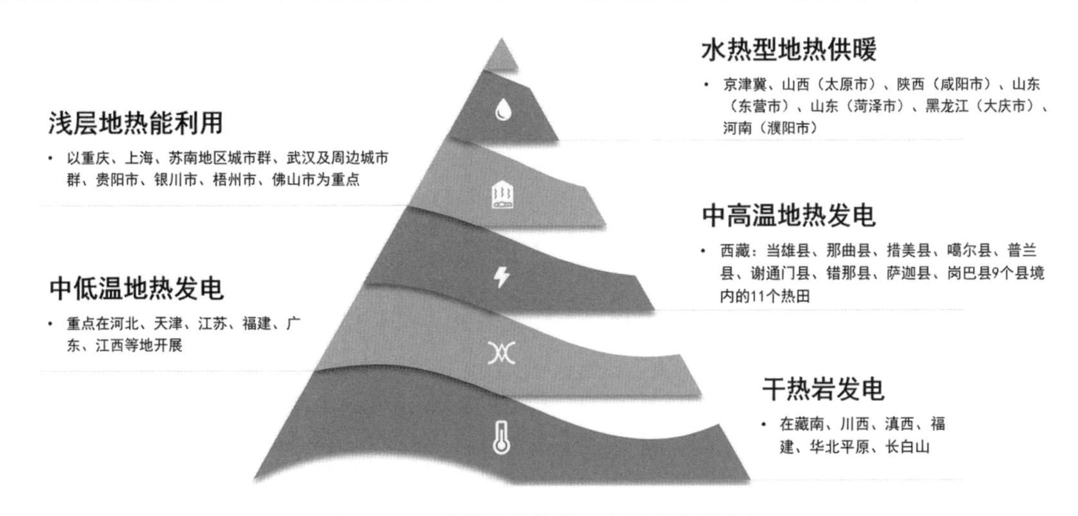


图 6-12 我国地热能的五大重点布局方向

动上海市地热能开发利用的高质量发展。其中指出了“结合上海实际，浅层地热能重点发展地埋管地源热泵系统，合理开发利用地表水源、污水(再生水)源热泵系统，探索地下水源热泵系统试点示范”。

4. 地热能供暖典型案例

地源热泵是一种利用浅层地热能进行供暖或制冷的高效节能空调系统。冬季，可从地层中提取高于室温的地热能用于供暖；夏季，可将建筑内的高温热能转移至地下，实现制冷。与锅炉供热系统相比，地源热泵可节约 2/3 以上的电能。该技术近几十年在全球范围内得到了广泛应用，20 世纪 90 年代引入国内后得到迅速推广，见表 6-1。

5. 新型能源桩

能源桩是一种革命性的地源热泵技术，巧妙地将换热系统融入桩基结构中。它不仅高效利用浅层地热能，为建筑提供绿色动力，还承担起结构承载的重任。此法显著减少了建筑在供暖制冷方面对化石燃料的依赖，成为推动绿色低碳生活的重要一环。相较于传统的钻孔埋管方式，能源桩技术凭借混凝土出色的热物理性质，显著提升了热交换效率，降低了钻孔成本，节省了宝贵的地下空间资源，其经济性和环保性优势十分显著。

欧美等国早已大力推广这一先进技术，而在我国，能源桩的应用尚处于起步阶段，仅有部分项目进行了规模化开发。然而，我国浅层地热资源极为丰富，潜力巨大。据调查，全国多地浅层地热能的年可开采量相当可观，足以满足大量建筑的供暖制冷需求。目前，上海地区虽已有一定的开发量，但相较于资源总量，仍有巨大的发展空间。

**表 6-1 国内地热能供暖典型案例**

| 典型项目 | 供热方式 | 指标 | 方案 |
| --- | --- | --- | --- |
| 北京世界园艺博览会 | 地源热泵＋太阳能 | 夏季冷负荷 180 瓦/平方米<br>冬季热负荷 140 瓦/平方米 | 设计两个能源站系统分别用于中国馆、植物馆、生活体验馆、演艺中心、国际馆、配套设施以及商业服务建筑的供暖及制冷 |
| 陕西省西咸新区 | 中深层干热岩无干扰取热技术 | 供热负荷 10.46 兆瓦<br>供热面积 13.86 万平方米 | 通过钻机向地下一定深处的高温岩层钻孔，在钻孔中安装密闭金属换热器，通过换热器内超长热管的物理传导，将高温岩层的热能导出，并通过定制的热泵机组进行冷热能交换，向地面建筑提供采暖、制冷及生活热水 |
| 贵州中烟铜仁卷烟厂 | 复合式地源热泵系统 | 总冷负荷为 9220 千瓦<br>总热负荷为 4378 千瓦 | 采用地埋管地源热泵＋地下水地源热泵＋冷却塔的复合能源系统，且应用了余热回收技术。建筑供暖热负荷全部由地埋管解决，建筑制冷负荷由地埋管和冷却塔联合解决 |
| 河北省清河县怡海花园 | 污水源热泵 | 流量 1.5 万立方米/天 | 以碧蓝污水处理厂处理后的中水作为低品位热源，采用水源热泵机组获取中水的热量进行供热利用 |
| 上海世博轴 | 能源桩＋江水源热泵 | 能源桩 6000 余根<br>节能率 60%以上 | 利用能源桩结合黄浦江水源热泵为世博园建筑进行供暖和制冷；是国内首个大规模地源热泵与江水源热泵结合的项目，也是世界上规模最大的桩基地源热泵技术应用项目 |

政策层面也在积极推动地热能的开发利用。国家能源局发布的指导意见明确提出了地热能供暖(制冷)面积的增长目标,显示了我国对于浅层地热资源开发的重视。特别是在长三角等夏热冬冷地区,地源热泵技术的应用具有得天独厚的条件,应成为未来发展的重要方向。

事实上,地源热泵技术已在全球范围内得到广泛应用。通过深埋的管路系统,它利用少量的高位电能,实现低位地热能与高位热能间的转换,为建筑提供恒定的温度环境。自引入中国以来,地源热泵技术得到了快速发展,装机容量持续增长,位居世界前列。

能源桩作为地源热泵技术的高级形态,在中国虽然起步较晚,但已有多个大型建筑成功应用能源桩技术,展现了其广阔的应用前景。当前,能源桩的主要类型包括现浇混凝土能源桩、预制混凝土能源桩和钢能源桩等,它们在各自的适用领域发挥着重要作用。

以现浇混凝土能源桩为例,这种桩型在欧洲和日本应用广泛。其制作过程包括在地面钻孔后,将高密度聚乙烯 PE 管与钢筋笼相连,再填充预拌混凝土。这种桩型虽造价较高,施工周期较长,但其热交换率高,单桩承载力强,结构整体性好,因此在大型建筑项目中具有显著优势。

综上所述,能源桩技术作为一种高效、环保的地热能利用方式,在我国具有巨大的发展潜力和广阔的应用前景。随着技术的不断进步和政策的持续推动,能源桩将在未来建筑领域发挥越来越重要的作用,为我国的能源结构转型和"双碳"目标的实现作出重要贡献。

### 6.4.3 能源隧道

1. 能源隧道原理

能源隧道是一种新型的兼具交通运输和浅层地热能开发利用功能的复合功能隧道,通过将换热管路布设在隧道衬砌内或盾构管片内,与地层及隧道内空气进行热交换,利用换热管路内传热循环工质的流动,将隧道周围地层内及空气内的热能提取到周围建筑中,进行供暖或制冷。(图 6-13)

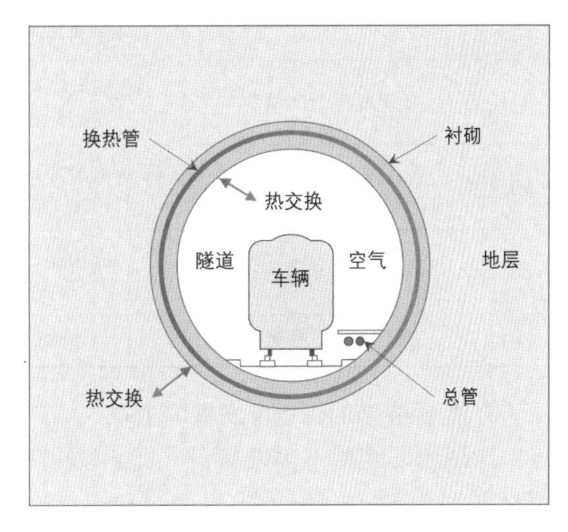


**图 6-13 能源隧道换热原理**

能源隧道的应用范围广泛,不仅可以用在地铁、市域铁路和公路道路的隧道中,还可以应用于地下综合管廊、市政管道及超深竖井中。所采集的地热能可优先用于隧道管理用房或地铁车站,再向地铁系统或城市道路系统周边的市政公共建筑推广,在时机成熟后可向附近商业建筑或住宅普及。

2. 能源隧道的类型及案例

根据换热管安装位置和隧道形式的不同,能源隧道可分为四种:

- 换热管安装在隧道仰拱内;
- 换热管安装在盾构隧道预制管片内;
- 换热管安装在初衬与二衬之间;
- 换热管安装在土工布内。

目前,能源隧道技术已经在很多国家有所应用,如奥地利莱茵泽(Lainzer)隧道和延巴赫(Jenbach)隧道、德国斯图加特市法萨南霍夫(Stuttgart-Fasanenhof)隧道、意大利都灵地铁 1 号线南延伸段,以及我国的内蒙古林场隧道和扎敦河隧道等工程都有一些试验性的应用探索。内容详见表 6-2。

**表 6-2　能源隧道的现场试验及应用案例**

| 时间 | 隧道 | 规模及特点 |
| --- | --- | --- |
| 2003 年 | 奥地利莱茵泽隧道 | 在 LT22 段进行了一小部分测试，换热管放置在土工布内，并敷设在初衬与二衬之间，是世界上第一条能源隧道 |
| 2010 年 | 内蒙古扎敦河隧道 | 200 米取热段，75 米加热段，换热管安装在初衬和复合式防水板之间，每个换热期每延米总换热量为 46.6 兆焦 |
| 2011 年 | 德国斯图加特市法萨南霍夫隧道 | 两个 10 米长试验段，换热管布设在外部衬砌上，热电效率为 5～30 瓦/平方米 |
| 2013 年 | 奥地利延巴赫隧道 | 盾构隧道，54 米长 27 环的换热管片，换热功率为 18～40 瓦/平方米，采集的热能用于市政大楼的取暖 |
| 2017 年 | 意大利都灵地铁 1 号线 | TBM 隧道，两环换热管片，换热功率最大达到 51.3 瓦/平方米 |

3. 能源隧道的优点及发展潜力

能源地下结构不需要额外占地，而是使用建筑基础、隧道衬砌等为媒介对地热能进行采集，与钻孔埋管方式相比，不仅可大大节省地下空间，也节约了建设成本。

能源隧道与能源桩、能源地下连续墙和能源筏板等其他类型的能源地下结构相比，拥有更为广阔的与岩土体的接触面积，地热能的开发规模也更大。对于盾构能源隧道而言，可在管片预制时将换热管提前浇筑在管片内，只需现场进行接头的安装，不耽误工期。

我国目前正处于城市地下空间开发利用的高峰期(图 6-14)，根据《城市轨道交通2023 年度统计和分析报告》，截至 2023 年年底，我国大陆地区城市轨道交通运营线路总长度为 11 224.54 千米，在建线路总长5671.65 千米，规划的线路总长 6118.62 千米。其中，地铁运营线路 8543.11 千米，占比76.11%。同时，各大城市还有大量的公路隧道、地下通道规划或在建。

根据《上海市城市轨道交通第三期建设规划(2018—2023 年)》，上海市城市轨道交通2030 年线网总长度约 1642 千米，其中地铁线1055 千米，市域铁路 587 千米。2035 年线网总长度约 2200 千米，其中地铁线 1043 千米，市域铁路 1157 千米。此规划为能源隧道的建设提供了广阔的应用前景。

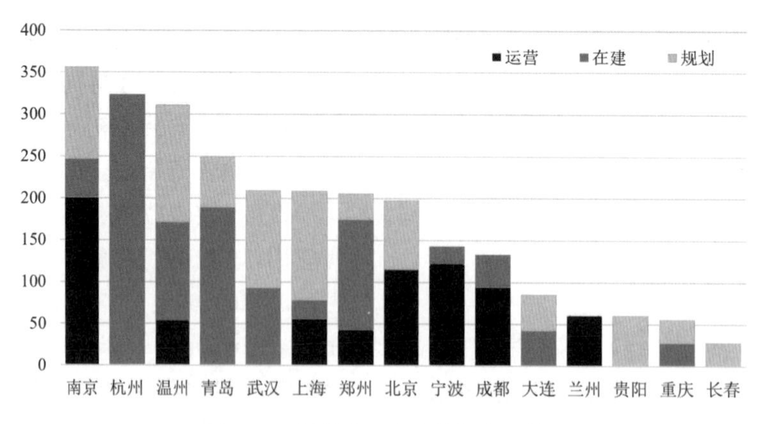


图 6-14　我国城市市域快轨建设情况

# 6.5 新城地下空间低碳策略

此前，国内外学者对建设项目节能低碳的研究大多聚焦在某个具体的阶段或者工序，如绿色建筑的设计阶段、施工建造阶段的节电措施、运行阶段的能源效率等。这类分阶段的研究方法显然无法反映项目整体的、真实的低碳策略机制。因此，科学全面的全生命周期降碳驱动要素分析尤为重要。从项目构思、规划设计、施工建造到运行维护所涵盖的政策、材料、资源、经济等因素具有复杂性、长期性和多样性的特点。要全方位、多角度分析其在全生命周期内的参与方式及特点，从而进行综合考量和界定。

五个新城地下空间低碳开发与建设的总体原则在于科学统筹规划、低碳有序建设、实现全生命周期内的高效运营与智慧管理。具体要点在于所有工作都应紧扣低碳导向，结合定性分析与定量控制的双重调控手段，在不影响使用体验的前提下建构评价体系。同时，着重考虑"双碳"目标的紧迫性与新城建设的不可逆性，更应该重点分析并借鉴发达国家建成区域中为提高能源效率、降低碳排放、扩展环境容量所设置的代表性政策法规、管理机制、支撑要素和技术体系。

充分利用新城独特的生态禀赋和自然基底，加强组团嵌套、绿廊贯通，夯实生态屏障、凸显生态优势。将自然引入新城，将新城融入自然，无论在学术界还是在行业内都是一个特别值得探讨的话题(相对于地上建筑而言，地下空间情况更为特殊)。尤其是基于全生命周期的视角(显性碳排放和隐性碳排放)，从多个方向切入研究新城地下空间开发利用过程中绿色低碳的总体思路、分项要素、实施策略等内容，旨在促进上海五个新城地下空间可持续开发利用并助力实现碳达峰、碳中和目标。

1. 顶层规划布局

新城地下空间低碳策略的总体思路在于，通过统筹安排、科学论证，在新城区域内实现地下空间的绿色规划、功能复合、低碳导向设计，提出相关措施与关键技术，引导区域实现全过程减碳增汇。其中，顶层规划布局有明确工作边界、树立合理目标、量化定制政策、调整反馈指标等显著作用。

我国地下空间的发展建设速度可谓是突飞猛进，这一特征既反映了城市空间需求骤涨的客观驱动，同时充分体现了"中国速度"的感性特质。与此同时，城市地下空间低碳高效利用的法制化建设水平仍然处于较为滞后的状态。由于缺少国家战略层级的顶层设计和统筹谋划，地下空间行业发展参差不齐，地下空间低碳技术策略尚未形成完整体系，应有的节能潜力也没有得到充分挖掘。截至2022年年底，我国颁布有关城市地下空间的法律法规、规章、规范性文件共693部。从城市地下空间相关法规政策的统计信息可以看出，目前还未能形成从国家法规到地方法规、从综合性法规到专业法规的有序衔接。

而且，法规、标准建设主要集中在地下建设用地使用权取得、出让金标准、产权登记等方面。尽管"低碳"逐渐得到党和国家的重视，但针对此问题的解决方案还主要停留在政策层面，暂无法律制度支撑，更无法律规则的调整与实践操作。正因如此，切实可行的低碳发展提质增效建设路径离不开顶层设计的明确指引。从行政管理与规划法案入手，在完善和创新“多元管理＋市场调控＋补贴激励”等政策机制的同时，适配形成关于绿色低碳地下空间的“综合法规＋专项法规＋配套法规＋技术标准”体系，为上海新城地下空间建设提供有效保障。

2. 多要素支撑

按照上海市《关于本市“十四五”加快推进新城规划建设工作的实施意见》的要求，五个新城定位为独立的综合性节点城市。因此可以预见，随着新城的开发建设，地下空间将担负起重要的城市职能，特别是在用地规模有限和城市功能不断衍生的当下。构建绿色低碳的实施路径还需要多要素的支撑。

1）紧凑集约策略

低碳策略需要降低具体的建筑能耗所导致的直接碳排放量，以及由此引发的人为活动造成的间接碳排放量。具体而言，应该围绕低碳集约的空间开发策略、交通组织策略等支撑要素展开。首先，地下空间尺度的开发利用要与人口规模、服务半径等一系列社会经济条件紧密结合，建构紧凑高效、低能耗的内部空间形态。在确保环境质量的前提下，提高空间复合程度，以降低二氧化碳排放和城市环境负荷。其次，做到有序合理开发，创造尺度适宜的人性化、集约化功能策略（比如彼此连通的地下停车库），实现减碳目标。其次，改造更为紧凑且可达性更强的城市交通体系，建设以轨道交通系统为主的城市公共交通系统，达到促进公共交通、减少私家车出行的目的。构建地下步行系统，鼓励步行交通，实现人车立体分离，从而提高城市节能降碳的综合水平。

2）绿色性能策略

一个城市或地区的开发建设活动一定要以其生态环境的可支持条件为前提，也就是区域生态敏感性反应程度。所以在具体的规划设计层面，应该以地下空间的绿色性能为导向，制定“被动优先、主动协同”的优化策略，即充分认识地下空间的本质，采取低成本、高效率的被动式节能手段改善地下空间的采光、通风环境。其中，最为常见的自然采光设计策略是在下沉式商业空间中设计一个可以透光的天井。而被动式通风则可以基于风压通风和热压通风原理，通过设置“挡风板＋捕风器”的构筑物组合来实现，配合具有高能效转化率的机械设备，甚至导入景观元素，共同提升地下空间的室内环境质量和场所体验。

3）低碳材料与建造

考虑到地下空间具有恒温、恒湿等先天优势，某些功能的地下建筑本身就是节能型建筑，如一些仓储功能的地下建筑和地下实验室的运行费用远低于地面建筑。在采用上述可持续策略的基础上，推行建筑材料资源化利用，再辅以低碳建筑材料（再生骨料混凝土）和绿色建造施工工艺（建筑信息模型主导的装配式施工方法），将强化生态框架体系的稳固程度。

推广一体化设计理念，加大推广包括装配式施工方法在内的多种全新建造工法和施工工艺力度，实现工程建设低消耗、低排放、高质量和高效益。地下空间采用新型工业化低碳建造方法有着重要的意义。相比于传统现浇工艺，上述方法可以降低成本、实现工厂化组织生产、简化现场操作。这种理念与方法对我国的地下空间可持续发展有重要的推动作用，并且有望在未来形成独立模板整体施工技术框架的重要组成部分之一。

4）可再生能源与新能源桩

大力推进可再生能源的规模化应用，因地制宜推广太阳能热水系统、建筑光伏一体化系统和浅层地热能利用，提高项目的可再生能源渗透率。采用高效分布式能源系统，提高区域能源系统的利用效率。

5）低碳交通

在满足社会经济发展和城市居民刚性出

行需求的前提下，降低新城地下交通体系能源消耗量。通过发展公共交通并给予配套优化措施，降低单位客运量的碳排放强度。构建连续通达的慢行系统，引导城市居民低碳出行，逐步减少城市交通领域对高碳能源的依赖，控制和减缓交通运输碳排放。

低碳交通(Low Carbon Transport)理念不仅仅指在交通工具利用上选择节能降耗、低污染的车辆出行，更要从源头上倡导低碳出行，在规划上不断优化城市交通格局，在交通出行的各个环节最大程度地减少碳排放量。通过对国外城市低碳交通减排措施和实施效果进行分析，使用清洁能源对节能减排目标的贡献最大。其次，推行节能增效、交通方式转型等低碳交通措施能够达到显著减排的效果，有效助力我国碳中和目标的实现。此外，还应大力发展低碳交通技术研究及应用、推广新能源公交等。

6）低碳运维

强化新城地下空间工程设计、运维、管理过程中的信息化技术应用，深化 BIM 技术(包括二次开发)，奠定全过程数字化基础。依托区域能源智慧管理系统，通过对相关区域交通、建筑、环境等能耗情况进行数据化监测，有效掌握区域内能源消耗情况和碳排放情况，提升运行阶段监管水平，实现节能减排指标的动态分析与智慧管理，从而达到区域碳排放指标、实现提高地下空间整体智能化水平的目标。

在过去几十年的大量地下空间项目实践中，我国工程建设领域积累了丰富的技术经验，创造了大量的工程纪录。基于 BIM/CIM 模型的智能化信息技术与运维模式也是地下空间低碳策略的坚实基础与未来行业的发展趋势。低碳化运维充分结合移动互联网技术、物联网技术，打通建筑运维过程中涉及的设备管理、空间管理、能源管理、环境管理和安全管理，可大大提升管理和服务质量、提升管理规模容量，为实现能源使用效率与运维效益提供助力。

综上所述，低碳生态导向的地下空间开发既要求进行超前规划，能有效支撑生态城市的整体建设，同时还要求地下空间通过自身系统化构建，不断完善管理机制，全面探讨技术路线，最大化发挥其对可持续发展、节能减排的作用和价值。特别是城市的战略性区域，地下空间的开发利用更应体现低碳生态发展理念与地下开发的有机耦合。

# 07 实施机制

# 7.1 国内外政策法规

## 7.1.1 国内政策法规

随着我国城市化进程的推进、城市地下空间建设的发展,以及公众对地下空间资源认知度的提升,地下空间法规政策体系的构建逐渐受到重视。1997 年至 2011 年间,我国针对地下空间资源共制定法律法规 32 部;截至 2022 年年底,中国颁布的有关城市地下空间的法律法规、规章、规范性文件总数已达 693 部。

从国家法律基础上来看,《中华人民共和国土地管理法》《中华人民共和国民法典》《中华人民共和国城乡规划法》分别对地下空间使用权、地下空间规划作了相应规定。《中华人民共和国土地管理法》规定,土地使用权可以依法出让或划拨,而第五十四条规定,以下几种建设用地,经县级以上人民政府依法批准,可以以划拨方式取得:国家机关用地和军事用地,城市基础设施用地和公益事业用地,国家重点扶持的能源、交通、水利等基础设施用地,以及法律、行政法规规定的其他用地。《中华人民共和国民法典》第二编第三百四十五条规定:“建设用地使用权可以在土地的地表、地上或者地下分别设立。”此项规定具有重要意义,代表地下空间可以分层出让给不同归属主体。《中华人民共和国城乡规划法》第三十三条规定:“城市地下空间的开发和利用,应当与经济和技术发展水平相适应,遵循统筹安排、综合开发、合理利用的原则,充分考虑防灾减灾、人民防空和通信等需要,并符合城市规划,履行规划审批手续。”

国土空间规划体系把地下空间规划作为五级三类中的专项规划之一。自然资源部研究起草的《市级国土空间总体规划编制指南(试行)》指出应协同开发地上地下空间,并提出了城市地下空间的开发目标,规模、重点区域、分层分区和协调连通的管控要求。同时,该指南亦提出,为完善公共空间和公共服务功能,营造健康、舒适、便利的人居环境,应构建系统安全的慢行系统,建设步行友好城市,并给出了城市中心城区覆盖地上地下、室内户外的慢行系统规划要求。《国土空间规划城市设计指南》(TD/T 1065—2021)针对城市重点控制区的规划提出,具有特殊重要属性的功能片区,如交通枢纽、商务中心区、产业园区核心区、教育园区等,应注重核心区域公共空间系统建设和场所营造,鼓励地上地下综合开发、一体化设计,加强对外交通与片区内部交通的接驳和流线的组织。该指南亦在地下空间专项规划设计方法要点中提出,应加强地下空间与地上空间的一体化衔接,注重地下空间的体验感受和特色塑造。

中华人民共和国住房和城乡建设部(以下简称住建部)《城市地下空间开发利用管理规定》于 1997 年发布,2001 年和 2011 年分别进行了修订,提出了城市地下空间规划、工程建设、工程管理的基本要求。2016 年住建部发布《城市地下空间开发利用“十三五”规划》,随后全国各省市陆续发布加快城市地下空间开发利用的若干意见,要求下辖市区完成地下空间专项规划和人防建设专项规划编制。

为切实加强城市地下管线建设管理,推进城市地下综合管廊建设,国务院办公厅于

2014年和2015年相继发布了《关于加强城市地下管线建设管理的指导意见》(国办发〔2014〕27号)和《关于推进城市地下综合管廊建设的指导意见》(国办发〔2015〕61号)。2020年住建部印发了《关于加强城市地下市政基础设施建设的指导意见》,要求在2023年底前基本完成地下设施普查,摸清底数,建立和完善综合管理信息平台。

从1997年的《城市地下空间开发利用管理规定》这一部门规章开始,到对轨道交通、综合管廊、地下停车等功能设施建设的分类精细化管理,地下空间法治体系不断发展完善。当前,地下建设用地使用权取得、出让金标准、产权登记及投融资机制等方面是近年来地下空间治理体系的关注重点所在。

2005年,深圳市首次对福田区车公庙两宗地下空间开发地块的土地进行了挂牌,这是我国大陆地区有史以来首次以经营性土地方式出让地下空间使用权。随着全国各地城市在地下空间建设与管理上的实践经验积累与相互借鉴,各地城市也对地下空间开发利用制定了相关政策,如表7-1所示。

**表7-1　部分城市地下空间相关政策法规**

| 城市 | 政策法规 | 要点 |
| --- | --- | --- |
| 杭州 | 《杭州市地下空间开发利用管理办法》(2017)<br>《杭州市地下空间开发利用管理实施办法》(2020) | ◇ 建设单位可以随建设项目一并取得连通通道的地下建设用地使用权,连通通道的土地可以采用划拨方式供地<br>◇ 地下连通通道(空间)可以设置经营性功能,面积不超过总建筑面积的30%。经营性功能的用地有偿使用,用地手续可以按协议出让办理 |
| 上海 | 《上海市地下空间规划建设条例》(2020年修订)<br>《上海市地下建设用地使用权出让规定》(2018)<br>《上海市城市规划管理技术规定(土地使用建筑管理)》(2011年修订)<br>《浦东新区国有建设用地垂直空间分层设立使用权若干规定》(2022) | ◇ 由集中开发区域的管理机构对地下空间实施整体设计、统一建设;建成的地下空间可以单独划拨或者出让,也可以与地上建设用地使用权一并划拨或者出让<br>◇ 对地下连通道的使用权、实施主体,以及穿越道路公路用地的地下通道运维等均提出了相关要求<br>◇ 地下空间整体开发条款提出:在集中开发的区域,应当对地下空间进行统一规划、整体设计,通过城市设计、控规附加图则和开发建设导则,规范区域内地下空间建设行为;由一个主体取得区域地下建设用地使用权实施开发建设的,地上建设用地使用权可以分宗采取“带地下工程”方式供应;实行分宗出让、委托一个主体统一建设的,土地出让条件中应当明确统一建设的要求和物理分割条件<br>◇ 建筑面积奖励:中心城区的地块为社会公众提供开放空间的,可以增加建筑面积,并规定了增加面积的方法<br>◇ 浦东新区:一定区域内不同建设用地使用权人可以通过协议方式委托一个主体进行地下空间统一建设。同时,为确保后续各宗地地下空间权利明晰、联通便利,应明确统一建设要求、考虑地下空间分割条件以合理确定地下工程布局、地下空间分割界限,并与地上权属界限相协调 |
| 深圳 | 《深圳市地下空间开发利用管理办法》(2021)<br>《深圳市拆除重建类城市更新单元规划容积率审查规定》(2019)<br>《深圳市人民政府关于完善国有土地供应管理的若干意见》(2018) | ◇ 轨道交通工程:城市轨道交通工程建设单位可以作为统一的实施主体,将轨道交通规划控制范围或者与轨道交通地下设施相邻的其他地下建设项目,与轨道交通工程进行整体开发建设<br>◇ 数字化管理:深圳探索研究了包括三维宗地、空间权属关系、立体空间供应、立体空间相邻关系等内容,旨在立法界定土地立体利用的产权关系<br>◇ 明确集中开发区域的地下建设用地使用权可以单独划拨、出让,也可以与地表建设用地使用权一并划拨、出让 |

（续表）

| 城市 | 政策法规 | 要点 |
| --- | --- | --- |
| | | ◇ 在城市更新中通过转移容积、奖励容积、允许配建经营性建筑等奖励措施，鼓励开发商对公共利益项目进行建设，如建设向公共开放的地块间地下连通道<br>◇ 规划容积由基础容积、转移容积、奖励容积三部分组成。通过增加转移容积、提高奖励幅度，加大市场动力，提高落实公共利益项目的积极性<br>◇ 连接两宗已设定产权地块的地上、地下空间，该空间主要为连通功能且保证24小时向公众开放的，按照公共通道用途出让，允许配建不超过通道总建筑面积20%的经营性建筑，若配建超过20%的经营性建筑，超出部分产权归政府所有；该空间无法24小时向公众开放的，按照建筑主体功能出让 |
| 南京 | 《南京市城市地下空间开发利用管理办法》(2018) | ◇ 先建单位应当按照规划条件预留地下连通工程的接口，后建单位应当按照规划条件和土地出让合同约定承担后续地下工程连通义务 |
| 广州 | 《广州市地下空间开发利用管理办法》(2019) | ◇ 地下空间建筑物不得办理预售，应当经初始登记确认权属后方可销售、出租 |
| 青岛 | 《青岛市地下空间开发利用管理条例》(2020) | ◇ 鼓励区域地下空间整体开发建设。相邻地块地下空间具备整体开发条件的，可以由建设单位按照统一规划实施整体设计、统一建设<br>◇ 公共连通通道配建的经营性建筑不超过通道总建筑面积20%的，可以按照公共连通通道用途采取协议方式出让 |
| 郑州 | 《郑州市地下空间开发利用管理暂行规定》(2021) | ◇ 地下空间土地管理：在出让供应的地下空间建设用地使用权时，出让价款(或起始价)按照不低于出让时与地下规划功能用途、建筑容量、土地级别、使用年限等同等条件的地上建设用地评估市场楼面价的一定比例收取。其中，地下一层按照地上建设用地市场楼面价的30%和相应建筑容量计算；地下二层按照地上建设用地市场楼面价的25%和相应建筑容量计算；地下三层及三层以下按照地上建设用地市场楼面价的20%和相应建筑容量计算 |
| 苏州 | 《苏州市地下(地上)空间建设用地使用权利用和登记暂行办法》(2021年修订) | ◇ 地下、地上空间建设用地使用权，可结合地表工程建设规划，分别对照地下、地上空间的规划批准用途，实行分层供地，依法确定不同的供地方式。规划用途为经营性的地下空间建设用地，以及其他同一用地有两个及以上意向使用者的，依法采取招标、拍卖、挂牌公开竞价方式出让使用权 |
| 宁波 | 《宁波市地下空间开发利用管理办法》(2016)<br>《宁波市地下空间开发利用管理实施细则(试行)》(2018) | ◇ 地下空间建设用地使用权用于商业、办公、娱乐、仓储等经营性用途，以协议方式出让或补缴土地出让金的，地下首层部分土地出让金可按所在地段基准地价对应用途楼面地价(仓储用途为地面地价)的20%收取，地下二层土地出让金按地下首层的40%收取，地下三层以下可免收土地出让金 |
| 北京 | 《北京市人民防空工程和普通地下室安全使用管理规范》(2022年修订)<br>《腾退地下空间管理和使用指导意见》(2022) | ◇ 老城区内腾退地下空间再利用工作应与城市更新相协同，与韧性城市建设及一刻钟便民生活圈建设相结合；鼓励再利用地下空间用于仓储、便民店、物流自助终端、家政、前置仓等便民商业服务网点 |

（续表）

| 城市 | 政策法规 | 要点 |
|---|---|---|
| 成都 | 《成都市地下空间开发利用管理条例》(2022) | ◇ 完善地下空间规划体系，构建以全市地下空间开发利用专项规划为统领、城市重点建设区域地下空间开发利用详细规划为实施依据的两层次规划体系：一是在专项规划中划定重点建设区域范围，并明确平战结合、环境保护和安全保障等方面的要求；二是在修建性详细规划实施上，组织编制重点地区地下空间详细规划，开展地下空间规划城市设计，制定一般建设区域建设技术管理标准，明确开发强度、建设规模、使用功能、出入口位置、连通方式等指标，作为建设项目规划审批的依据 |

1. 深圳市相关政策法规

深圳的地下空间开发利用没有经过以人防工程建设为主的阶段，从一开始就与城市规划建设与发展紧密结合，在地下空间开发利用及法规机制建设方面开展了有益的创新探索。2000 年颁布的《深圳市地下空间使用条例（草案）》界定了地下空间的使用权、优先权和地役权，并提出了“三维坐标系统”的构想，有利于地下空间规划与市场化运作之间的结合。当前，深圳已出台的《深圳市地下空间开发利用管理办法》《深圳市拆除重建类城市更新单元规划容积率审查规定》（深规划资源规〔2019〕1 号）、《深圳市人民政府关于完善国有土地供应管理的若干意见》等地下空间开发利用相关政策法规，对于全国其他城市的立法实践具有示范作用。

1)《深圳市地下空间开发利用管理办法》

2021 年 8 月 1 日施行的《深圳市地下空间开发利用管理办法》（以下简称《办法》）对地下空间分层使用权、地下建（构）筑物使用权与所有权、公共用地下的公共通道使用权与建设维护管理义务、轨道交通形成的地下空间、集中开发区域地下建设审批、三维地籍管理等作了较全面的规定。

在使用权获得方面，《办法》规定：地下建设用地使用权分层取得的，分层申请办理地下空间规划许可手续。需要穿越市政道路、公共绿地、公共广场等公共用地的地下连通空间或者连接两宗已设定产权地块的地下连通空间，可以协议出让地下空间建设用地使用权，以协议方式出让的，地下空间全天候向公众开放的，按照公共通道用途出让，允许配建一定比例的经营性建筑，公共通道用途部分免收地价；不能全天候向公众开放的，则应按照实际用途出让。地下连通通道涉及两个以上建设单位的，在建设用地使用权出让合同中明确连通通道的土地使用权归属。地下空间建设用地使用权也可以通过租赁方式供应，租赁期限不超过十年，租赁期限届满的三个月前，建设用地使用权人可以按规定申请续期。

对于轨道交通项目，《办法》提出：轨道交通项目建设过程中，对采用明挖施工方式形成的地下空间，具备独立开发条件的，应当根据地下空间的规划功能确定土地供应方式。轨道交通建设应当与沿线地块、道路、地下公共通道以及市政设施等工程建设相衔接，按规划要求预留与周边工程的接口条件，实现地上地下空间资源一体化高效利用。城市轨道交通工程建设单位可以作为统一的实施主体，将轨道交通规划控制范围或者与轨道交通地下设施相邻的其他地下建设项目，与轨道交通工程进行整体开发建设。在重要轨道交通枢纽地区，市主管部门可以探索站城一体化综合开发涉及的规划管理、用地出让、地价计收、工程建设等政策措施，报市政府批准后实施。

对于集中开发区域,《办法》明确:集中开发区域的地下建设用地使用权可以单独划拨或者出让,也可以与地表建设用地使用权一并划拨或者出让。建设单位应当按照整体规划设计进行开发建设。除前款规定的建设模式外,政府土地投资开发管理机构可以对集中开发区域进行统一建设,形成土建预留工程,土建预留工程经竣工验收合格后,移交土地储备机构收储并可按照《办法》第三章的规定进行土地供应。

对于地下空间的整体建设,《办法》要求:地下空间分层开发利用的,应当共用出入口、通风口和排水口等设施。按照规划,地下空间工程建设涉及地下连通工程的,建设单位、地下建设用地使用权人或者地表建设用地使用权人应当履行地下连通义务并确保连通工程的实施符合防火、通风、照明等相关设计规范的要求,确保满足人员疏散和应急救援需要。先建单位应当按照规划要求和有关设计规范预留地下连通工程的接口,后建单位负责后续地下连通通道建设。

《办法》中亦包含了与地下空间建设相关的奖励措施:建设单位在规划基础上增加城市基础设施、公共服务设施等情形的,可以给予容积转移或者奖励、地价优惠、财政奖补或者依法实施税收减免等,具体办法由相关部门制定后报市政府批准。

对于地下空间的维护与管理,《办法》明确规定:地下空间建(构)筑物和设施的所有权人为地下空间维护管理责任人;地下空间建(构)筑物和设施的所有权人不清晰的,由实际使用人承担维护管理责任;地下空间建(构)筑物和设施所有权人不清晰且无实际使用人的,由政府指定维护管理责任人。

《办法》对城市中的重点地区进行了界定,指出,重点地区包括地下空间开发利用专项规划确定的重点建设的城市各级中心、综合交通枢纽等地区。对于重点区域的地下空间规划,《办法》要求:重点地区地下空间详细规划的内容包括地下空间开发边界、开发强度、建设规模、使用功能、竖向高程、出入口位置、地下公共通道位置、连通方式以及分层要求等。市主管部门在编制重点地区地下空间详细规划时应当明确其规划管控的强制性内容,涉及重点地区地下空间详细规划强制性内容修改的,应当报市政府批准;对非强制性内容进行修改的,由市主管部门批准。其中,强制性内容和非强制性内容按照相关技术规范执行。

《办法》也对地下空间的数字化管理提供了参考:市主管部门应当组织制定地下空间规划编制技术规范和建筑设计规则,推行三维地籍管理技术;同时,应当会同住房建设、人民防空、城市管理等主管部门建立地下空间数据中心,将地下空间基础调查、规划建设管理、不动产档案信息等纳入地下空间数据中心,并通过市大数据资源中心实现信息共享。

总体上,《办法》在地下空间的土地、产权、规划、建设、维护管理等方面实现了大胆的探索和创新,为我国地下空间法规的完善起到了带头作用。深圳市的城市更新中,也探索了地下空间建设的相应政策机制,例如,通过转移容积、奖励容积、允许配建经营性建筑等奖励措施,鼓励开发商建设向公众开放的地块间地下连通道等公共利益项目。

2)《深圳市拆除重建类城市更新单元规划容积率审查规定》

该规定自2019年起正式实施,其中明确指出规划容积由基础容积、转移容积、奖励容积三部分组成。同时,该规定提出了促进公共利益项目落实的奖励措施:总体上,应通过增加转移容积、提高奖励幅度以加大市场动力,提升公共利益项目的建设积极性;例如,城市更新单元内为连通城市公交场站、轨道站点或重要的城市公共空间，经核准设置24小时无条件对所有市民开放的地面通道、地下通道、架空连廊，并由实施主体承担建设责任及费用的，按其对应的投影面积计入奖励容积。

3)《深圳市人民政府关于完善国有土地供应管理的若干意见》

该意见发布于2018年。意见提出，连接两宗已设定产权地块的地上、地下空间，该空间主要为连通功能且保证24小时向公众开放的，按照公共通道用途出让，允许配建不超过通道总建筑面积20%的经营性建筑，若配建超过20%的经营性建筑，超出部分产权归政府所有；该空间无法24小时向公众开放的，按照建筑主体功能出让。

2. 深圳前海的创新探索

深圳前海深港现代服务业合作区(以下简称前海)在国内地下空间开发建设及政策法规创新上走在全国前列。从政府大包大揽到逐步放权给开发主体，特别是地下立体分层确权出让、道路下产权归开发主体，深圳前海踏出了一大步：土地立体化管理工作以“一则规定、一项规范、一个系统、一批案例”的三维地籍管理为基础，《深圳市前海深港现代服务业合作区立体复合开发用地供应管理若干规定(试行)》(2021)首创了立体空间一级开发和三维宗地复合开发，而《三维产权体数据规范》(DB4403/T 192—2021)打通了各个平台的数据壁垒，此外，三维地籍管理信息平台和土地立体化管理案例库也帮助前海不断积累总结经验。

另外，近年来出台的多项政策法规为前海地下空间的建设、管理创新提供了支撑。其中，《深圳市地下空间开发利用管理办法》(2021)对道路下开发建设的确权问题等有了明确的规定，《前海地下空间消防设计指引》(2020)弥补了不同功能地下空间互联互通产生的消防设计难题，填补了国内消防设计的较多空白，为地下空间整体开发奠定了法规与技术支撑，使前海地下空间开发利用与建设运营创新走在全国前列。前海土地立体化管理经验被广东省(2019)、国务院(2020)批准列入改革试点推广经验。2022年，深圳市前海土地立体化管理服务标准化试点已向国家标准化管理委员会申报。2023年，“地上地表地下分层设立建设用地使用权”被列为深圳综合改革试点创新举措和典型经验。

3. 香港特别行政区相关政策法规

香港特别行政区的地下空间沿地铁线展开，着重于开发沿线上盖物业与地下空间。总体上，香港地下空间开发建设具有完善的技术规划、规划设计与管理政策。香港于1988年对地下空间发展潜力完成初步研究，1991年制定《香港规划标准与准则》，在2009/2010年度施政纲领中提出开展地下空间发展战略研究。在《善用香港地下空间及岩洞发展长远策略》的推动下，诸多市政服务项目转移到地下，例如香港大学海水配水库、港岛西废物转运站、赤柱污水处理厂、狗虱湾爆炸品仓库。建筑设计方面，《岩洞工程指南》(《岩土指南》第四册)，对勘察、设计及建造提供了详细、明确的指引，消防上，则有《岩洞的消防安全设计指南》进行规范与控制。规划管理层面，《香港规划标准与准则》制定了地下空间发展的标准与准则，主要包括：事先用途、环境、安全、交通、财务预可行性及规划研究；发展大纲图、蓝图及分区计划大纲图，岩土工程勘探，火警等危及公众安全的事宜，排水等公用设施的建设；重点开发区域可行性研究及详细的设计指引。

4. 上海市相关政策法规

上海市地下空间规划建设在全国起步较早，相关规章制度也在不断完善中。

1)《上海市地下空间规划建设条例》

该条例于2014年实施，2018年第一次修正，2020年第二次修正。该条例明确了市和区不同行政管理部门在地下空间开发建设中的职责，规定了涉及地下空间的各类专项规划与控制性详细规划的组织编制要求。同时，其明确了地下空间建设的要求，包括地下建设用地使用权的获取与出让方式，以及地下建设项目的规划条件。对于集中开发区域，该条例提出，“涉及地下空间的建设工程设计方案应当经集中开发区域的管理机构综合平衡后，方可报规划资源行政管理部门审批”，“集中开发区域的管理机构可以对地下空间实施整体设计、统一建设”，“建成的地下空间可以单独划拨或者出让，也可以与地上建设用地使用权一并划拨或者出让”。该条例也对地下连通道穿越道路公路用地时的使用权归属、实施主体作了具体规定，同时，对地下通道运维、地下建设项目房屋所有权登记等提出了相关要求。

2)《上海市地下建设用地使用权出让规定》

该规定发布于 2018 年，其中明确了对于地下建设用地使用权出让方式、出让年期、出让价款、地下建设规划条件、地下建筑面积和用途、地下空间整体开发、互联互通、权属和登记、公益、安全、全生命周期管理等的要求。其中，明确了：附着地下交通设施等公益性项目且不具备独立开发条件的地下工程可以采用协议出让的方式；规划条件应当明确地下建设工程的用途、最大占地范围、开发深度、建筑量控制要求、与相邻建筑连通要求、地质安全要求等规划设计要求，地下建设规划条件应当纳入土地出让合同；地下各层按比例收取地价。地下空间整体开发条款中提出：在集中开发的区域，应当对地下空间进行统一规划、整体设计，通过城市设计、控规附加图则和开发建设导则，规范区域内地下空间建设行为；由一个主体取得区域地下建设用地使用权实施开发建设的，地上建设用地使用权可以分宗采取“带地下工程”方式供应；区域地下空间实行分宗出让、委托一个主体统一建设的，土地出让条件中应当明确统一建设的要求，地下建设工程设计方案和工程规划许可应当充分考虑各宗地地下空间的物理分割条件，合理确定地下工程布局，各宗地地下空间分割界线应当与地上权属界线相协调；土地出让合同中，可以明确相邻关系的具体约定，以及地下空间的地面出口、地上工程的地下桩基等配套设施和构筑物的权属等内容。该规定亦提出了土地全生命周期管理的要求，指出地下建筑的功能业态、连通、运营管理等应与地上管理相同。

3)《上海市新建公园绿地地下空间开发相关控制指标规定》

发布于 2010 年的该规定明确了新建公园绿地地下空间的开发指标：对小于 0.3 公顷的新建公园绿地，禁止地下空间开发；新建公园绿地面积超过 0.3 公顷的，可开发地下空间占地面积不得大于绿地总面积的 30%，原则上用于建设公共停车场等项目；小于 0.5 公顷的，禁止设置地下变电站、泵站等市政公共服务设施项目(市政绿化综合用地除外)；地下开发空间占地面积超过 0.5 公顷的，不得整片连续布局，应当按照面积不大于 0.5 公顷的空间为单元，分散布局，单元之间可以设置宽度不大于 10 米的连接通道；新建公园绿地地下空间用作公共停车场时，公共停车场占地面积按照 0.8 倍计入地下空间开发指标。

4)《上海市控制性详细规划技术准则(2016 年修订版)》

针对重点地区，即公共活动中心区、历史风貌地区、重要滨水区与风景区、交通枢纽地区以及其他对城市空间影响较大的区域，该准则明确了两方面的规划要求：第一，应根据普适性的规划控制要求，形成普适图则；第二，根据城市设计或专项研究提出附加的规划控制要求，形成附加图则。有关地下空间，附加图则中规定的编制要素包括地下空间建设范围、开发深度与分层、地下建筑主导功能、地下建筑量、地下连通道和下沉式广场位置；有关地下空间的基本规划要求包括竖向规划原则、公共绿地下利用、退让界线、地下公共步行系统等。该准则也提出了应鼓励轨道交通系统与地下空间合建，鼓励规划已建地铁线路与车站的控制线，鼓励停车、给水和污水、变电站、环卫垃圾等设施的地下化。

5）上海市有关地下综合管廊建设的立法实践

在地下综合管廊方面，上海市人民政府于2015年底发布了《关于推进本市地下综合管廊建设的若干意见》，2016年，上海市规划和国土资源管理局（现上海市规划和自然资源局）组织编制《上海市地下综合管廊专项规划（2016—2040）》，确定了全市综合管廊总体布局，提出了近期（到2020年）80～100千米、远期（到2040年）300千米的综合管廊建设目标，规划了5条主干综合管廊和若干管廊重点建设区域。然而，当前，综合管廊方面相关政策法规的制定尚处于初期探索阶段，缺乏管线入廊、成本分摊、费用收取等相关的政策法规进行约束，导致管廊建设对应当入廊的管线权属单位缺乏约束力，对具备收费条件的单位缺乏收费依据，对管线单位共同使用管廊空间缺少协调机制。2021年，由上海市住房和城乡建设管理委员会协同上海市规划和自然资源局等七部门联合发布《关于加强本市城市地下基础设施建设的实施意见》，提出了全面推进地下市政基础设施城市数字化转型的目标，即建立系统的城市地下空间和地下管线规划体系，并实现地下设施与地面设施统筹安排、协同建设、优先衔接、均衡发展。该意见也为各新城的综合管廊建设设定了5千米以上的建设指标。目前，上海五个新城均启动了地下基础设施数字化管理平台建设工作。

小结：

总体而言，深圳市在地下空间法规建设理念创新和大胆尝试方面相对突出，“双协调”机制、土建预留的“兜底”模式、“三维地籍”出让等都为地下空间法规构建提供了非常好的创新尝试。杭州市在审批制度上有所创新，明确土地使用权划拨不以建设单位企业性质为限。成都市地下空间的法规从整体上设计了一套从适用范围、开发利用原则、规划体系、强化用地管理和建设使用管理等维度的法规框架。同时，结合西部地区自身在物流、大数据管理等方面的特点和优势，强化对地下空间综合信息管理平台的建立。北京市对既有地下空间的腾退和更新的精细化管理，为既有地下空间的利用提供了很好的参考和模式借鉴。城市建设的复杂程度导致了新建设项目和已建设空间这两个方面在地下空间法规构建的过程中都会有所涉及，因此针对既有地下空间的腾退、再利用、持续管理等法规也需要引起重视。

总体而言，通过梳理地下空间法规，可以发现，随着城市地下空间开发建设的持续深入，相关法规也在逐步完善，其特点可以概括为理念创新、审批创新、框架完善、新旧兼顾四个方面。

### 7.1.2 国内规范标准

近年来，虽然已有较多城市编制了城市地下空间开发利用专项规划，但规划制定普遍滞后于建设开发，地下空间管理系统建设仍处于起步阶段。用以指导项目建设的地下空间控制性详细规划的缺失或可落地性的缺乏是原因之一，而规划编制标准的不完善，也导致各地地下空间规划编制深度、内容水平等参差不齐。

2004年发布的《深圳市城市规划标准与准则》提出了深圳市城市地下空间利用的基本准则，该准则于2021年修订并完善，补充了地下空间功能与设施、地下空间附属设施等规划要求。上海市 2014 年出台的地方标准《地下空间规划编制规范》(DG/TJ 08—2156—2014 J 12905—2015)明确了上海市地下空间规划编制的层次、内容、深度、要素与各项技术要求,以及各层级地下空间规划成果的内容与形式。2019 年出台的国家标准《城市地下空间规划标准》(GB/T 51358—2019)规范了地下空间总体和详细规划编制的内容,也对地下交通等设施的布局提出了要求。当前,虽然已存在一些地下空间规划编制的规范标准,但总体而言,各地在编制水平以及规划的控制与指导效能上仍显不足,对各新城地下空间建设情况的调研也反映出了规划管控与实际脱节的问题。

《1996—2010 年建筑技术政策》第六条从宏观层面对地下建筑设计进行了指导,主要包括:积极开发地下空间,加强地下空间规划,做好相应的地下建筑设计,形成地下管网、设施配套的地下建筑系统;加强对城市高层、大型公共建筑地下部分的设计理论研究和实践探索,对地下建筑的设计、施工及使用必须严格把关,保证工程质量和使用安全;人防工程应真正贯彻"平战结合"原则。

地下建筑工程设计的要点分散在不同的行业、专业规范内,具体而言,与之相关的设计规范包括《民用建筑通用规范》《商店建筑设计规范》《文化馆建筑设计规范》《博物馆建筑设计规范》《图书馆建筑设计规范》《车库建筑设计规范》《建筑设计防火规范》,以及市政类专项工程设计规范《地铁设计规范》《城市道路公共交通站、场、厂工程设计规范》《城市地下道路工程设计规范》《城市地下综合管廊工程规划编制指引》等。对于地下空间建设相关规范标准等的梳理见表 7-2。

目前国内地下空间规范标准以专项工程技术标准为主,近年来也有专门针对地下空间的标准出台,如上海市地方标准《地下空间规划编制规范》(DG/TJ 08—2156—2014 J 12905—2015)、国家标准《城市地下空间规划标准》(GB/T 51358—2019)、深圳市地方标准《地下空间设计标准》(SJG 95—2021)。其中,前两者主要针对地下空间的规划层面,深圳市地方标准则主要面向地下工程设计,汇编了地下民用工程和地下市政工程设计的相关规范。现存的规范标准中也存在部分不完全对应的条款内容,例如:《地下空间规划编制规范》中指出,"地下空间开发应以浅表层(0～－15 米)和中层(－15～－40 米)为主";《城市地下空间规划标准》则将城市地下空间分为了"浅层(0～－15 米)、次浅层(－15～－30 米)、次深层(－30～－50 米)和深层(－50 米以下)"四层——两本规范对于地下空间分层概念和深度具有不同的定义。

此外,不同类型的工程所遵循的规范细节不同,例如,各类消防规范存在较为显著的差异:

1)各部位耐火极限参考标准的差异

上海市地方标准《上海市工程建设规范:道路隧道设计标准》(DG/TJ 08—2033—2017 J 11197—2017)和国家标准《建筑设计防火规范》(GB 50016—2014)两部标准均与隧道建设有关,但对不同类别地下隧道设施结构耐火极限制定的标准存在差异:车行隧道的行车空间主体结构耐火极限采用 RABT 或 HC 升温曲线判定,地铁、管廊、民用建筑主体结构或防火分隔的耐火极限判定则参考《建筑构件耐火试验方法 第 1 部分:通用要求》(GB/T 9978.1—2008)。

2)主要防火分区面积规模的差异

《上海市工程建设规范:道路隧道设计标准》针对隧道主线的 17.2.2 一节规定:"隧道的每孔车道空间为一个防火分区。隧道内疏散通道、设备管廊、附属设备用房应与车道分为不同的防火分区。两个防火分区之间应采用耐火极限不低于 3.0 小时的防火墙和甲级

**表 7-2　地下空间工程相关规范、标准等梳理**

| 序号 | 名称/编号 | 级别 | 主要章节/内容 | 适用 | 类别 | 特点 |
|---|---|---|---|---|---|---|
| 1 | 《城市地下空间规划标准》<br>GB/T 51358—2019 | 国家标准 | 地下空间资源评估和分区管控、地下空间需求分析、地下空间布局、地下交通设施、地下市政公用设施、地下空间综合防灾、生态保护与环境健康 | 城市总体规划和详细规划阶段的城市地下空间规划 | 规划编制、管理 | 包含了地下空间总体和详细规划编制的内容，也对地下交通等设施布局有相关要求，但无集约一体化空间实施的具体内容 |
| 2 | 《城市地下空间设施分类与代码》<br>GB/T 28590—2012 | 国家标准 | 统一了地下各类设施的分类与标准代码 | 适用于城市地下空间设施数据的获取、管理、交换、共享和服务 | 规划编制、管理 | 实现了对地下设施的标准化分类 |
| 3 | 《民用建筑通用规范》<br>GB 55031—2022 | 国家标准 | 5 建筑通用空间，5.9 地下室、半地下室 | 民用建筑设计 | 民用建筑设计强制性条文 | 明确了地下室、半地下室的防涝、防水等基本安全防护要求，但无集约一体化设计标准 |
| 4 | 《城市地下道路工程设计规范（附条文说明）》<br>CJJ 221—2015 | 行业标准 | 横断面、平面及纵断面、出入口、交通设施 | 适用于新建的城市地下道路工程设计，不适用于人行及非机动车通行的专用地下道路 | 市政专项工程 | 未涉及慢行专用道路、与地下空间合建道路及非市政道路相关内容 |
| 5 | 《35 kV～220 kV 城市地下变电站设计规程》<br>DL/T 5216—2017 | 行业标准 | 站址选择和站区布置、电气一次、系统及电气二次、土建部分、采暖通风与空气调节、给水与排水、消防、节能与环境保护 | 适用于交流电压为 35 kV～220 kV 城市地下变电站的新建、改扩建工程设计 | 市政工程 | 仅针对地下变电站的专项市政工程设计规范 |
| 6 | 《城市地下综合管廊工程规划编制指引》<br>建城〔2015〕70 号 | 部门规章 | 规范了地下综合管廊工程规划编制要求 | 适用于城市地下综合管廊工程规划编制工作 | 规划编制、管理 | 仅明确了地下管廊规划编制要求，未涉及其他地下系统 |
| 7 | 《住房和城乡建设部关于加强城市地下市政基础设施建设的指导意见》<br>建城〔2020〕111 号 | 部门规章 | 针对城市地下管线、地下通道、地下公共停车场、人防等市政基础设施仍存在底数不清、统筹协调不够、运行管理不到位、城市道路塌陷等问题，提出开展城市地下市政基础设施体系化建设，加快完善管理制度规范，补齐规划建设和安全管理短板等的要求 | 政策导向 | 规划建设管理 | 针对地下基础设施建设提供了指导意见 |

（续表）

| 序号 | 名称/编号 | 级别 | 主要章节/内容 | 适用 | 类别 | 特点 |
|---|---|---|---|---|---|---|
| 8 | 《市政公用设施抗震设防专项论证技术要点(地下工程篇)》 | 部门规章 | 全国新建、改建、扩建地下工程初步设计阶段的抗震设防专项论证工作的技术要点 | 适用于抗震设防区的地下工程 | 规划建设管理 | 明确了市政设施抗震设防论证要点 |
| 9 | 《地下空间规划编制规范》<br>DG/TJ 08—2156—2014<br>J 12905—2015 | 上海市地方标准 | 规范上海市地下空间规划编制层次、内容、深度、要素与各项技术要求,规范了各层次地下空间规划成果内容与形式 | 适用于上海市各类地下空间规划编制 | 规划编制、管理 | 包含了对地下空间规划编制成果及深度等的要求,但缺乏工程集约一体化相关内容 |
| 10 | 《城市地下综合体设计规范》<br>DG/TJ 08—2166—2015<br>J 13035—2015 | 上海市地方标准 | 总体设计、出入口设计、交通设施设计、主体功能设计、辅助功能设计、建筑设备与室内环境、防灾、人防;主要涵盖了综合交通枢纽型综合体设计要求 | 适用于上海市城市地下综合体设计 | 地下建筑 | 明确了综合体单体工程层面的设计要求,偏交通枢纽类,对民用与市政不同系统功能空间的统筹整合设计内容较少 |
| 11 | 《既有地下建筑改扩建技术规范》<br>DG/TJ 08—2235—2017<br>J 13867—2017 | 上海市地方标准 | 建筑功能调整与扩展、既有结构鉴定、结构设计、施工与风险管理、检验与监测 | 适用于上海地区既有建构筑物增设地下室、地下建筑进行改扩建的鉴定、勘察、设计、施工、检测和监测 | 地下结构 | 对地下建筑改扩建功能与结构、施工、检验进行规范 |
| 12 | 《轨道交通地下车站与周边地下空间的连通工程设计规程》<br>DG/TJ 08—2169—2015<br>J 13068—2015 | 上海市地方标准 | 规划设计、建筑设计、结构设计、机电设计、防火设计、人防设计 | 适用于上海市区域内轨道交通地下车站与周边地下空间的连通工程的规划、设计 | 连通工程 | 明确了地铁站与周边地下空间连通工程的专业设计要求 |
| 13 | 《上海市地下空间规划建设条例》 | 上海市地方标准 | 地下空间规划、地下空间建设、法律责任 | 适用于上海市行政区域内地下空间开发的规划、建设及相关管理活动 | 规划建设管理 | 对上海市地下空间各类规划的编制,以及各类地下工程建设、连通等制定了规范 |

（续表）

| 序号 | 名称/编号 | 级别 | 主要章节/内容 | 适用 | 类别 | 特点 |
|---|---|---|---|---|---|---|
| 14 | 《地下式污水处理厂设计标准》<br>DG/TJ 08—2342—2020<br>J 15505—2021 | 上海市地方标准 | 总体设计、工艺设计、建筑设计、结构设计、暖通和除臭设计、电气设计、检测和控制设计 | 适用于上海市新建、扩建和改建的永久性地下式污水处理厂的设计 | 市政建筑 | 明确了地下污水处理厂的专业设计标准 |
| 15 | 《市政地下空间建筑信息模型应用标准》<br>DG/TJ 08—2311—2019<br>J 15030—2020 | 上海市地方标准 | 模型创建、模型管理、信息管理、协同工作、主要应用、规划方案阶段应用、初步设计阶段应用、施工图设计阶段应用，施工图深化设计阶段应用、施工准备阶段应用、施工阶段应用、运维阶段应用 | 适用于信息化设计、管理、运维 | 信息化管理 | 对市政类的地下工程建筑信息模型制定了标准 |
| 16 | 《城市地下空间工程技术标准(附条文说明)》<br>T/CECS 772—2020 | 中国工程建设标准化协会团体标准 | 城市地下空间规划、城市地下空间勘察、城市地下空间设计、城市地下空间施工及验收 | 适用于城市地下空间工程的规划、勘察、设计及施工 | 全专业 | 仅包含了结构设计、防灾设计、环境质量保障设计相关内容 |
| 17 | 《城市地下空间开发建设管理标准》<br>CECS 401：2015 | 中国工程建设标准化协会团体标准 | 规划管理、勘察设计、施工与监理、检测与监测、竣工验收 | 适用于城市地下空间开发建设管理的规划、勘察设计、施工与监理、检测与监测、竣工验收 | 全过程 | 仅针对地下空间开发建设的各阶段制定了原则性规定 |
| 18 | 《城市地下综合管廊管线工程技术规程》<br>T/CECS 532—2018 | 中国工程建设标准化协会团体标准 | 给水、再生水管道、排水管(渠)、天然气管道、热力管道、电力电缆、通信线缆 | 适用于城市地下综合管廊内工程管线及其附属设施 | 市政工程 | 未涉及与地下空间其他系统的协调合建 |
| 19 | 《城市地下道路交通标志和标线设置标准》<br>T/CECS 626—2019 | 中国工程建设标准化协会团体标准 | 交通标志、交通标线、交通标志和标线协调设置、施工与验收 | 适用于新建、改建城市地下道路交通标志、标线设置 | 市政工程 | 未涉及地下人行通道、地下广场等公共空间以及地下车库相关内容 |
| 20 | 《人行地下通道设计标准》<br>SJG 68—2019 | 深圳市地方标准 | 总体设计、建筑设计、结构设计、附属设施设计 | 适用于深圳市新建、改扩建的独立人行地下通道设计 | 市政工程 | 仅包含单类型人行地下工程设计标准，无一体化工程内容 |

（续表）

| 序号 | 名称/编号 | 级别 | 主要章节/内容 | 适用 | 类别 | 特点 |
|---|---|---|---|---|---|---|
| 21 | 《地下空间设计标准》SJG 95—2021 | 深圳市地方标准 | 地下建筑工程、地下道路工程、地下人行通道工程、地下轨道交通工程、地下综合管廊工程、地下变电站工程、地下水务工程 | 适用于深圳市新建、扩建、改建的地下空间工程设计 | 全专业 | 是汇编深圳市地下空间设计相关各类工程规范形成的地方标准，但涉及系统之间统筹一体化的内容较少 |
| 22 | 《临港新片区地下空间规划设计导则（试行）》 | 上海新区规划导则 | 总则、总体规划指引、系统分类引导、规划管控实施 | 适用于临港新片区主城区地下空间规划设计和建设管理 | 全专业 | 非标准，是针对临港新片区规划层面地下空间各类系统及管控的导则，提供了有关系统整合的导向性建议 |

防火门分隔。”针对隧道设备区，该标准的17.2.5一节规定：“隧道附设的地下设备用房，一个防火分区的面积不应大于1500平方米。每个防火分区应至少设有一个至地面的安全出口，与车道或其他防火分区相通的出口可作为第二安全出口。无人值班且面积不大于500平方米的设备用房可设置一个安全出口。”针对综合管廊主线的《城市综合管廊消防技术规程》（T/CECS 838—2021）中的4.2.1一节规定：“容纳电力电缆的舱室应采用耐火极限不低于3.0小时的防火隔墙进行分隔，分隔间距不应大于200米。”针对地铁公共区的《地铁设计防火标准》(GB 51298—2018)中，4.2.1一节规定：“站台和站厅公共区可划分为同一个防火分区，站厅公共区的建筑面积不宜大于5000平方米。”该标准中针对地铁设备区的4.2.2一节规定：“站厅设备管理区应与站厅、站台公共区划分为不同的防火分区，设备管理区每个防火分区的最大允许建筑面积不应大于1500平方米。消防水泵房、污水和废水泵房、厕所、盥洗、茶水、清扫等房间的建筑面积可不计入所在防火分区的建筑面积。”

总结上述不同工程类型防火分区设置标准的差异，可知：车行隧道的主线和综合管廊的主线单洞均为一个防火分区，无规模控制，但综合管廊要求每隔200米作一道防火分隔；地铁站台和站厅公共区双层合为一个防火分区，较为特殊，且换乘车站的站厅公共区面积大于5000平方米时须作消防性能化；车库、商业区域、地下设备用房、一般地下建筑的防火分区限制分别为2000平方米、1000平方米、1000平方米、500平方米，设有自动喷水灭火系统时，防火分区面积翻倍，总体上，针对不同类型的地下民用建筑，防火分区的面积要求均不一致。

*3）主要疏散模式的差异*

隧道所独有的疏散模式为隧道主线之间相互借用疏散，这一方式在其他类型工程中不可采用。具体而言，当采用上下双层隧道时，每隔一定间距设置封闭楼梯间即可；当采用双孔同层隧道时，每隔一定间距设置人行横通道；当受制于施工工法限制时，可以在隧道主线下方设置人行辅助疏散通道来增宽人行横通道间距，对出地面楼梯间距和疏散宽度限制无明确要求。

对于地铁的疏散模式，无论车站还是区间发生火灾，原则上列车均应开行至车站范围，通过站台至站厅的楼梯实行疏散，且自动扶梯作为一级负荷参与疏散；当列车只能停靠区间时，乘客应通过区间旁的纵向疏散平台行走至车站，区间纵向疏散平台和列车之间无防火措施。上述的两种疏散方式在其他类型工程中均不可采用，且地铁疏散宽度的计算方式与民用建筑不同，计算时须纳入单列列车最大断面客流和预测的远期高峰小时单列车时段等待客流。

其他类型民用建筑均要求每个防火分区设置2个安全出口，满足一定条件时，其中1个安全出口可以借用相邻防火分区进行疏散，其疏散宽度通过功能空间人员密度和建筑公共空间单个防火分区规模的乘积计算得出。

结论：

综合上述三点可知，不同类型工程规范对消防疏散等的要求不尽相同，对于地下整体开发建设中涉及不同类型工程的项目，需要考虑并系统整合不同规范的要求，如对不同工程的疏散设施实现整合共用。目前，这仍主要依赖于“一事一议”的方式，即通过论证来满足具体项目的特殊要求。

总体而言，目前国内地下空间规划与设计的规范标准正在逐步完善。对于地下空间的规划标准，在引领性的规划准则的指导下，规划标准由国家标准到地方标准逐渐细化、深入，能够在一定程度上指导地下空间的综合开发和各层次规划内容的编制。结合近年的项目实践，当前，在地下空间规划特别是重点区域地上地下一体化规划设计，以及对地下空间与功能、系统与设施整合协调及指标统筹协调的要求上，我国的地下空间标准规范体系仍缺乏详细规定，在实施层面亦缺乏控制细则。此外，与地下公共连通空间确权、地下公共开放空间的建设奖励措施以及不同场景下的开发模式相关的标准规范仍有待补充。

地下工程的设计标准目前仍在不同专项专类工程之间明确划分了界限，尚未体现出地下空间涉及复杂系统之间的统筹协调，对于集约整合型地下空间包含的不同类型工程与设施、地上地下一体化的开发建设项目，以及受到不同开发建设时序、不同开发主体等多重复杂因素影响的工程，缺乏指导与支撑，对复杂系统、集约规模化开发地下空间的指导意义有限。在地下空间项目的实际建设中，往往会出现不同专项工程之间界面规范空白、无标准可依等状况，亟需进一步探索并构建地下空间整体开发、地下工程专业融合、系统设施整合协调层面的多专业综合标准。

### 7.1.3　国外政策法规

1. 日本

日本地下空间开发历史悠久，相关法律法规体系完善，在地下空间规划体系、站城一体化开发、防灾体系等方面的研究与实践均走在世界前列，其地下空间开发也走过了从无序到体系化的发展历程，对上海新城开发建设高品质地下空间有较高的借鉴价值。

日本地下空间于20世纪30年代至70年代进入快速化建设初期，以市场化开发为主导，由于缺乏控制与规范，导致地下开发建设无序扩张，在20世纪80年代的静冈地下街爆炸事件后，一度陷入停顿。其后，通过对地下公共空间的合理规划控制，新建设的地下街及交通枢纽区域逐渐呈现出网络化、综合化与一体化的特点。这一时期，地下空间开发利用的法律法规体系得到健全，其中，《日本民法典》《不动产登记法》《建筑物区分所有法》等民事基本法为地下空间开发利用提供了民事权利基础，《大深度地下空间公共使用特别措置法》《共同沟法》等专项法律确定了地下空间利用的基本规范，《道路整备紧急措施法》《推进民间都市开发特别措置法》《有关民间事业者能力活用临时措置法》《地方自治法》《地方财政法》等相关配套立法规定了地下空间开发利用的建设费用辅助制度、融资制度等。这些法律法规规定了地下空间所有权、使用权、相邻权，规范了地下开发的前提条件及禁止开发范围，明确了政府在公共领域地下开发上具有的掌控权，并制定了地下空间技术规范，包括地下街商业设施与交通设施面积比例、公共地下步行道宽度计算方法，以及对地下结构、连接形式、布局等的要求，为地下空间建设提供了有力支撑。

《国土利用计划法》(1974)确定了土地使用规划的基本原则、目标和任务，以及土地使用规划的实施和管理方式。《都市计划法》(1968)和《都市计划法施行令》(1969)规定了城市规划和建设的基本原则、目标和任务，以及城市规划的实施和管理方式，要求在城市设计和建设中充分考虑地下空间的使用，在进行城市建设时必须确保地下空间的可持续利用和地下设施的安全。其中，《都市计划法》明确指出，为合理利用土地而有必要时，城市规划可以将道路、江河及其他城市设施所处的地下空间规定为该公共设施建设的立体范围；在道路下建设建筑物等被认为适当时，可以将该道路区域规定为建筑物地基而一并使用，《都市再生特别措置法》(2002)中亦存在类似规定。《建筑基准法》(1950)明确了建筑物的设计、施工、验收和维护等方面的规定，对地下空间的规划和管理具有重要的指导作用。《建筑许可法》(1992)规定了建筑许可的申请、审查和批准程序,以及建筑物的施工和验收标准。

日本重视保护深层地下空间资源,2001年出台的《大深度地下空间公共使用特别措置法》规定了私有土地的地下40米以下空间使用权由公共事业无偿享有,这为深层地下空间的开发利用奠定了基础。针对100米及以下深度的地下开发,日本制定了“大深度地下空间开发计划”,当时,其内容包括运输省(现并入国土交通省)的“大深度地铁”,邮政省(现并入总务省)的“地下动力”,建设省(现并入国土交通省)的“地下高速公路”以及通商产业省(现改组为经济产业省)的“地下动力基础设施建设”等。

日本地下空间规划体系较完善,整体层面上包含地下都市规划制度和地下利用总体规划,片区层面的详细规划包括地下空间引导规划、地下交通网络规划和地下街规划。地下空间引导规划的主要区域为土地高度利用的城市中心街区,需要整体考虑地面与地下空间,包括:制定地下交通设施、地下街以及共同沟、电力燃气等市政设施的规划方案;对地下利用规划地区,确定公共性与私有地块地下利用基本方针,地下交通网络及其他设施的大概位置,以及整备时间;对地下各类设施进行调整,实现复合设施一体化等集约空间设计;进行地下空间利用的立体分层规划,考虑地下各类系统的平衡和分层利用方案。日本地下空间注重地下交通网络规划,利用道路下、地铁广场、建筑物地下层通路等空间构成了地下步行网络,同时,以街区为单位,整合地下公共停车与民用停车场,通过设置地下车行网络、协调地上出入口,既提高了停车的效率和便利性,也实现了步行与车行立体分离,有助于减轻地面交通拥堵。

日本地下空间规划以协调控制地下空间及地面城市、建筑的关系为重点,具有完善的地下交通、地下街、地下步道、地下车库法定规划设计标准,其制定的过程需要协调交通及与周边建筑地下室的关系。地下空间规划的内容在城市规划中作为强制性内容执行,一旦批准即具有法定效力,可以确保地下空间的系统化、网络化利用。

日本地下空间总体规划着重总体方针以及对地下开发重点区域与重要系统的划定,不强调对量的预测;地下空间引导规划则类似国内的地下空间导则,重视平衡地下各类设施;地下交通网络和地下街规划类似国内的专项详细规划,强调对地下步行和地下停车的网络化规划,以及对地下街开发建设的完整策划。总体上,日本地下空间规划体系重视项目实施以及相关系统的支撑,强调明确不同类型地下空间规划中的控制要素,追求促成相关方的协商,在地下空间规划阶段就能够充分考虑落地的可实施性以及配套法规体制的完善,这对国内城市地下空间不同阶段规划体系的完善具有较高的借鉴价值。

日本站城区域集中了交通枢纽区域及其拓展的商业商务区,是旧城更新的重点区域,其一体化开发标志着日本站城地上地下融合建设实现了高度的集约化、高效率。日本站城一体化发展由单一的车站和站前开发起步,逐渐过渡到车站带动新城开发的模式,最终,不仅实现了车站更新立体开发建设,还创新地开发了融合民间资本参与车站重建的运营模式,车站为民企提供商业、办公等功能空间作为回报,实现了共赢的局面。日本站城一体开发模式的推动得益于政策法规的支持,包括土地区划整理事业的推进、社区营造理念的传播、立体城市规划政策的制定以及多部法律法规的出台。依据法规政策,日本不断调整完善利益协调分配机制,以协调复杂主体之间的矛盾,促进站城开发功能多样化。

具体而言,《都市圈居住区开发和轨道交

通整备一体推进特别措置法》(1989)明确了土地开发模式,确定了基本规划、应明确的事项以及工程实施的各类辅助措施,确保铁路开通后的运输需求、筹备铁路建设的资金得以满足,用地的关键问题得到解决,促进了轨道交通建设和沿线街区建设的长期可持续发展。特例容积率适用区域制度(2001)指导城市规划部门划定特例容积率适用区域,将该区域视为一个整体,从而有效利用未使用的容积率。《建筑基准法》同样对容积率转移进行了规定,指出,在建筑物容积率限度内还有未利用容积的,在满足一定条件时可以实施容积率转移,条件包括:容积转出地有应该保护或复原的历史建筑物;该地区城市基础设施完善,容积率转出及接受的区域能共享完善设施;容积增加的建筑不得妨碍交通、安全、防灾、卫生等;形成良好的街区景观;等等。《都市再生特别措置法》规定,在再生紧急整备区域内,允许铁路公司提出有利于公共空间的提案,从而突破建筑面积、容积率、高度等原有规定,城市规划部门可根据提案灵活决定。

日本站城一体开发充分体现了 TOD 开发理念,带动了交通枢纽区域集约高效开发建设并成为城市新的中心区。在站城建设中,政府与铁路公司、开发商及私有产权业主等利益相关方之间通过利益共享、充分协商,明确各自的权责。政府在制定相关政策法规时,充分考虑了公共空间的系统与网络化、基础设施配套、建设资金、用地等关键问题,以及预留余量,以应对未来发展之需。站城片区以轨道交通为触媒,引导站体及周边地下空间整体发展,其一体化立体布局与横向连片的新型开发模式既得益于规划政策、法律法规的支撑,同时也推动了相关的政策法规不断完善。

2. 新加坡

新加坡通过 2015 年的《国家土地(修正)法》《土地征用(修正)法》解决了地下空间所有权和收购问题:前者将地下空间的所有权限定在“合理且必要”的深度,具体参照国家所有权文件,若在国家所有权文件中未指定具体深度,则为新加坡海平面以下 30 米;后者允许政府购买私有土地一定深度以下特定的地下空间层位,这有力促进了地下空间公共项目的发展。

新加坡将市中心重点地段的地下空间规划融入城市规划中,通过编制《城市中心区规划设计指引手册》指导地下连通道、地下人行系统等的规划,并通过提供资金支持等政策措施鼓励地下空间的开发。

3. 英国

英国是世界上最早大规模综合开发利用地下空间的国家。英国并未出台有关地下空间规划或管理的单独法律法规,对于地下空间规划的规范散布在不同的法律和法规之中。涉及地下空间开发利用的法律和法规有《1996 年边界法》《2004 年规划与强制性收购法》《2008 年规划法》《2013 年规划法——开发项目审批导则》《规划政策说明》《国家规划政策纲要》《2004 年住房法》《2007 年建造规范》《1980 年高速路法》《1984 年道路交通规范法/1991 年道路交通法》《1974 年劳动健康与安全法》《1974 年污染控制法》《1990 年环境保护法》等。

2011 年,英国议会提出了《地下开发利用议案》,其中,地下开发利用的定义为地面以下所有的新建和扩建的开发建设,出台该议案的目的是通过整合不同法规中有关地下开发利用的规定,规范地下开发利用的管理和施工,以便对地下空间的开发与利用提供更加完整的法律支持。

### 7.1.4 总结与启示

1. 国外政策法规

国内外地下空间法律法规体系均在建设

发展中,国外以日本的相关法律法规体系最为完备。日本通过对地下空间规划与建设的综合立法,实现了细致全面的规划管理,既有利于推动以轨道交通带动的新城开发建设,也有利于城市更新区域提升品质的再开发利用,在保障城市基础设施建设与国家、公众利益优先的同时,通过充分调动民间资本的积极性促进地下空间的开发。日本地下规划较为完整,具有高度的系统性,且以法制性为前提,以完善的体制及严格的执行标准,保证了地下空间在产权主体复杂且土地私有化的状态下,仍能按规划系统完整地开发与运营。日本地下空间规划发展以交通枢纽、城市中心、重要更新区域等为重点,在不断完善的相关政策与法律法规支持下,强调地上地下一体化的各类功能与系统组合,构建了良好的站城一体化模式,体现了高度集约化利用土地带来的规模效益最大化。另外,新加坡、英国等国的城市地下空间开发立法实践也在分类施策、精细化制定地下空间规划与管理层面提供了具有一定价值的参考。

2. 国内政策法规与规范标准

我国对地下空间开发利用的重视程度逐渐提高,全国各地的相关立法在不断创新、相互借鉴中逐渐完善。现有国内法律法规在土地出让、地下空间整体建设、使用权属、重点区域地下空间详细规划、数字化管理、公益容积率转移与奖励、全生命周期管理等方面均已有了相应的规定,已涉及城市地下空间确权、获得及与地上地下分层关系等具有实践意义的内容。

当前,我国的地下空间相关政策法规明确了地下空间所有权、使用权等相关权利的归属,特别是道路、绿地等公共用地下的地下空间确权,这有利于充分利用这些公共用地形成集约化、网络化的地下空间综合开发。地下空间既是稀缺的土地资源,也是一种经济资源,我国的一系列政策法规和标准规范明确了地上地下的分层关系,有利于在充分保护地下空间资源的同时正确引导市场在资源配置中发挥作用,从而挖掘、发挥地下空间资源的更大效益,并更加灵活、精细化地实施土地的分层开发利用与管控。此外,我国也通过政策与标准的制定明确了地下空间统一运维的重要性,引导地下空间统一规划、整体设计与全生命周期运营管理。

深圳等城市在地下空间创新性实践及机制方面不断创新,在三维地籍管理、道路等公共性用地下空间确权、统一开发建设与运营管理机制、规划奖励、地下空间更新再利用等方面的政策法规和标准规范建设上均有大胆的创新突破,为国内城市地下空间法规体制完善的探索实践提供了极佳的思路。

3. 对上海新城的启示

国内外地下空间开发建设的实践探索也推动了相关政策法规在土地政策、规划管理政策、产权制度、标准规范等多方面的完善。而政策机制的完善也为地下空间整体化、高品质开发建设提供了保障。现有的法律法规和标准规范建设探索,对于上海新城地下空间的集约化开发利用具有多方面的借鉴价值。

政策法规层面,应充分借鉴国内外法规机制的优点,研究合适的地下空间相关土地政策、开发利用管理办法、规划管理法规、规划与设计标准、智慧化管理标准等,包括公共性用地地下开发利用的土地政策、土地分层确权、地下空间更新再利用、地下空间不动产登记、公共优先与容积率转移奖励制度、三维地籍与数据化管理标准、一体化开发建设与运维的权责管理政策等,促进地下空间整体化立体化开发政策机制的完善。

规划标准层面,应完善地下空间一体化规划与不同类型建筑整合设计的标准规范,细化地下空间专项规划编制控制要求,统一地下空间控规附则要求,规划要与建筑工程设计相结合，推动地下空间城市设计与总体设计前置化，以引导地下空间规划控制向更符合新城开发、TOD、城市更新等不同区域建设实施要求的方向发展。

系统整合层面，应完善新城地下空间规划编制体系，加强对交通枢纽、新城中心片区、更新片区等重要基础设施的专项研究，包括交通与市政基础设施、防灾设施等的系统统筹以及相关工程建设时期、界面的整合协调，推动重点区域地上地下空间、系统与设施一体化及共建、共享、共维护。同时，加强地下深层空间立法，为新城的未来预留重要的基础保障设施。

保障落实层面，应加强政府的引导作用，普及一体化建设理念，加快建设完善一体化审批机制与平台，提高审批效率与科学性、统筹性，增强智慧管理技术研发与应用，培养综合管理人才队伍。同时，统筹考虑城市基础设施与地块开发之间的融合与利益平衡，提高重点区域地上地下一体化开发力度，重视一体化规划、设计、建设与运维之间的协同作用，确保各环节相辅相成，在经验总结的基础上不断完善政策法规，以适应新时期低碳集约化、高品质的地下空间发展需求。

# 7.2 国内外开发机制

## 7.2.1 国内案例

地下空间涉及的地下系统类型多，涉及的主体与管理机构条线多，集约化规模开发难度较大，国内部分城市通过先行先试，在地下空间整体化开发建设上取得了一定的经验和创新，并提供了一定的研究样例。

1. 深圳前海

1）街坊整体开发模式

深圳前海突破传统常规开发模式，探索出了基于街坊尺度的“街坊整体开发”模式，即以街坊为基本单位，单一或多个开发主体在已有规划条件约束下，由一家综合能力较强的单位负责牵头组织实施并协调其他相关部门及市场主体，对街坊内若干个地块进行统一规划设计、统一建设实施、统一运营管理，从而构建高度一体化的城市立体空间系统，实现城市立体空间系统的效益最大化。以街坊为基本单位，改变了各个地块各自开发导致地下空间难以连通或连通后难以一体化管理的状况，也有利于一体化组织交通、提高交通效率。

2）多元主体众筹式城市设计

前海19开发单元03街坊采用了创新的多元主体众筹式城市设计，有助于实现街坊整体式开发，并落实从土地出让到建设的全过程精细管控。众筹式城市设计改变了以往规划主管部门“一对多”的管理方式和工作模式，在规划主管部门对建设过程的整体把控下，充分调动开发主体的积极性，减少管理部门对企业协调的直接干涉，形成了一种多业主、多系统复杂建设条件下的设计建设总控新模式。

具体而言，“多元主体众筹式城市设计”指各用地主体共同聘请城市设计编制单位对街坊整体开发进行全过程统筹，保证街坊整体开发的统一性、协调性和完整性；在此过程中，由规划主管部门在土地出让、建设工程规划许可等阶段落实城市设计管控要求。前海19单元03街坊共包含10个地块，用地面积为6.42公顷，7个建设用地分别由7家用地主体开发。为落实整体基坑的统一设计、统一开挖，宗地竞得人与政府平台公司深圳市前海开发投资控股有限公司（以下简称前海投控）签订了《前海合作区19单元03街坊02—05地块基坑工程委托代建协议书》。在后续的建设过程中，根据深圳市前海深港现代服务业合作区管理局（以下简称前海管理局）的工作部署，前海投控按照统筹开发、协调推进的整体思路，组织其余6家业主对用地实施了一体化开发建设工作，在规划、设计、施工到营运各个阶段实施了全过程统筹。

设计单位在负责全过程管控的具体设计工作过程中，编制了设计工作指导文件《方案设计阶段实施导控细则》《初步设计阶段实施导控细则》《施工图设计阶段实施导控细则》，明确了各阶段及不同设计单位的控制要点，落实了整体一体化条件下的地下通道位置、净高、竖向标高、功能布局等各项技术要求。街坊通过整体运营管理，统一实施物业管理、设备管理及相关标准要求的落实，保证了地面、地下各功能通道与路口共享共用、畅通衔接。例如，通过统筹设计，街坊整体地下车库出入口从14个合并为6个。

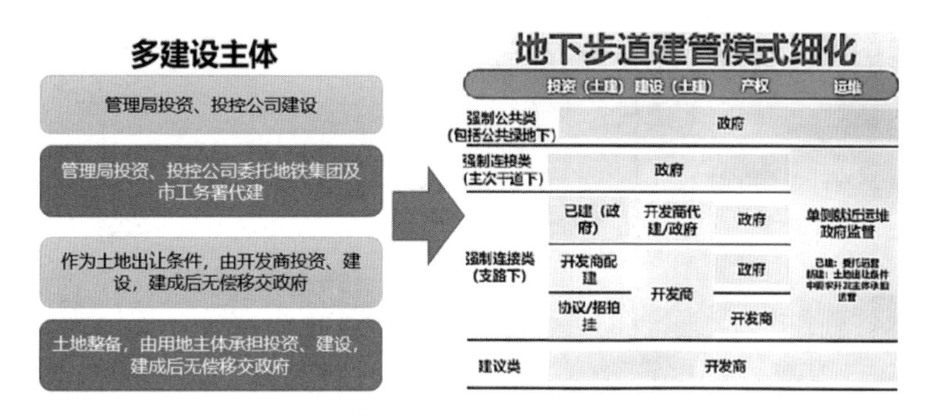


**图 7-1 前海地下空间开发建设管理模式**

3）地下设施建设管理模式

前海采用了较为先进的地下通道建设管理模式。前海规划了包含地下主通道、地下联络道和车库连通道 3 个层级的地下道路系统，共计 7.4 千米，以及空中、地面、地下的立体慢行系统，其中地下步道长达 32.6 千米。前海地下空间开发建设采用了多建设主体的模式，其中，地下主通道、车行联络道、公共用地下步行通道主要由政府（前海管理局）投资，由前海投控建设。此外，地下步道的建设管理模式在不同情形下有所变化，如图 7-1 所示。

强制公共类（含公共绿地下）地下步道的投资建设、产权、运维均由政府负责。主次干道下强制连接类地下步道由政府负责投资、建设，产权归政府，对于片区先期建设时土地出让条件中未规定运营主体的情形，按就近运维原则委托一侧地下空间业主统一运营，由政府负责监管；后来，随着前海逐渐积累运营管理经验，在土地出让条件中明确了就近开发主体承担的运营责任。支路下的连通步道分为 3 种情况：其一为步道由政府投资、政府建设或开发商代建，产权归政府，运维方式与主次干道下强制连接类地下步道相同；其二为步道由邻近开发商投资建设、产权归政府，开发商具有使用权或租赁权，运维同上；其三为道路下连通道采用协议或招拍挂形式，开发商获得地下分层土地使用权，地下通道产权归开发商，此种情况下，运维责任根据土地出让合同确定，一般由开发商负责运营管理。

前海亦对地下市政设施建设管理模式进行了探索，规划有 6.35 千米的综合管廊和全球最大的区域供冷系统群，设置 9 座集中供冷站。供冷站设置在开发地块建筑物地下室，或采用与其他公共建筑合建于公共空间地下的附建模式，致力于实现土地地上地下的分层利用。这些地下市政设施均由政府建设并运营。

4）三维地籍、分层确权——案例 4 则

交易广场中北区用地主体为前海投控和深圳市前海曼哈顿资产管理有限公司，地下空间由前海投控统一建设，完成后以“土建＋空间”的方式出让，见图 7-2。

听海大道地下空间涉及多家建设主体，立体权属空间复杂，采用三维地籍技术分层划定建设用地使用权，并通过建筑信息模拟技术，解决了不同权属主体立体空间分层关系，见图 7-3。

中英-中粮项目道路下方空间与宗地一同出让，基坑整体开挖，道路下方地下空间由宗地开发建设至顶板后交由政府建设道路，地下空间归开发商所有，见图 7-4。

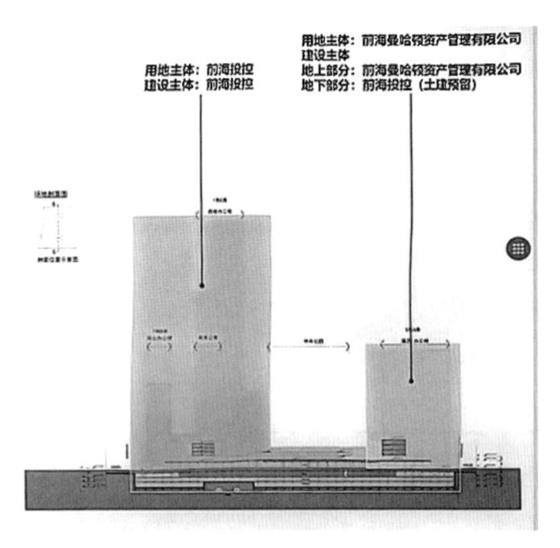


图 7-2　前海交易广场中北区用地、建设主体示意

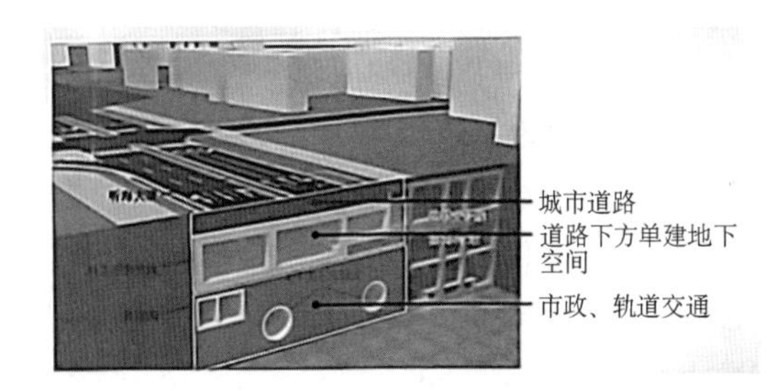


图 7-3　前海听海大道地下分层关系示意

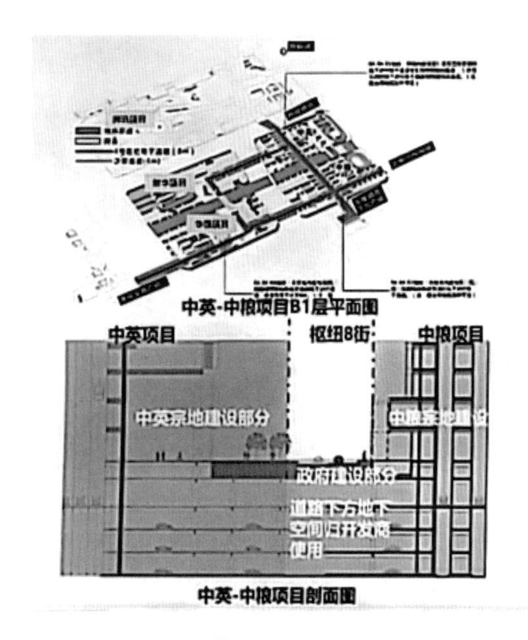


图 7-4　中英-中粮项目开发权属示意

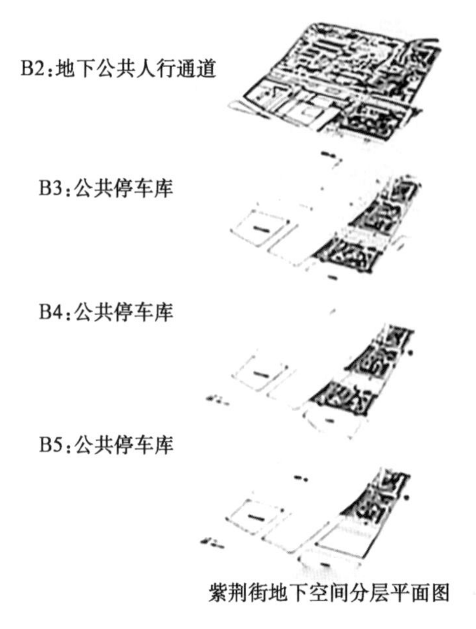


图 7-5　紫荆街项目地下空间开发示意

紫荆街地下空间道路下方空间协议出让，由开发商建设至顶板后交由政府建设道路，地下空间归开发商使用，见图 7-5。

5）轨道交通站城一体化整合

前海将车站与周边地块、市政设施一体化综合开发，使车站与周边物业、地下空间紧密结合：轨道交通附属设施不再独立占地，而是融入开发地块；统筹轨道交通建设时序与地块开发时序，当轨道交通与地块开发同期建设时，按永久建筑一次审批，若地块尚未开发，则采用临时占地方案建设轨道交通附属设施，待地块开发时再进行二次倒改，根据地块开发方案建设永久轨道附属设施；行政审批过程中，综合考虑用地、建筑方案等因素，并兼顾日后工程建设可行性与合理性，据此确定地块开发方式，以及轨道交通设施设计与施工接口界面的位置划分，通过将轨道交通车站的出入口、风亭及冷却塔等附属设施与周边地块建筑进行一体化整合建设，提升城市环境与公共空间的质量和视野舒适性。

目前，站城一体化整合在不同站点呈现出运营适配性上的差异，前海也将在后续的探索中进一步统筹确定运营主体，加强界面监管，并对执法方式等进行优化。

6）实施过程全链条管控

前海对地下空间实施了从规划、设计到审批、建设的全阶段管控，确保所有规划条件、接口设计、竖向关系均能准确无误地预留或落实。

在前海对实施过程的全链条管控下，当地块受限于市政道路建设时，规划需确定通道线位走向、净宽及净高，明确对外衔接地块及接口预留等条件；设计与审批需核实接口预留位置（平面坐标、是否超红线预留等）、宽度规模，审查竖向预留、反算与市政道路管线的竖向关系，将其纳入市政道路设计边界条件；建设需按设计方案预留接口施工，后续市政道路衔接建设。

当市政道路受限于地块建设时，采用相同的机制，复核预留接口方案的合理性，将其纳入作为后续地块建设的考虑条件，见图 7-6。

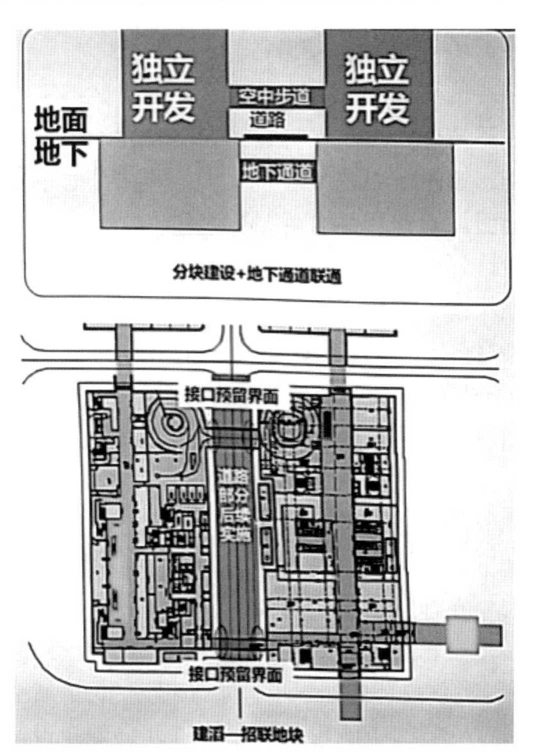


图 7-6　地下空间接口预留示意

全过程精细化管理是前海地下空间规划得以落实的重要基础，存在的问题是对规划建设管理的要求高，规划核对等工作量繁杂，需要借助设计总控等外部技术力量。

7）运维管理：装修代建＋委托运维＋政府监管

听海大道地下空间（前海湾站段）由东邻的前海综合交通枢纽和西邻的腾讯、交易广场等地块围合而成，上跨既有的地铁 1、5、11 号线车站及区间。设计为单层矩形框架结构，长约 689 米，宽 10～50 米，建筑面积约为 2.1 万平方米。沿线共有 21 个出入口，其中仅 4 处通往地面，供疏散使用，其余均与两侧地块地下室连通。地下空间运营管理由周边地块承担。

总体上，深圳前海非常重视对地下空间的开发利用，除了地下空间专项规划外，在借鉴其他城市开发机制的基础上大胆创新，通过众筹式城市设计到全过程精细化管控，从土地立体复合开发到地下三维地籍管理，提出了前沿性的实践探索建设。其中，政府规划管理部门对于地下空间开发利用的全过程起到了非常重要的引领管控作用，其建设经验为地下空间低碳集约化开发建设提供了有价值的借鉴。

2. 上海西岸传媒港

上海徐汇滨江西岸传媒港（以下简称西岸传媒港）项目开发建设形成了以“三带四统一”为特征的组团式整体开发模式：“三带”是指项目土地出让合同满足“带地下空间、带建筑方案、带绿色建筑标准”等建设要求，“四统一”是指以区域整体的视角统一规划、统一设计、统一建设和统一运营。

西岸传媒港共有 9 个地块，在规划设计阶段推行区域组团式整体开发理念，即将 9 个街坊地块作为一整个大地块进行规划设计，总体考虑空间功能、交通流线、基础设施配置，对出入口、人防、停车位、绿化面积、能源供应等进行指标统筹与设施共建，实现区域统一平衡、公共设施集中设置。实际开发时，该项目具有典型的“政府—市场”二元治理特征，也实现了建设用地使用权的地上地下分层出让：上海梦中心文化传媒有限公司按照传统的出让方式获得了其中3个地块地上、地下的建设用地使用权；除了梦中心的3个地块以外，经上海市徐汇区人民政府授权，负责徐汇滨江开发的上海西岸开发（集团）有限公司下属全资子公司——上海西岸传媒港开发建设有限公司，获得了区域内道路下及其余6个地块大部分土地的建设用地使用权，承担了西岸传媒港项目地下空间开发建设的主要任务，而6个地块的地上空间的使用权分别出让给了上海湘芒果文化投资有限公司等4家开发商。

在西岸传媒港项目的建设过程中，政府起到了非常重要的行政协调作用。在上海市徐汇区人民政府、上海徐汇滨江地区综合开发建设管理委员会、徐汇区重大项目建设推进办公室等的协调推进下，《西岸传媒港统一开发规则》得以发布，该规则对项目开发模式、土地出让方式、各建设单位开发建设与运营的界面、权利义务关系进行了约定，奠定了项目建设推进的基础。西岸传媒港各建设单位在各自签订的土地出让协议和《西岸传媒港统一开发规则》的指导下，通过协商签订了一系列双边、多边协议，约定了各建设单位在产权、设计、施工和运营中的界面分工，特别是各项公共设施费用分摊的原则和具体的实施办法。通过契约精神对各建设单位的行为进行约束和调节，使得各建设单位形成一个虚拟的“建设单位联盟”，是将组团式整体开发、地下空间统一建设从理论转变为现实的关键步骤。

作为上海中心城超大型综合开发项目，西岸传媒港实现了多层面工程协调机制、设计总控工作机制协调复杂的工程建设，其“三带四统一”的地下空间开发建设模式也为城市重点区域整体开发开拓了思路。

3. 上海世博会B片区

上海世博会B片区地下空间是上海首次尝试多地块一体化跨道路下整体建设的成果。片区中共有6个街坊、15家央企入驻，地下空间采用了统一规划、统一设计、统一建设的“三统一”模式，由世博集团对地下空间进行总体建设，采用了设计总控与地下空间设计总控的设计协调模式。6个街坊形成2个大基坑，设计与建设过程中进行了大量协调，统筹安排了每个基坑的地下车库出入口、地下步行系统、地下车行系统与地下能源系统。作为市重点项目，市级政府的创新理念意识与积极协调在其中起到了关键作用。

原定的“统一运营”目标因建设完成后空间由各产权主体独立运维而未能实现，然而，在世博会B片区地下空间一体化开发建设过程中提出的新理念及其大胆尝试，对后来的西岸传媒港等项目具有直接的影响。

4. 杭州钱江新城核心区

杭州钱江新城核心区是国内新城地下空间整体规划设计与实施具有代表性的早期案例。钱江新城地下空间的特点包括：地下与地面规划紧密结合，以街区为单位编制城市设计，落实规划要求；地下空间设计要素列入地块勘察设计条件，并作为土地出让合同附件，保证工程项目按规划落实；专项规划研究核心区交通，科学预测与控制地下车库容量；以政府为主，投资基础设施和服务配套，带动社会投资项目地下空间开发利用；主动管理、积极协调各地块的建设活动，因地制宜处理地下空间关系，并为发展预留空间。

在地下空间开发策略上，杭州市钱江新城建设管理委员会（以下简称新城管委会）采用了“政府领唱、企业合唱”和“轨道交通先行”的模式，政府作为主要投资方出资建设了轨道交通线及站点、地下公共停车场、地下商业综合体、地下隧道、广场等大型基础设施和服务配套设施。此外,新城管委会先行建设了“十字形”的地下空间主骨架、作为中轴线的地下空间综合体、地下购物走廊、下穿道路的连通道、之江路共同沟等,力求以公共空间建设带动私有空间开发。

富春路是钱江新城的主干道之一。在富春路的道路建设阶段,地铁站点及周边地块连接工程同步开挖,实现了地铁站与道路同步设计、施工,避免了站点工期滞后而导致道路二次开挖,有助于地下空间网络按规划落地。

钱江新城作为国内探索地下空间整体开发建设相对较早的案例,提出的街区城市设计、地下空间出让条件、交通专项研究、政府牵头公共投资、主动管理等机制为在全国其他城市的新城开发中利用地下空间积累了宝贵经验,这些经验在随后的宁波东部新城、上海虹桥商务区、天津滨海新区于家堡等项目建设中均得到了不同程度的借鉴和应用。

### 7.2.2 国外案例

1. 日本站城一体化开发机制

在日本的新城开发中,铁路公司承担了重要角色,负责建设和运营线路,并按街区开发理念建立以车站为地区和街区中心的社区。政府允许车站上盖商业空间,同时,通过奖励容积率的方式激励铁路公司为城市公共空间作出贡献。具体而言,在车站综合体开发中,铁路公司可将配套交通用地容积率纳入片区统筹,由此获得额外容积率,增加开发用地收益。此外,政府出资建设了周边公共配套设施,减轻开发企业负担。铁路公司也采用了分期阶段性的融资和开发模式,极大降低了土地成本,以此保证了项目在财务、功能定位及后续运营上的可持续性。

东京站及周边再开发项目是日本首个特例容积率适用区域制度下的开发项目,东日本铁路公司将车站地块 7.0 容积率转让给周边地块的开发商,并获取了新开发的部分物业所有权。开发商获得额外的容积率,并受铁路公司委托运营管理相关物业,形成了铁路公司和开发商之间的双赢。

日本站城一体开发往往将车站作为区域中心,预留车站周边黄金地块,先对周边进行住宅开发及配套设施建设。待周边形成一定人口密度规模后,分阶段对保留地块进行一体化开发,从而极大减少土地成本,保证项目在财务、功能定位及后续运营上的可持续性。

涩谷站更新项目充分体现了既有建设区域对空间的集约、立体利用,其周边地区作为城市再生特别紧急建设区域,亟需升级城市基础设施,并增强富有魅力的商业商务、文化交流等功能。涩谷站的更新强化了交通枢纽功能,通过区划整理项目改造了东西站前广场,并通过东急东横线的地下化及其与东京地铁副都心线的相互直通提高了换乘的便利性,通过改造银座线和山手线月台等打造了友好而舒适的车站空间,同时,基于下车和地上地下移动路线优化了车站及周边的步行网络。更新项目也为车站及周边区域增加了大量有利于增强国际竞争力的特色功能,并通过建设自立分散型高效能源体系、设置储备仓库、建设雨水储留层等措施提高了车站及周边区域的防灾抗灾能力和环境性能。

2. 加拿大蒙特利尔地下城建设机制

蒙特利尔的地下空间紧密依托于地铁系统的建设,并与旧城市中心的改造相结合,政府在这一过程中有效发挥了引导建设与调控市场的作用。政府制定了与地上地下建设相关的法律法规、标准,如 1992 年规定地铁站上方的业务必须考虑建设直通地铁站的地下通道。从 20 世纪 60 年代建设第一条地铁线开始,蒙特利尔地下城所有通道的建设费用、维修费用、管理费用及责任保险费用均由开发商承担。为了鼓励社会资本参与地下空间开发，政府部门将地面广场和地下空间的使用权转移给开发商，鼓励开发商自主开展建设和运营工作，由政府制定相应的建设和管理标准用于总体管控。在蒙特利尔的地铁兴建中，政府也采取了以下针对社会资本的激励措施：第一，将线路布置在次要街道，而非主要街道之下；第二，将线路上方的地块长期向外出租。

地下城的成功建立在政府与开发商的互利共赢上，两者之间的谈判以市政委员会制定的细则为依据。项目规划中，政府对于地上地下空间中不同交通系统的衔接作出了详细而明确的部署，明确了必要的用来与地铁车站相连通的地下室位置，以及街道与地铁车站相连的入口位置，并规定公交站点必须设在这些入口附近。在这样的整体规划下，由于建筑物与地铁直接相连，也促进了室内停车场数量的合理缩减。

3. 英国地下空间规划管理

英国的规划和许可管理中，将地下空间分为 3 个大类：一般性地下空间、重大基础设施和地下交通设施，对不同类型地下工程采取不同的管理流程，分别确立了不同的审查审批主体、程序、要件等，地方各级政府或地方规划部门也会进一步制定适合本地区的详细规定。

考虑到地下工程对周边业主和公众可能产生的影响，英国在地下工程的规划管理过程中尤为重视对方案和有关信息的公开，积极征求相关业主的意见，以此维护公众利益。一般性项目须在前期准备阶段告知 9 米范围内的业主，在审查和建设阶段则须征求 50 米范围内业主的同意。重大基础设施地下工程，例如伦敦地下交通设施工程的规划管理须组建审查小组，并听取媒体、公众、社区组织的公开意见，审查结果须报至国务大臣决策。

在进行地下空间规划管理时，英国重视前期各项调查和评估工作，这主要体现在对申请要件的要求上。即使一般性的地下工程，其申请材料中也须包含对多方面要素的研究和评估报告，具体包括对于已有建筑的影响、结构稳定性、地质条件、周边影响、交通影响、环境影响、水文地质影响、安全和突发危险应对措施等。考虑到地下工程的综合性，地下空间开发项目往往会跨越不同行政区、不同部门、不同专业。构建各级政府及相关部门之间的协调和监督机制是推进地下工程建设的关键。伦敦构建了流程明确的协调机制，以确保市长、交通委员会和地方规划部门之间的有效协商。具体而言，开发方提交评估报告至伦敦交通委员会及地方规划部门后，由交通委员会出具审查意见至市政府。在多方共同讨论后，若有一方有不同意见，就不能通过审批；若有需修改之处，由市长做出书面报告反馈给开发方，由开发方修改后再次提交交通委及市政府。最后，市长可以作出 3 种选择：让地方规划部门决策，指导地方规划部门决策，或是替代地方规划部门决策。

### 7.2.3 总结与启示

1. 国外开发机制

目前，城市地下空间已向功能多样化、综合化和规模化的方向发展，日本等国已建立了立法为本、规划引领、综合利用为特征的立体式、多功能融合地下空间一体化开发体系，将地下空间这一城市立体化开发的重要资源上升到国家战略层面。

日本由于土地资源紧张，通过充分开发利用地下空间建设立体城市。站城一体开发项目在确保车站综合体最大经济效益的同时，追求有效带动周边区域的均衡发展、创造更多的就业机会，成为地区的经济中心。在日本的站城一体化开发过程中，通过多种措施并举，有效调动了社会资本的积极性：准许车站上盖开发，准许铁路用地性质变更为商业用地；对公共服务与公共空间贡献给予容积率奖励，并纳入片区统筹；由政府负责周边公共配套设施建设；准许铁路公司分期阶段性融资与开发；等等。这些措施也体现了日本地下空间开发利用机制的灵活适应性。由日本的站城一体化开发，能够总结出有价值的新城开发经验，比如：分阶段开发，在开发初期引进优质教育资源以带动居住；通过核心区垂直布局、周边街区横向展开等立体化布局模式，完善地下网络系统，提高TOD区域的交通性能与环境品质和区域的防灾抗灾韧性。

加拿大蒙特利尔政府通过地铁建设改造旧城中心，政府出台了线路上方土地的长期批租政策，并制定了详细的地铁沿线地块地下建设规定，围绕共享地面广场和地下空间使用权等问题确立了详细的建设管理标准。在此基础上，建立起了以政府与开发商互利共赢为基础的公私合作方式，真正起到了引导与调控市场的作用。

英国对不同类型地下工程采用不同的管理流程，注重前期调研和评估，强调不同政府和部门之间的协调和监督机制以及相关信息的公开，地方规划部门起到了各方协调与承上启下的作用。

各国的地下空间运营依托于不同的运营主体。加拿大公共地下空间由第三方参与建设，建成之后地下空间设施租赁给民间公司运营和管理；私人地下空间甚至某些地下连通道则完全由私人业主自行投资建设，建成后由业主自行负责其运营、管理和维护，由政府在政策上予以一定优惠。日本地下空间由政府和民间公司共同建设，部分费用由政府承担，其中，政府主要负责道路管线等基础设施建设，建成后由第三方负责运营。

2. 国内开发机制

近年来，随着城市土地资源的日益紧张，在挖掘土地价值、建设高品质城市的要求驱动下，国内城市对地下空间资源越加重视，特别是经济发达地区，深圳、上海、杭州等城市通过先行先试，由政府牵头，规划管理部门领衔，政府平台公司承担公共部分建设，在一体化开发建设的机制上大胆探索，取得了许多成功经验。

深圳前海地下空间建设初期，基础设施由政府全资建设。随后，前海在政府的引导控制下不断探索创新、总结经验，在三维产权数字化管理、立体复合开发用地及地下空间分层确权方面形成了相关的保障机制。在探索过程中，作为主管部门的前海管理局以全过程管理为主体职责，不仅要规划好，还需要建设好和运营好；政府平台公司前海投控提供了强有力的土地一级开发、重大项目投资、市政基础设施建设主体保障；前海规划建设管理部门落实了全过程精细化管理、创新型的整体开发与三维地籍管理模式以及相应的配套政策法规支撑，是前海地下空间集约多系统整合与高品质开发的重要基石。

前海探索出“街坊整体开发”模式，实现了统一规划设计、统一建设实施、统一运营管理的全过程统一，有助于窄密路网新区地下空间实现效益最大化。前海在地下连通道建设权责管理上的探索也形成了宝贵的经验，已探索的权责划分方式包括：政府投资建设或开发商代建，产权归政府；邻近开发商投资建设，产权归政府，开发商享有使用权或租赁权；道路下连通道产权向开发商分层出让。公共空间的逐步放开与道路下产权的分层确立减轻了政府的压力，也创造了社会资本介入的机会。街坊整体开发模式衍生出的多元主体众筹式城市设计，也能够减少政府对企业的干预，在减轻了政府管理工作量的同时提高了决策效率。在此过程中，政府部门特别是规划管理部门的全过程参与和精细化管控，保障了先进理念与城市设计的真正落地。

前海在三维化管理方面也踏出了创新性

的一大步，通过三维地籍管理，明确土地出让与衔接要求，为科学精准化决策提供了可能。同时，前海提出的市政设施地下化、整合能源系统等举措，提高了能源利用效率，也释放了地面的土地资源。

上海世博会B片区地下空间采用了统一规划、统一设计、统一建设的“三统一”模式，跨道路及红线边界一体化开挖建设多个地块，统一规划并建设地下停车和能源中心，这些举措有效优化了交通与能源系统，并实现了高度的集约化。对于多地块地下空间，世博会B片区采用了设计总控的协调模式，保障了地下一体化建设的实施。这一模式适用于城市重点区域、窄密路网下的多地块同步开发建设。

上海徐汇滨江西岸传媒港项目，可以说是世博会B片区地下空间的升级版，在市、区政府的高度重视下，政府平台公司积极介入，形成了地下空间“三带四统一”的组团式整体开发模式，大部分区域地下包括道路下土地使用权归属于政府平台公司——西岸传媒港公司，使用权出让给开发商，充分体现了“政府—市场”二元化治理。

西岸传媒港项目采用了地上和地下空间分层出让和地下空间整体建设租赁的模式，由政府平台公司承担地下空间的建设与运营管理责任。这一模式下，政府平台公司承担了巨大的投资风险与较长的回报期，在土地出让到建设、运维的全过程中需要进行大量复杂的协调工作，对管理团队的要求较高，但其优点在于能够更好地控制区域地下空间整体建设效果，保障公共设施与公共空间的共建共享。在某一强有力的投资主体能够盘下地下空间并实现区域内各项目同步开发建设时，这一模式的可行性较高，适用于城市重点新开发区域。

杭州钱江新城核心区作为国内地下空间整体设计与开发建设的早期代表性案例，在地下空间专项规划、土地出让条件、交通专项规划、政府牵头公共投资、以公共空间带动私有空间建设等方面积累了较多经验。新城管委会牵头各项规划的编制与落实，政府先行投资建设地下空间主要骨架，以此带动周边私有地下空间的建设衔接。在重要地铁站节点，钱江新城核心区采用了工程预留的做法，避免非同期建设对实施地铁站规划的影响，保障地下空间规划网络的落实。

钱江新城核心区地下空间开发建设是国内经济发达地区新城开发地下空间的常用模式，在这一模式下，政府大量投入建设公共空间和重要的地下基础设施，后期运营维护也以政府平台公司为主。此类模式适用于新城新开发的重要的商业商务、文化中心集聚区域，地铁网络发达，人流量大，核心区开发地块能吸引大量投资，使政府的前期投入能在沿线地块出让、产业引入后得到回报。若招商引资速度缓慢，则会在一定时期内对政府财政产生较大的负担，地下空间的建设与运营也对政府管理部门的创新管理意识与水平具有一定挑战。

3. 对上海新城的启示

国内外先进的地下空间的开发案例层出不穷，特别是近年来，国内城市在地下空间开发建设和运营管理机制方面进行了大胆的创新探索，体现为各地对地下空间资源的认识和重视度不断提高，地下系统化、集约化开发利用的机制不断完善，精细化管理与“政府—市场”双导向的开发模式不断完善。这些优秀案例也为上海新城的开发提供了参考与启示。

第一，应高度重视地下空间资源及其未来的综合价值，重视地上地下一体化立体复合建设的优势。要在国土空间规划层面同步制定新城的地下空间专项规划，市政设施应入则入，特别是对于交通枢纽等重点开发区域，要结合轨道交通、城市设计等尽快制定地下空间详细规划，形成系统化、网络化的空间布局、功能配置及设施体系，探索规划编制与管控数智三维化技术，以先进理念指导规划编制，以科学合理的规划指导实施建设。

第二，应充分吸收街坊整体开发、站城一体化开发等新模式，结合上海新城不同的开发区域及开发建设条件，因地制宜采纳并在实施过程中不断实践优化，形成上海新城区域发展的特有模式，探索设计总控新模式与三维规划管理新机制，减轻政府管理压力，提高决策效率。

第三，应推广地下空间集约开发建设理念，这一理念不仅需要获得政府管理部门的认可，也应争取到开发、建设与运营主体的认同和参与。应由政府或政府平台公司牵头组织落实并推动一体化方案，通过对公共基础设施和服务配套的先期建设或同步建设，以公共空间带动私有空间建设和发展。还应研究道路、广场、绿地等公共性用地下的产权、使用权管理办法，制定空间贡献奖励制度和土地复合开发利用的机制，引导私有资本投入公共空间开发建设与运营，减轻政府投资负担。

第四，应注重全过程精细化管理，借助政府管控与市场化调控二元化手段，不断创新地下空间运营管理机制。新城政府应建立重点区域及重点项目的地下空间建设管理统筹机构及信息智慧化管理平台，变多头管理为协同管理，并主动探索完善相关管理审批机制。规划管理部门应牵头组织各项规划的编制，制定相应的精细化管理导则，并参与到全过程实施之中。

# 7.3 上海新城实施机制建设

城市地下空间可利用面积占地上建设面积的20%～50%，在城市土地资源日益紧张的现实背景下，高效集约、科学合理地开发利用地下空间是解决城市空间资源不足与交通拥堵、改善城市环境、提高城市综合承载力的必然途径，对提高城市基础设施现代化智慧化发展与城市管理水平具有重大、深远的战略意义。

国内外地下空间开发利用的实践证明，当人均GDP超过3000美元时，城市即具备大规模开发利用地下空间资源的经济基础；上海的人均GDP早已突破5000美元，2020年人均GDP已达15.58万元（约合2.2万美元）①。地下空间开发的坚实经济基础和地下工程建设技术的进步，为上海新城地下空间的规模化综合开发利用创造了非常有利的条件。

随着地下空间规模化、集约化开发经验的积累，国内外城市地下空间开发建设比例逐渐增加，部分区域地下空间建设面积占地上建筑面积已达50%以上。以一般商业地块、Ⅲ类区域办公地块为例，若停车指标按每100平方米配置1辆计，每个地下车库停车位按35～45平方米计，容积率2.5的地块需要地下满铺一层停车，容积率大于2.5的地块则需在地下设置2～3层车库，地下空间刚需比例占比一般会达到25%以上。

另外，地下功能既是地上功能的补充，又需符合地面规划用地性质，地下空间开发功能应跟随新城土地利用混合开发的趋势，进行灵活适应调整，地下开发功能与混合用地的适应性建议见表7-3。

**表7-3 土地混合开发与地下空间适宜性**

| 类型 | 用地性质 | 地下开发功能 |
|---|---|---|
| A35/B2 | 总部+科研混合用地 | 地下停车、设施配套 |
| A1/B2 | 办公+服务混合用地 | 地下停车、服务设施、配套 |
| B2/B14/B1 | 办公+酒店+商业混合用地 | 地下商业、办公、服务设施、停车、配套 |
| B2/B1 | 办公+商业混合用地 | 地下商业、办公、服务设施、停车、配套 |
| B14/B2/B3 | 酒店+娱乐混合用地 | 地下商业、娱乐、服务设施、停车、配套 |
| B14/B3/B1 | 酒店+娱乐+商业混合用地 | 地下商业、娱乐、服务设施、停车、配套 |
| B14/B2 | 酒店+贸易混合用地 | 地下商业、服务设施、停车、配套 |
| B14 | 酒店用地 | 地下服务设施、停车、配套 |
| B1/B2 | 商业+服务混合用地 | 地下商业、停车、配套 |

① 数据来源：《上海统计年鉴2021》。

（续表）

| 类型 | 用地性质 | 地下开发功能 |
| --- | --- | --- |
| A2/B1/B3 | 文化＋商业＋展示混合用地 | 地下商业、停车、配套 |
| R2/B1 | 居住＋商业混合用地 | 地下停车、配套 |
| A2/B1/S4 | 文化＋产业＋交通混合用地 | 地下文化、服务设施、交通枢纽、停车、配套 |
| S41 | 公共交通站用地 | 地下交通设施、服务设施、配套 |
| A4 | 体育用地 | 地下停车、服务设施、配套 |
| G1 | 公园绿地 | 以自然土壤为主，可局部开发地下公共停车、地下公共服务设施、市政配套 |
| G2 | 防护绿地 | 以自然土壤为主、市政配套 |
| U15 | 通信用地 | 地下停车、设备、配套 |

### 7.3.1 现存矛盾与问题

随着上海轨道交通线网、市域铁路等向新城延伸，以及新城交通枢纽与重点片区的大力开发和老城区更新的推进，上海新城迎来了地下空间大规模开发利用的良好契机，而规划编制的技术支撑、规划管理的法规支撑、建设运营的经验支撑方面尚有待全面完善提升。但是，由于缺乏系统性、前瞻性的规划建设与管理运营体系，地下空间规划管理控制力度不足，地下空间资源集约度差、利用率低，上海新城地下系统的前期建设与地面建设之间存在较多矛盾，这些矛盾也或多或少存在于国内其他城区的建设之中。

1. 地下空间资源的重要性尚未得到充分重视，地下已建设施家底不清，开发利用不够充分，缺乏集约一体化规划建设理念与意识

新城地下空间的开发利用始于人防建设之初，然而，在城市新时期的建设和发展中，地下空间资源的重要性没有得到充分重视，其利用形式基本局限于新建小区地下停车库和少量地下商业空间。地探、地勘、土建专业相互分离，普查探测尚待全面展开，导致地下空间资源家底不清、边界不明、长期得不到有效管控。目前，新城地下空间建设数据仍以人防部门掌握的民防工程数据为主，非人防工程、市政管线等工程相关信息散落在不同部门，年代较为久远的信息存在不同程度的缺失情况。

目前，新城对地下空间开发利用的重视程度与地面空间资源相比，远远不足。对地下空间效益，特别是其在生态环境、社会、安全防灾、国家战略、城市综合承载力等方面的综合长期效益认识不足。从规划、建设到运营的全过程欠缺先进的理念引导和集约一体化开发建设策略的支持，导致很多区域的地下空间开发建设模式仍然非常初级。

2. 新城地下空间规划编制体系尚待完善，地下规划控制落地性尚待加强

我国地下空间在规划编制体系、规划建设管理、法律法规体系构建等方面起步较晚，地下空间规划与建设长期被排除在城乡规划体系之外。目前，法定规划中有关地下空间的内容较少，且其规划地位不明，进而导致其规划任务不够明确；同时，对于地下空间规划的深度缺少规范的指导，造成规划内容深浅不一，且相关的要求与指标无依据可循，难以有效指导下位规划和地下空间的长远发展，且与地面规划编制与管控存在诸多衔接不畅和错位问题。

另外，各片区地下空间专项规划编制成果深度、内容等存在显著的差异。部分区域未编制地下空间控制性详细规划，导致实际开发建设无法得到有效控制，较多区域地下开发不成体系，与地铁等重要地下基础设施难以实现衔接与预留。

3. 地下空间所涉系统复杂，尚缺乏统筹管理经验与统一管理平台

由于地下空间开发涉及交通、人防、地铁、市政建设等多权属管理，地下空间的平战结合、地块地下空间之间的连通、地下空间与地铁等基础设施之间的连通、地下设施的贴建均涉及不同管理部门与开发主体，土地权属的不同也限制了地下空间的连通及整体开发。

当前，上海新城针对重点项目已成立开发建设指挥机构，实行统筹管理，并邀请国内外设计机构、专家为其建设提供技术支持，从而更好地控制重点项目的整体建设效果。但是，重点项目之外的许多区域欠缺系统协调经验，仍存在不同建设口子协调难度大、非同期建设缺少预留等问题，难以保障地上地下各系统的平衡落实。

4. 地下空间政策法规、开发机制有待完善，以更好地支撑新理念落地

上海新城地下空间一体化开发建设管理经验仍然较为欠缺，地下空间管理机制有待创新，相关政策法规有待完善以支持创新理念的落地。在地下空间规划管理、建设与实施管理层面，上海新城仍需向深圳前海等先进案例学习，不断优化完善地下空间政策法规与开发机制，以更好地引导地下空间高品质开发建设与实施运维。

另外，地下空间系统涉及工程技术与经济、规划、交通、人防与市政等多个专业领域，地下空间也要同时符合地铁、市政管线、道路交通、人防、民用建筑等行业的规范，然而，当前各规范之间相互分隔，且部分规范本身尚待完善，影响了地下空间规划编制的完整性与时效性，因此，有必要研究形成专业融合的地下空间规划设计标准。

基于地下空间资源的稀缺性与工程建设的不可逆性，应加强对地下空间资源的科学管理。虽然各地城市纷纷出台地下空间开发利用与建设管理相关政策，但目前仍存在地下空间规划缺乏整体统筹和前瞻性、地下建筑与构筑物产权关系不明、地下工程之间缺少联通、地下开发缺乏优惠措施、多头管理与无人管理并存等现象。上海新城城市建设必须以更具科学性、前瞻性的方式开发利用地下空间，完善相应政策机制，打破“各自为政”的地下各类设施与工程建设之间的壁垒，促进地下空间与设施的共享与集约高效利用，推动地下空间法制完善与智慧化综合管理。

### 7.3.2 未来发展策略与展望

针对上海新城地下空间规划与实施中现存的问题、短板，应以建立地下空间资源化规划建设管理体系和提高新城综合承载力、治理能力为目标，通过借鉴学习国内外地下空间开发利用管理的相关政策机制，健全完善上海市特别是上海新城的地下空间相关政策法规，在政策法规、规划管控、全过程管理等层面完善地下空间保障机制，使上海新城地下空间开发利用有法可依，更加规范。同时，应鼓励低碳智慧技术的应用，促进地下空间向综合集约、系统整合的方向发展，以适应未来新城高标准、高品质建设运维的需要。

1. 重视地下空间宝贵资源，完善规划编制与实施管控体系

地下空间是国土空间的重要组成部分，也是宝贵的自然资源。地下工程建设不可逆，一旦地下工程本身或其上的地面工程建设完成，后续对地下空间的修补与调整将非常困难，其代价将会成倍增加，甚至可能无法实现。为避免此种情况，应将地下空间资源

规划纳入国土空间资源与规划编制体系，摸清新城地下空间与各类地下设施“家底”，形成新城地下空间现状利用“一张图”；同时，应落实5级3类国土空间规划的专项规划，包括总体规划阶段的新城地下空间开发利用规划与控规阶段各片区的地下空间详细规划与城市设计，并统筹协调好人防、市政管线、管廊等相关专项规划。

1）将地下空间资源环境承载力评价和地下空间适宜性评价纳入国土空间规划双评价体系。

应将工程建设适宜性的单评价体系转变为包含地下空间资源的环境承载力评价、保护与开发建设适宜性评价的双评价体系，并纳入国土空间双评价体系中。在开展双评价时，应充分研究新城不同区域地下空间开发需求，明确地下空间规模化一体化开发的重点区域；另外，应摸清不同区域地下资源环境承载力的本底、潜力与极限，避免无序的开发利用，也应重视对绿地水系等生态发展区域地下空间的保护。

与此同时，应重视地下空间资源开发利用与预留的平衡。各级政府管理部门及各类开发主体和个人均应认识到地下空间资源的宝贵及其在未来新城中承担的重要作用。未来新城应特别重视对于地下深层地下空间资源利用的规划，为增强城市安全韧性以及落地新型物流等功能预留好空间，建议将50米以下地下空间归国家所有，并纳入新城法规。

2）强化城市地下空间规划的法律地位，使其与地面规划具有同等法律效力。

地下空间包含地下交通、地下公共服务、地下市政、地下仓储、地下防灾等系统，是城市生命线工程的重要保障，未来智慧化物流、智慧化交通等系统发展的重要依托，也与地面交通、能源、市政基础设施、综合防灾系统以及商业、办公等民用设施密切相关，地上地下空间规划应同步开展、协调实施。应明确地下空间专项规划的法律地位，在新城国土空间规划编制的各阶段中同步编制地下空间专项规划，并重视其与交通、市政、公共服务等专项规划的衔接。

3）完善地下空间规划编制体系，重视地下空间控制性详细规划编制与落实监管。

应借鉴日本、加拿大等国地下空间规划编制中不同阶段的要点，以及上海中心城区、深圳前海等我国城市区域的地下空间规划编制经验，进一步研究完善上海新城地下空间规划编制体系。总体规划阶段应明确地下开发范围、生态保护、开发重点、开发深度、开发内容等；控规阶段应明确开发容量、开发强度、开发功能、步行与车行网络、市政网络、分层分区布局、界面衔接、竖向衔接、系统协调等。在对上海新城的规划编制中应反映集约高效、低碳环保、系统整合等新时代需求，并为未来战略战备、防灾韧性、科学研究等做好预留。

地下空间控规与城市设计的编制也应受到重视，特别是重点开发和更新区域的控规应与地面控规同步编制，与交通、市政等专项规划统筹协调，研究建立同步地下、地面立体控规的规划管控体系，完善控规图则编制，完善地下空间控制与引导指标，注意纳入土地出让条件与城市更新规划条件。建设阶段应采用三维管控、智慧协同管理等技术手段全程监控，以确保对规划执行的监管落到实处。

4）加强城市重点区域立体化开发建设管控。

上海新城应重点关注交通枢纽、中央活动区、CBD、开发区中心、城市更新区域等地下空间重点开发区域的地下空间城市设计与控规。根据国内外建设经验，交通枢纽、CBD等重点区域地下空间开发建设占地面的建设比例一般为50％～80％，应研究新城各重点区域的各类设施的实际需求，设置科学合理的地下建设面积占比。同时，应加强地上地下立体化空间资源利用与系统协调研究，开展立体城市设计并纳入控规体系以有效指导开发建设，确保高品质、高效率、集约化利用地下空间资源，推动地上地下融合一体化发展。

此外，应重视交通专项、市政专项等规划之间的协同，优化地下步行网络、停车网络设计，推进市政设施地下化与能源系统化，推动地下系统的共建、共享。

2. 完善地下空间集约整体开发的政策法规，支撑先进理念落地

1）完善地下空间整体开发管理机制，推动一体化运营。

上海地下空间相关政策法规正在不断完善，结合新城发展的高标准、高要求，应进一步向国内外先进城市学习，结合国际国内先进城市地下空间创新模式及法规政策的调研总结，指导新城加快研究与需求相匹配的开发建设管理办法，加快研究制定促进地下空间整体开发建设的规划管理机制与政策法规体系。

地下空间法规应明确界定地下空间的分层权属，清晰划定地下空间的整体开发区域，并针对道路等公共性用地地下空间的有偿使用与分层出让制定实施办法。上海新城应研究制定道路等公共性用地地下空间的土地供应管理与使用办法，促进地上地下空间的“统一规划、统一设计、统一建设、统一运营”，推动地下空间的市场化运营。存在不同开发主体时，针对地下道路下公共通道的建设建议如图 7-7 所示。

2）完善地下空间奖励机制，推动旧城更新。

上海新城应进一步研究出台更新区域地下空间容积率转移等奖励政策，促进新城更新区域历史建筑的高品质有机更新。在旧城困难立地区域，应充分利用学校、体育场、绿地等对应的地下空间，完善步行网络、地下停车场等公共服务设施配置。

3）完善三维地籍管理制度，推动土地立体化管理。

应学习借鉴深圳前海三维地籍管理创新经验，研究三维地籍管理机制，建立地下空间三维管理数据平台，统筹不同地下设施与系统，推动土地立体化管理，便利交通枢纽等复杂地下空间的开发、协调与管理。

地下空间混合功能开发利用应纳入上海新城土地混合开发机制建设，完善地下分层土地出让制度，结合三维地籍管理，促进地下空间分层分区混合开发利用。

4）制定专业融合的地下空间规范标准，弥补现有规范标准空白。

从行业融合发展的角度，上海新城应加快研究制定地下空间设计标准，融合地下建筑、交通、轨道、隧道、排水、消防等多个专业，将地下空间集约高效利用、综合开发利用、整体运营等新理念落实到规范化与可操作层面，提高新城总体的规划设计标准和水平。

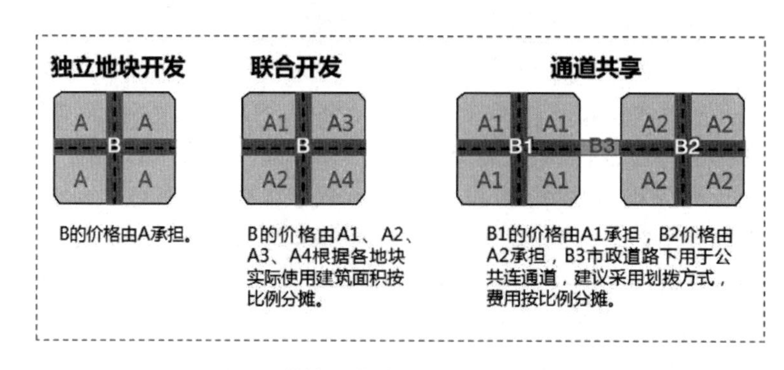


图 7-7　整体开发地下公共通道建设建议

目前上海市地方标准《地下空间一体化设计标准》正在编制中，在该标准的制定过程中，应深入探究地下空间一体化设计、界面融合、系统整合的专业融合要求，参考先进案例实践，使上海标准不仅能够弥补现有规范标准体系的空白，更能彰显国际领先的规划设计水平。

3. 学习先进经验与智慧技术，创新开发建设与运维机制

1）学习借鉴地下空间低碳集约化开发先进理念与经验。

应深入调研上海中心城区、深圳、日本等地的地下空间低碳集约化利用先进案例，学习借鉴其在开发建设与运营管理方面的创新思路与成功经验，结合上海五个新城各自的定位与项目类型，因地制宜地选用、学习、推广案例经验。结合低碳政策要求以及地下工程建设的新理念、新技术，积累形成上海新城地下空间的开发利用特色。在此过程中，也应注重培养、锻炼全过程管理的专业人才队伍。

2）建立协同管理审批机制的统一平台，推动新城地下智慧管理平台的建设。

地下空间的规划、建设、管理同城建、国土、规划、人防、消防、抗震、水利、绿化、环保、水电、国防、文物保护等行政管理与执法部门均有密切关联。上海新城应在摸清新城地下空间建设"家底"的基础上，建立新城智慧化地下空间信息管理平台、协同审批平台与共享机制，提高决策的科学性与反馈的时效性和灵活性，保障城市生命线工程安全，促进重点地区地下空间的立体综合化高效开发利用。

要推动五个新城的数字化转型，还应构建数字赋能的服务生态体系，以数字底座的建构为基础，依托 BIM、CIM 平台探索虚拟现实的各类城市功能，持续提升新城数字化转型的生态支撑力，建成全面感知、实时反馈、便捷高效、绿色低碳的地上地下一体化运营管理体系。

# 参考文献

## 第1章：


[1] 刘旭辉，陈橙，王剑. 上海城市地下空间规划建设回顾与分析[C]//中国城市规划学会. 规划60年：成就与挑战——2016中国城市规划年会论文集(02城市工程规划). 北京：中国建筑工业出版社，2016：547-556.

[2] 彭芳乐，赵景伟，柳昆，等. 基于控规层面下的CBD地下空间开发控制探讨——以上海虹桥商务核心区一期为例[J]. 城市规划学刊，2013(1)：78-84.

[3] 沈雷洪. 城市地下空间开发利用规划的多维规划方法探讨——以泉州市为例[J]. 城市发展研究，2018，25(5)：14-20.

[4] 周德，郑星，钟文钰，等. "以人为本"视域下城市地下空间居民满意度评价——以杭州为例[J]. 中国土地科学，2022，36(4)：69-78.

[5] SMITH T J N. The SNOLAB deep underground facility[J]. The European Physical Journal Plus, 2012, 127(9): 1-8.

[6] ELLEN P L. Underground Petersburg: Radical populism, urban space, and the tactics of subversion in reform-era Russia[J]. The American Historical Review, 2018, 123(1): 335-336.

[7] VÄHÄAHO I. An introduction to the development for urban underground space in Helsinki[J]. Tunnelling and Underground Space Technology incorporating Trenchless Technology Research, 2016, 55(20): 324-328.

[8] TENGBORG P, STURK R. Development of the use of underground space in Sweden[J]. Tunnelling and Underground Space Technology, 2016, 55(20): 339-341.

[9] KISHII T. Utilization of Underground Space in Japan[J]. Tunnelling and Underground Space Technology, 2016, 55(20): 320-323.

[10] GAMBERINI L, SPAGNOLLI A, MIOTTO A, et al. Passengers' activities during short trips on the London underground[J]. Transportation, 2013, 40(2): 251-268.

[11] XIE H, ZHANG Y, CHEN Y, et al. A case study of development and utilization of urban underground space in Shenzhen and the Guangdong-Hong Kong-Macao Greater Bay Area [J]. Tunnelling and Underground Space Technology, 2021, 107(2): 103651.

[12] 王直民，鲍海君，彭毅，等. 中国城市地下空间研究范式的转移与扩张[J]. 中国土地科学，2017，31(5)：62-69.

[13] 汤宇卿，王梦雯，吴新珍，等. 面向有机更新的城市旧区地下空间规划策略与布局模式[J]. 规划师，2022，38(2)：134-139.

[14] 曾国华，汤志立. 城市地下空间一体化发展的内涵、路径及建议[J]. 地下空间与工程学报，2022，18(03)：701-713，778.

[15] 李迅，陈志龙，蒋应红，等. 地下空间从规划到实施有多远[J]. 城市规划，2020，44(2)：39-43，49.

[16] 辛韫潇，李晓昭，戴佳铃，等. 城市地下空间开发分层体系的研究[J]. 地学前缘，2019，26(3)：104-112.
[17] 彭芳乐，乔永康，程光华，等. 我国城市地下空间规划现状、问题与对策[J]. 地学前缘，2019，26(3)：57-68.
[18] 刘荆，邹亮，羊娅萍. 城市地下空间综合管理关键问题研究[J]. 地下空间与工程学报，2020，16(3)：656-664.
[19] 石晓冬. 加拿大城市地下空间开发利用模式[J]. 北京规划建设，2001(5)：58-61.
[20] 施海新，王璇，JOHN TIAN. 加拿大蒙特利尔的地下城建设经验[J]. 地下工程与隧道，2005(4)：54-57，62.
[21] 敖永杰. 国外城市地下空间开发利用管理模式分析[J]. 中国工程咨询，2017(8)：55-56.
[22] 袁红，何媛，李迅，等. 中日城市地下空间规划与管理体制比较研究[J]. 规划师，2020，36(17)：90-98.
[23] 杨滔，赵星烁. 英国地下空间规划管理经验借鉴[C]//中国城市规划学会. 城乡治理与规划改革——2014 中国城市规划年会论文集(11——规划实施与管理). 北京：中国建筑工业出版社，2014：455-466.
[24] 张芳，刘奇，周曦. “体系”理念下的城上地下共荣——巴黎近现代地下空间开发经验[J]. 现代城市研究，2021(11)：30-37，44.
[25] 王志刚，王鹏. 全要素统筹视角下的滨海区域绿地地下空间利用初探——以青岛西海岸新区为例[J]. 青岛理工大学学报，2022，43(3)：115-120.
[26] 谢坚勋，温斌焘，许世权，等. 片区整体开发型重大工程项目治理研究——以上海西岸传媒港为例[J]. 工程管理学报，2018，32(2)：85-90.
[27] 温斌焘. 区域组团式整体开发模式下多层次工程协调机制的构建——以上海西岸传媒港项目为例[J]. 建设管理，2020(6)：23-25，56.
[28] 叶伟华，于炯，邓斯凡. 多元主体众筹式城市设计的编制与实施——以深圳前海十九开发单元 03 街坊整体开发为例[J]. 新建筑，2021(2)：147-151.
[29] 沈雷洪. 城市地下空间控规体系与编制探讨[J]. 城市规划，2016，40(7)：19-25.
[30] 李鹏，刘入嘉. 城市地下空间控规图则管控要素体系研究[J]. 地下空间与工程学报，2021，17(S2)：536-545，602.
[31] 程磊，丁志斌. 城市轨道交通地下车站与周边地下空间的连通方式研究[J]. 重庆建筑，2021，20(9)：9-13.
[32] 任红波. 关于建立健全上海市片区型地下空间开发利用机制的建议[J]. 隧道与轨道交通，2021(4)：1-3，54.
[33] 曹华娟，黄富民，邵咪. 国土空间规划体系中的地下空间规划探索[C]//中国城市规划学会. 面向高质量发展的空间治理——2020 中国城市规划年会论文集(03 城市工程规划). 北京：中国建筑工业出版社，2021：287-293.
[34] 邹昕争，孙立. 利用地下空间提升城市韧性相关研究的回顾与展望[J]. 北京规划建设，2020(2)：40-43.
[35] 许杰. 中日地下空间防灾比较研究[J]. 山西建筑，2021，47(18)：193-195.
[36] 赵子维，袁媛，郭东军，等. 基于防灾的城市地下空间网络复合可达性评价[J]. 地下空间与工程学报，2021，17(1)：1-8.
[37] 邱桐，陈湘生，苏栋. 城市地下空间综合韧性防灾抗疫建设框架[J]. 清华大学学报(自然科学版)，2021，61(2)：117-127.
[38] 王粪，刘新荣，周小涵，等. 特大暴雨城市地下空间防灾体系构建的思考[J]. 地下空间与工程学报，2022，18(1)：28-34.
[39] 王寿生. 地下空间发展历程与新思维[J]. 地下空间与工程学报，2022，18(3)：733-742.
[40] 王梦恕，王永红，谭忠盛，等. 我国智慧城市地下空间综合利用探索[J]. 北京交通大学学报，2016，40(4)：1-8.
[41] 宋玉香，张诗雨，刘勇，等. 城市地下空间智慧规划研究综述[J]. 地下空间与工程学报，2020，16(6)：1611-1621，1645.

[42] 徐静，谭章禄. 基于智慧城市的地下空间安全管理研究[J]. 地下空间与工程学报，2016，12(1)：1-5，43.
[43] 张晓彬，赵巍平，曹伟伟. 基于物联网与 GIS 的城市地下空间内涝监测预警系统研究[J]. 工业技术与职业教育，2022，20(1)：20-23，58.
[44] 洪辰玥. 地下公共空间绿色建筑设计理论及方法研究[D]. 成都：西南交通大学，2018.
[45] 罗湘蓉. 基于绿色交通构建低碳枢纽——高铁枢纽规划设计策略研究[D]. 天津：天津大学，2012.

## 第 2 章：

[1] 王学勇，邵勇，于文龙，等. 城市 CBD 地区停车共享模式研究[C]//中国城市规划学会. 城市时代，协同规划——2013 中国城市规划年会论文集(01-城市道路与交通规划). 青岛：青岛出版社，2013：91-101.
[2] 叶伟华，于炯，邓斯凡. 多元主体众筹式城市设计的编制与实施——以深圳前海十九开发单元 03 街坊整体开发为例[J]. 新建筑，2021(2)：147-151.
[3] 王冬，吴斌杰，徐峥，等. 地下空间规划在上海徐汇滨江重点地区的实践研究[J]. 城市勘测，2018(S1)：136-140.
[4] 许世权. 浅谈区域组团式整体开发模式的落地机制——以上海西岸传媒港项目为例[J]. 建设监理，2019(6)：14-16.
[5] 黄健. 综合管廊在地下空间集中开发地区的规划建设研究——以上海市徐汇区西岸传媒港地区为例[J]. 上海城市规划，2018(3)：112-115.
[6] 姚昕怡，杨艳艳. 区域整体开发模式下的设计实践——西岸传媒港[J]. 建筑实践，2021(8)：94-103.
[7] 黄秋平，蔡滨. 世博轴地下公共空间[J]. 建筑创作，2010(Z1)：100-111.
[8] 束昱，路姗，朱黎明，等. 上海世博地下空间与低碳城市发展模式[C]//2010 城市轨道交通关键技术论坛论文集. 上海：《城市轨道交通研究》杂志社，2010：6.
[9] 范益群，杨可. 上海世博轴地下空间对周边地块开发影响分析[J]. 城乡建设，2017(2)：52-55.
[10] 黄秋平，蔡滨. 世博轴：科技创新与低碳策略[J]. 建设科技，2010(10)：28-33.
[11] 朱琳珺. 城市功能转型区域地下空间规划研究——以上海世博会 B 片区地下空间规划为例[C]//中国城市规划学会. 共享与品质——2018 中国城市规划年会论文集(02 城市更新). 北京：中国建筑工业出版社，2018：704-710.
[12] 宿晨鹏. 城市地下空间集约化设计策略研究[D]. 哈尔滨：哈尔滨工业大学，2008.
[13] 万汉斌. 城市高密度地区地下空间开发策略研究[D]. 天津：天津大学，2013.
[14] 王波. 城市地下空间开发利用问题的探索与实践[D]. 北京：中国地质大学，2013.
[15] 吴亮，陆伟，于辉，等. 轨交枢纽站域步行系统发展的模式、逻辑与机制——基于三个亚洲案例的比较研究[J]. 国际城市规划，2020，35(1)：88-95.
[16] 王欣宜，汤宇卿. 城市轨道交通站域地下步行系统开发研究——国际实践与上海探索[C]//中国城市规划学会. 面向高质量发展的空间治理——2021 中国城市规划年会论文集(06 城市交通规划). 北京：中国建筑工业出版社，2021：82-92.
[17] 曾如思，沈中伟. 多维视角下的现代轨道交通综合体——以香港西九龙站为例[J]. 新建筑，2020(1)：88-92.
[18] 陈国欣，赵洁. 站城融合中的公共空间营造——以香港西九龙高铁站片区为例[J]. 世界建筑，2021(11)：33-37，126.
[19] 徐颖，肖锐琴，张为师. 中心城区铁路站场综合开发的探索与实践——以香港西九龙站和重庆沙坪坝站为例[J]. 现代城市研究，2021(9)：63-70.
[20] 世界人居. 西九龙高速铁路总站与交通换乘站[DB/OL].(2022-01-06)[2024-08-30]. https://www.

worldhabitat. cn/syinfo-1236. html.

[21] 日建设计站城一体开发研究会. 站城一体开发Ⅱ——TOD46 的魅力[M]. 沈阳：辽宁科学技术出版社，2019.

[22] 走出直道，吉野繁，西冈理郎，等. 涩谷站・涩谷未来之光・涩谷 SCRAMBLESQUARE 日本东京[J]. 世界建筑导报，2019，33(3)：29-33.

[23] 吴春花，王桢栋，陆钟骁. 涩谷・未来之光背后的城市开发策略——访株式会社日建设计执行董事陆钟骁[J]. 建筑技艺，2015(11)：40-47.

[24] 吉野繁. 涩谷・未来之光[J]. 建筑技艺，2015(11)：48-49.

[25] NIKKEN SEKKEI, Tokyu Design Consultant Co., Ltd., METRO Development Corporation. "未来之光"文化中心：涩谷二丁目 21 区开发规划[J]. 建筑创作，2013(Z6)：178-180.

[26] "地下的城市空间"视角下上海地下空间建设的经验与方法[C]//中国城市规划学会. 面向高质量发展的空间治理——2021 中国城市规划年会论文集(07 城市设计). 北京：中国建筑工业出版社，2021：1353-1361.

[27] 周伟民. 核心区城市更新的人行交通系统整合策略初探——以陆家嘴中心区城市地下空间设计为例[J]. 建筑技艺，2016(4)：98-101.

[28] 谭智铭. 城市更新视角下建筑地下增层空间设计策略研究[D]. 徐州：中国矿业大学，2021.

[29] 王风，杨毅栋，吕剑. 利用公园、绿地、操场等地下空间建设停车场(库)规划研究——以杭州市为例[C]//中国城市规划学会. 多元与包容——2012 中国城市规划年会论文集(07. 城市工程规划). 昆明：云南科技出版社，2012：311-322.

[30] 赵圣洁，牛牧. 宁波老城区中小学校园操场地下空间利用研究[J]. 地下空间与工程学报，2020，16(5)：1286-1293.

[31] 袁红，何媛，李迅，等. 中日城市地下空间规划与管理体制比较研究[J]. 规划师，2020，36(17)：90-98.

[32] 袁红. 商业中心区地下空间规划管理及业态开发[M]. 南京：东南大学出版社，2019.

[33] 袁红，赵万民，赵世晨. 日本地下空间利用规划体系解析[J]. 城市发展研究，2014，21(2)：112-118.

[34] 北田静男，周伊. 日本站城一体开发演变及经验——以东京都市圈为例[J]. 城市交通，2022，20(3)：45-54.

[35] 刘荆，邹亮，羊娅萍. 城市地下空间综合管理关键问题研究[J]. 地下空间与工程学报，2020，16(3)：656-664.

[36] 陆钟骁. 东京的城市更新与站城一体化开发[J]. 建筑实践，2019(3)：42-47.

[37] 王晓鹏. 苏州河深隧调蓄工程试验段建造管理关键技术[J]. 中国市政工程，2022(3)：30-32，134.

[38] 上海市规划和自然资源局. 上海市南京西路历史文化风貌区保护规划 115 街坊局部调整、上海市静安区南西社区 C050401 单元控制性详细规划 116b 街坊局部调整(JA-07-Ⅱ风貌保护街坊保护规划)[EB/OL]. (2020-11-27)[2024-08-30]. https://hd. ghzyj. sh. gov. cn/2009/kxgh/202102/t20210222_1009026. html.

## 第 3 章：

[1] 上海市人民政府. 上海市城市总体规划(2017—2035 年)[EB/OL]. (2018-01-17)[2024-08-30]. https://www. shanghai. gov. cn/nw42806/.

[2] 上海市新城规划建设推进协调领导小组办公室. 上海市新城规划建设导则[EB/OL]. (2021-03-01)[2024-08-30]. https://fgw. sh. gov. cn/cmsres/b1/b1e42031f94945b59f6db2fd7d828b51/276edb9ce6476a09580e2168d0cc7790. pdf.

[3] 上海市规划和自然资源局，上海市嘉定区人民政府. 嘉定新城总体城市设计(公众版)[EB/OL]. [2024-08-

30]. https://ghzyj. sh. gov. cn/cmsres/a5/a518500316454d2eb285414d33ace0a1/8909c3d9a6be38429793fd4c1fde6cb3. pdf.
[4] 上海市嘉定区人民政府. 嘉定新城“十四五”规划建设行动方案[EB/OL]. (2021-03-30)[2024-08-30]. http://www. jiading. gov. cn/publicity/jcgk/ghjh/zxgh/146056.
[5] 上海市规划和自然资源局,上海市松江区人民政府. 松江新城总体城市设计(公众版)[EB/OL]. [2024-08-30]. https://ghzyj. sh. gov. cn/cmsres/70/704898b9d9bb4515a8fd379ef7547bd2/bebf4b4e116cfcc68e34f0a8555ca5b5. pdf.
[6] 上海市松江区人民政府. 松江新城“十四五”规划建设行动方案[EB/OL]. (2021-06-18)[2024-08-30]. https://www. songjiang. gov. cn/ztzl/005019/005019002/20210618/f9cffe7d-8bc0-4845-b1f1-9d19fd7427cb. html.
[7] 上海市规划和自然资源局,上海市青浦区人民政府. 青浦新城总体城市设计(公众版)[EB/OL]. [2024-08-30]. https://ghzyj. sh. gov. cn/cmsres/e7/e7e14042f96b4616ae76729ded15c729/d5c0f5cc44696cc6a06b77eeba6bde3a. pdf.
[8] 上海市青浦区人民政府. 青浦新城“十四五”规划建设行动方案[EB/OL]. (2021-04-01)[2024-08-30]. https://www. shqp. gov. cn/shqp/gsgg/20210401/826634. html.
[9] 上海市规划和自然资源局,上海市奉贤区人民政府. 奉贤新城总体城市设计(公众版)[EB/OL]. [2024-08-30]. https://ghzyj. sh. gov. cn/cmsres/9e/9e9e77040e104034beb7230458a54503/725b0592bd7cd23f6996616aa26751e0. pdf.
[10] 上海市奉贤区人民政府. 奉贤新城“十四五”规划建设行动方案[EB/OL]. (2021-04-09)[2024-08-30]. https://www. shanghai. gov. cn/nw12344/20210409/13b71e3e3590408d80182276cafbc007. html.
[11] 上海市规划和自然资源局,中国(上海)自由贸易试验区临港新片区管理委员会. 南汇新城总体城市设计(公众版)[EB/OL]. [2024-08-30]. https://ghzyj. sh. gov. cn/cmsres/79/79cd207c2012490c954feaa406976a8a/93a466a6e3d209d983db3ab833ff9bd8. pdf.
[12] 中国(上海)自由贸易试验区临港新片区管理委员会. 南汇新城“十四五”规划建设行动方案[EB/OL]. (2021-04-14)[2024-08-30]. https://www. lingang. gov. cn/html/website/lg/index/government/gonggaogongshi/qitagongshi/1465951426182422529. html.
[13] 上海市城市综合管理事务中心(上海市地下管线监察事务中心),上海市政工程设计研究(总院)集团有限公司. 上海市综合管廊规划深化研究[R]. 上海:上海市城市综合管理事务中心(上海市地下管线监察事务中心),2022.
[14] 刘艺,朱良成. 上海市城市地下空间发展现状与展望[J]. 隧道建设(中英文),2020,40(7):941-952.
[15] 上海市人民政府发展研究中心. 加快上海地下空间资源开发利用研究[R/OL]. (2022-08-08)[2024-08-30]. https://www. fzzx. sh. gov. cn/zdkt_2021/20220808/b738b7919f8b40fe843301b1749c99fe. html.
[16] 朱建江,杨传开. 上海“五个新城”差别化发展政策研究[J]. 科学发展,2022(02):57-65.
[17] 任红波. 关于建立健全上海市片区型地下空间开发利用机制的建议[J]. 隧道与轨道交通,2021(4):1-3,54.
[18] 爱奉贤. 奉贤新城未来将有5轨通达! 15号线南延伸、奉贤线站点曝光! [EB/OL]. (2021-07-21)[2024-08-30]. https://www. sohu. com/a/478792082_121124668.
[19] 上海交通,苏州吴江发布,吴江交通,等. 沪苏嘉城际铁路、沪苏湖铁路建设迎来新进展[EB/OL]. (2023-11-10)[2024-08-30]. https://mp. weixin. qq. com/s/yC0ofsla0PsVhslk-DHBEA.

### 第4章:

[1] 王冬,吴斌杰,徐峥,等. 地下空间规划在上海徐汇滨江重点地区的实践研究[J]. 城市勘测,2018(S1):

136-140.
[2] 中国(上海)自由贸易试验区临港新片区管理委员会.南汇新城“十四五”规划建设行动方案[EB/OL].(2021-04-14)[2024-08-30]. https://www.lingang.gov.cn/html/website/lg/index/government/gonggaogongshi/qitagongshi/1465951426182422529.html.
[3] 孙艳晨,赵景伟.城市地下空间开发强度及布局模式分析[J].四川建筑科学研究,2012,38(04):272-275.
[4] 上海建筑设计研究院有限公司.上海嘉定区安亭枢纽综合功能区城市设计[R].上海:上海建筑设计研究院有限公司,2022.
[5] 刘佳.当代中国社会基础结构下的设计价值观研究[J].内蒙古艺术学院学报,2020,17(01):112-124.
[6] 楚天舒,胡瑜芝,王佳宁.中央活动区地下空间规划实施难点与策略应对——以上海世博园区为例[J].城市建筑,2022,19(16):56-59.
[7] 杜文超.空间设计中的叙事性理论研究[J].家具与室内装饰,2021(01):20-23.
[8] 沈静华.基于中央活动区理念的城市空间优化路径研究——以杭州钱江新城为例[D].杭州:中共浙江省委党校,2021.
[9] 沈雷洪,李峰源.城市地下空间重点开发区域分层控规图则编制[J].现代城市研究,2015(8):35-41.
[10] 陈松.钱江新城核心区地下空间规划与建设的关键问题研究[D].杭州:浙江大学,2017.
[11] 洪小春.城市更新影响下地下空间开发策略研究[C]//中国城市规划学会.面向高质量发展的空间治理——2020中国城市规划年会论文集(02城市更新).北京:中国建筑工业出版社,2021:1462-1473.

## 第5章:

[1] 新乡市人民政府.政策解读:《新乡市城市地下空间开发利用管理暂行规定》[EB/OL].(2022-05-09)[2024-08-30]. http://www.xinxiang.gov.cn/sitesources/xxsrmzf/page_pc/zwgk/flfg/zcjd/bmjd/article948d11afc5a648778042b3393fd1482a.html.
[2] 中国(上海)自由贸易试验区临港新片区管理委员会.临港新片区地下空间规划设计导则(试行)(纲要版)[EB/OL].(2020-11-26)[2024-08-30]. https://www.lingang.gov.cn/upload/files/2020/11/c655208b5c79612e.pdf.
[3] 中华人民共和国住房和城乡建设部.城市地下空间与地下工程分类标准:GB/T41925-2022[S/OL].北京:中国标准出版社,2022:3[2024-08-30]. https://openstd.samr.gov.cn/bzgk/gb/newGbInfo?hcno=DEA82BFD970FD253427548804AB10504.
[4] 龚腾,高敏.城市轨道交通综合交通枢纽与地下空间一体化开发实践[J].现代城市轨道交通,2020(12):22-27.
[5] 童林旭.地下建筑学[M].北京:中国建筑工业出版社,2012.
[6] 戴慎志,赫磊.城市防灾与地下空间规划[M].上海:同济大学出版社,2014.
[7] 中国岩石力学与工程学会地下空间分会,南京慧龙城市规划设计有限公司.2019中国城市地下空间发展蓝皮书[R/OL].(2019-11-15)[2024-08-30]. https://www.planning.org.cn/uploads/news/open20195.pdf.
[8] 谢和平,朱建波,陈宜言,等.深圳地下空间开发利用战略构想[M].北京:科学出版社,2020.
[9] 秦博宇,李恒毅,张哲,等.地下空间支撑下的电力能源系统:构想、挑战与展望[J].中国电机工程学报,2022,42(4):1321-1332.
[10] 周庆芬,束昱,路姗.电子商务时代上海地下物流系统发展前景[J].地下空间与工程学报,2011,7(S1):1269-1273.
[11] 刘文,袁红.综合管廊与地下空间一体化建筑设计模式研究[J].地下空间与工程学报,2021,17(5):1362-

1375.
[12] 彭琦，罗毅. 深圳城市地下空间开发现状及典型工程案例分析[J]. 地下空间与工程学报，2021，17(3)：673-682.
[13] 中华人民共和国住房和城乡建设部. 城市轨道沿线地区规划设计导则[EB/OL]. (2015-12-10)[2024-08-30]. https://www.mohurd.gov.cn/gongkai/zhengce/zhengcefilelib/201512/20151210_225899.html.
[14] 上海市城市建设设计研究总院(集团)有限公司. 轨道交通沿线综合开发一体化研究[R]. 上海：上海市城市建设设计研究总院(集团)有限公司，2019.
[15] 沈雷洪. 城市地下空间控规体系与编制探讨[J]. 城市规划，2016，40(7)：19-25.
[16] 何叶. 珠江新城核心区地下综合交通系统设计实施与评价[D]. 广州：华南理工大学，2015.

## 第 6 章：

[1] 赵亮. 建设项目全生命周期节能驱动机制与多目标优化策略研究[D]. 徐州：中国矿业大学，2019.
[2] GUSTAVSSON L, JOELSSON A, SATHRE R. Life cycle primary energy use and carbon emission of an eight-storey wood-framed apartment building[J]. Energy and Buildings, 2021, 42(2): 230-242.
[3] 洪辰玥. 地下公共空间绿色建筑设计理论及方法研究[D]. 成都：西南交通大学，2018.
[4] 季翔，田国华. 城市地下空间建筑设计与节能技术[M]. 北京：中国建筑工业出版社，2014.
[5] 陈基伟. 境外地下空间开发利用经验及对上海的启示[J]. 科学发展，2019，133(12)：83-89.
[6] 李迅，陈志龙，束昱，等. 地下空间从规划到实施有多远[J]. 城市规划，2020，44(02)：39-43，49.
[7] 中国工程院战略咨询中心，中国岩石力学与工程学会地下空间分会，中国城市规划学会. 2021 中国城市地下空间发展蓝皮书[R/OL]. (2021-12-26)[2024-08-30]. https://www.planning.org.cn/uploads/ueditor/php/upload/file/20211226/1640497942495762.
[8] 杨滔，赵星烁. 英国地下空间规划管理经验借鉴[C]//中国城市规划学会. 城乡治理与规划改革——2014 中国城市规划年会论文集(11——规划实施与管理). 北京：中国建筑工业出版社，2014：455-466.
[9] 上海市人民政府发展研究中心. 上海 2025 年实现碳排放达峰的前景、难点和关键举措研究[EB/OL]. (2022-08-08)[2024-08-30]. http://fzzx.sh.gov.cn/zdkt_2021/20220808/991a6d8244734ff9807e2d9267e1a549.html.
[10] 周君正. 城市轨道中心型站点地上地下空间紧凑性评价及优化策略[D]. 成都：西南交通大学，2020.
[11] 宿晨鹏. 城市地下空间集约化设计策略研究[D]. 哈尔滨：哈尔滨工业大学，2008.
[12] 刘高峰. 低碳生态导向的新城地下空间规划研究[D]. 哈尔滨：哈尔滨工业大学，2018.
[13] 王曦，刘松玉，章定文. 基于功能耦合理论的城市地下空间规划体系[J]. 解放军理工大学学报(自然科学版)，2014，15(3)：231-239.
[14] 王曦. 基于功能耦合的城市地下空间规划理论及其关键技术研究[D]. 南京：东南大学，2015.
[15] 菲利普·拉姆，余中奇. 气象建筑学与热力学城市主义[J]. 时代建筑，2015(2)：32-37.
[16] DONG Y H, PENG F L, ZHAO B H, et al. An intelligent layout planning model for underground space surrounding metro stations based on NSGA-II[J]. Tunnelling and Underground Space Technology, 2022(128): 104648.
[17] TAN Z, ROBERTS A C, CHRISTOPOULOS G I, et al. Working in underground spaces: Architectural parameters, perceptions and thermal comfort measurements[J]. Tunnelling and Underground Space Technology, 2018(71): 428-439.
[18] DONG L L, HE Y F, QI Q L, et al. Optimization of daylight in atrium in underground commercial spaces:

A case study in Chongqing, China[J]. Energy and Buildings, 2022(256): 111739.

[19] LENG J W, WEN Y M. Environmental standards for healthy ventilation in metros: Status, problems and prospects[J]. Energy and Buildings, 2021(245): 111068.

[20] DAVIES G, HANDFORD N B, CURRY D, et al. Combining cooling of underground railways with heat recovery and reuse[J]. Sustainable Cities and Society, 2019(45): 543-552.

[21] FAN Y Q, YANG K. Consideration about effects of the Expo Axis underground space on development of surrounding regions as "Urban Catalysis"[J]. Procedia Engineering, 2016(165): 29-39.

[22] 刘凯. 城市地下道路网络规划的研究与实践[J]. 交通运输工程与信息学报,2018,16(4):50-56.

[23] 深圳市规划国土发展研究中心. 城市地下空间规划标准:GB/T51358—2019[S]. 北京:中国计划出版社,2019:63.

[24] 黎俊廷,曾滢. 城市高架路改造分析研究——以波士顿中央干道改造为例[J]. 美与时代(城市版),2021(7):43-44.

[25] 常四铁,严飞,吴思. 地下交通网络理论综述与规划实践——以武汉市为例[J]. 交通企业管理,2022,37(2):88-90.

[26] 人民网. 杭州未来科技城地下环路即将通车[EB/OL]. (2021-09-28)[2024-08-30]. http://zj.people.com.cn/n2/2021/0928/c370990-34935394.html.

[27] 上观新闻. 静安寺广场改造工程进入尾声! 年底有望部分开放,未来将有三大变化[EB/OL]. (2020-11-03)[2024-08-30]. https://sghexport.shobserver.com/html/baijiahao/2020/11/03/290267.html.

[28] 邵继中. 人类开发利用地下空间的历史发展概要[J]. 城市,2015(8):35-41.

[29] ZHONG K, MENG Q L, LIU X H. A ventilation experimental study of thermal performance of an urban underground pipe rack[J]. Energy and Buildings, 2021(241): 110852.

[30] VÄHÄAHO I. An introduction to the development for urban underground space in Helsinki[J]. Tunnelling and Underground Space Technology incorporating Trenchless Technology Research, 2016, 55(20): 324-328.

[31] 中华人民共和国国家发展和改革委员会,国家能源局,中华人民共和国国土资源部. 地热能开发利用"十三五"规划[EB/OL]. (2017-02-06)[2024-08-30]. https://www.gov.cn/xinwen/2017-02/06/5165321/files/19f10bae3ba5463f833c954de2d06a8f.pdf.

[32] 国家能源局. 关于促进地热能开发利用的若干意见[EB/OL]. (2021-09-10)[2024-08-30]. http://zfxxgk.nea.gov.cn/2021-09/10/c_1310210548.htm?eqid=c6d74343001fcfc700000002642640ec.

[33] 上海市规划和自然资源局. 关于印发《上海市浅层地热能开发利用管理规定》的通知[EB/OL]. (2021-07-01)[2024-08-30]. https://ghzyj.sh.gov.cn/gfxwj/20210701/52f7acac0dc94d2c893bbea56a1a94ce.html.

[34] 上海市发展和改革委员会,上海市规划和自然资源局,上海市住房和城乡建设管理委员会,等. 关于印发《上海市促进地热能开发利用的实施意见》的通知[EB/OL]. (2023-01-29)[2024-08-30]. https://www.shanghai.gov.cn/gwk/search/content/99e554d89f504afe93138a77a9f94306.

[35] 杨勇,夏才初,张国柱,等. 隧道内地源热泵热交换管布置优化与施工技术[J]. 地下空间与工程学报,2013,9(4):902-907.

[36] 李为华,胡毅夫,杜耀志. 超细水泥的发展[J]. 西部探矿工程,2005(5):144-145.

[37] 吴跃. 消纳固废,碱激发胶凝材料需关注稳定性——访中国矿业大学(北京)化学与环境工程学院教授刘泽[N]. 中国建材报,2022-06-20(9).

[38] 熊琳强. 防水材料的发展及应用情况综述[J]. 建材发展导向,2021,19(12):2-3.

[39] 赵志国,李丹,张巧华,等. 聚脲在防水中的应用及发展前景[J]. 中国高新科技,2022(10):108-110.

[40] 张二芹,高剑秋.水泥基渗透结晶型防水材料的研究现状[J].广东建材,2022,38(7):23-26.

[41] 黄真,杜喆,段挹杰,等.多孔吸声材料研究现状与发展趋势[J].中国城乡企业卫生,2016,31(11):43-45.

[42] 城市地下空间.工程聚焦|3分钟下穿湖底!苏州金鸡湖隧道通车![EB/OL].(2023-01-03)[2024-08-30]. https://mp.weixin.qq.com/s/61nitVE6RwRFBanodWzqKA.

[43] 齐欢,李明.建筑工程深基坑支护施工技术探讨[J].建筑与装饰,2021(18):192-194.

[44] 胡旻.TRD工法在超深基坑施工中的应用[J].建材世界,2019,40(5):81-84.

[45] 丁昊.TRD工法和CSM工法在上海地区超深基坑工程止水帷幕的应用[J].上海建设科技,2021(4):49-50,53.

[46] 孙超,郭浩天.深基坑支护新技术现状及展望[J].建筑科学与工程学报,2018,35(3):104-117.

[47] 程光华,王睿,赵牧华,等.国内城市地下空间开发利用现状与发展趋势[J].地学前缘,2019,26(3):39-47.

[48] 卢济威,陈泳.地下与地上一体化设计——地下空间有效发展的策略[J].上海交通大学学报,2012,46(1):1-6.

[49] 肖宁,孙培翔,刘艺.城市地下基础设施一体化综合管理平台设计实践[J].中国建设信息化,2022(11):70-71.

[50] 邢怀学,窦帆帆,程珂毅,等.杭州城市三维地上地下一体化信息平台研发与应用研究[J].地质论评,2022,68(2):607-614.

[51] 国家能源局.全国可再生能源供暖典型案例汇编[EB/OL].(2021-12-03)[2024-08-30]. https://www.nea.gov.cn/download/kzsnydxan2021.pdf.

[52] ADAM D, MARKIEWICZ R. Energy from earth-coupled structures, foundations, tunnels and sewers[J]. Géotechnique, 2009, 59(3): 229-236.

[53] FRODL S, FRANZIUS J N, BARTL T. Design and construction of the tunnel geothermal system in Jenbach[J]. Geomechanics and Tunnelling, 2010, 3(5): 658-668.

[54] ZHANG G, XIA C, SUN M, et al. A new model and analytical solution for the heat conduction of tunnel lining ground heat exchangers[J]. Cold Regions Science and Technology, 2013, 88: 59-66.

[55] 中国城市轨道交通协会.城市轨道交通2021年度统计和分析报告[R/OL].(2022-04-22)[2024-08-30]. https://www.camet.org.cn/tjxx/9944.

[56] 中华人民共和国国家发展和改革委员会.关于上海市城市轨道交通第三期建设规划(2018—2023年)的批复[EB/OL].(2018-12-19)[2024-08-30]. http://www.rail-transit.com/shiping/show.php?itemid=188.

[57] HITACHI. Smart Cities From Hitachi[EB/OL]. [2024-08-30]. https://social-innovation.hitachi/en-us/think-ahead/smart-spaces/smart-cities-from-hitachi/.

[58] 戸田建設株式会社,富士通株式会社,株式会社きんそく. AIモデルを用いた地中埋設探査システムの開発[EB/OL].(2022-05-23)[2024-08-30]. https://pr.fujitsu.com/jp/news/2022/05/23.html.

[59] 张洪庆,钟允.深圳地铁基于城轨云的智慧运维应用探索[J].中国建设信息化,2021(15):22-25.

[60] 深圳地铁.深圳地铁携智慧交通方案亮相2019北京国际城市轨道交通展览会[EB/OL].(2019-08-05)[2024-08-30]. https://www.szmc.net/home/xinwenzhongxin/gongsixinwen/201908/1321.html.

## 第7章:

[1] 中国工程院战略咨询中心,中国岩石力学与工程学会地下空间分会,中国城市规划学会.2021中国城市地下空间发展蓝皮书[R/OL].(2021-12-26)[2024-08-30]. https://www.planning.org.cn/uploads/ueditor/

php/upload/file/20211226/1640497942495762. pdf.
[ 2 ] 陈志龙,刘宏. 城市地下空间规划控制与引导[M]. 南京:东南大学出版社,2015.
[ 3 ] 谢和平,朱建波,陈宜言,等. 深圳地下空间开发利用战略构想[M]. 北京:科学出版社,2020.
[ 4 ] 上海市城市综合管理事务中心(上海市地下管线监察事务中心),上海市政工程设计研究(总院)集团有限公司. 上海市综合管廊规划深化研究[R]. 上海:上海市城市综合管理事务中心(上海市地下管线监察事务中心),2022.
[ 5 ] 李显忠. 城市地下空间建设政策与标准体系研究[M]. 北京:海洋出版社,2011.
[ 6 ] 袁红,赵万民,赵世晨. 日本地下空间利用规划体系解析[J]. 城市发展研究,2014,21(2):112-118.
[ 7 ] 地下都市計画研究会. 地下空間の計画と整備- •地下都市計画の現実をめざして[M]. 東京:大成出版社,1994.
[ 8 ] 建築基準法研究会. 建築基準法質疑応答集[M]. 東京:第一法規出版,1973.
[ 9 ] KISHII T. Utilization of Underground Space in Japan[J]. Tunnelling and Underground Space Technology, 2016, 55(20): 320-323.
[10] 北田静男,周伊. 日本站城一体开发演变及经验——以东京都市圈为例[J]. 城市交通,2022,20(03):45-54.
[11] 刘龙胜,杜建华,张道海. 轨道上的世界——东京都市圈城市和交通研究[M]. 北京:人民交通出版社,2013.
[12] 肖军. 日本城市规划法研究[M]. 上海:上海社会科学院出版社,2020.
[13] 袁红,何媛,李迅,等. 中日城市地下空间规划与管理体制比较研究[J]. 规划师,2020,36(17):90-98.
[14] 曾国华,汤志立. 城市地下空间一体化发展的内涵、路径及建议[J]. 地下空间与工程学报,2022,18(03):701-713,778.
[15] 杨滔,赵星烁. 英国地下空间规划管理经验借鉴[C]//中国城市规划学会. 城乡治理与规划改革——2014 中国城市规划年会论文集(11——规划实施与管理). 北京:中国建筑工业出版社,2014:455-466.
[16] Parliamentary Counsel. Subterranean Development Bill[EB/OL]. (2011-12-08)[2024-08-30]. https://publications. parliament. uk/pa/bills/lbill/2015-2016/0019/16019. pdf.
[17] 徐生钰,文乾. 中国城市地下空间立法:近十年以来的进展[J]. 中国国土资源经济,2022,35(6):81-88.
[18] 叶伟华,于炯,邓斯凡. 多元主体众筹式城市设计的编制与实施——以深圳前海十九开发单元 03 街坊整体开发为例[J]. 新建筑,2021(2):147-151.
[19] 徐丹,叶伟华,金延伟. 前海开放街区规划建设实践探索[J]. 时代建筑,2022(1):48-53.
[20] 谢坚勋,温斌焘,许世权,等. 片区整体开发型重大工程项目治理研究——以上海西岸传媒港为例[J]. 工程管理学报,2018,32(2):85-90.
[21] 温斌焘. 区域组团式整体开发模式下多层次工程协调机制的构建——以上海西岸传媒港项目为例[J]. 建设管理,2020(6):23-25,56.
[22] 陈松. 钱江新城核心区地下空间规划与建设的关键问题研究[D]. 杭州:浙江大学,2017.
[23] 施海新,王璇,JOHN TIAN. 加拿大蒙特利尔的地下城建设经验[J]. 地下工程与隧道,2005(4):54-57,62.
[24] 郤艳丽. 北京城市地下空间管理体制机制发展新趋势[J]. 城市管理与科技,2018,20(2):13-16.
[25] 刘旭辉,陈橙,王剑. 上海城市地下空间规划建设回顾与分析[C]//中国城市规划学会. 规划 60 年:成就与挑战——2016 中国城市规划年会论文集(02 城市工程规划). 北京:中国建筑工业出版社,2016:547-556.
[26] 彭芳乐,赵景伟,柳昆,等. 基于控规层面下的 CBD 地下空间开发控制探讨——以上海虹桥商务核心区一期为例[J]. 城市规划学刊,2013(1):78-84.
[27] 敖永杰. 国外城市地下空间开发利用管理模式分析[J]. 中国工程咨询,2017(8):55-56.
[28] 徐生钰,朱宪辰. 中国城市地下空间立法现状研究[J]. 中国土地科学,2012,26(9):54-59.

[29] 陈红.杭州市中央商务区(钱江新城核心区)地下空间规划与建设[C]//国际地下空间学术大会会议论文集(二).北京:中国岩石力学与工程学会,2006:108-205.
[30] 徐永健,阎小培.城市地下空间利用的成功实例——加拿大蒙特利尔市地下城的规划与建设[J].城市问题,2000(6):56-58.